प्राकृतिक आपदाएं और बचाव

[विज्ञान]

प्राकृतिक आपदाएं और बचाव

हरिनारायण श्रीवास्तव
राजेन्द्र प्रसाद

राधाकृष्ण प्रकाशन

ISBN : 978-81-7119-468-1

प्राकृतिक आपदाएँ और बचाव

पहला संस्करण : 1999
तीसरा संस्करण : 2019

मूल्य : ₹495

प्रकाशक
राधाकृष्ण प्रकाशन प्राइवेट लिमिटेड
जी-17, जगतपुरी, दिल्ली-110 051

शाखाएँ : अशोक राजपथ, साइंस कॉलेज के सामने, पटना-800 006
पहली मंजिल, दरबारी बिल्डिंग, महात्मा गांधी मार्ग, इलाहाबाद-211 001
36 ए, शेक्सपियर सरणी, कोलकाता-700 017

वेबसाइट : www.radhakrishnaprakashan.com
ई-मेल : info@radhakrishnaprakashan.com

मुद्रक
बी.के. ऑफसेट
नवीन शाहदरा, दिल्ली-110 032

PRAKRITIK APDAYEN AUR BACHAV
by Harinarayan Shrivastava, Rajendra Prasad

प्रस्तावना

भूकम्प, चक्रवात, बाढ़, सूखा आदि विनाशकारी प्राकृतिक आपदाओं ने मानवजाति को आदिकाल से पीड़ित किया है। विश्व के विभिन्न भागों में इन प्राकृतिक आपदाओं से जान-माल की अपार क्षति होती है। अतः यह भारत जैसे किसी एक राष्ट्र की समस्या नहीं है, अपितु समस्त विश्व के लिए गम्भीर चुनौती है। यही कारण है कि संयुक्त राष्ट्र संघ ने वर्तमान दशक को 'प्राकृतिक आपदा रोकथाम दशक' घोषित किया है। इन आपदाओं के संकट से मानवजाति को मुक्त करने हेतु इनके नियन्त्रण, रोकथाम, प्रबन्धन आदि के लिए अन्तर्राष्ट्रीय स्तर पर ठोस कार्यक्रमों की योजना लागू की गई है। इस कार्य में राजकीय तथा विभिन्न समाजसेवी संस्थाएँ परस्पर सहयोग द्वारा महत्त्वपूर्ण भूमिका निभा रही हैं।

प्राकृतिक आपदाओं से बचाव हेतु उच्च स्तर पर योजनाओं एवं परियोजनाओं के कार्यान्वयन के अतिरिक्त जनसाधारण को इनके विषय में आवश्यक जानकारी, पूर्व-चेतावनी, इनसे बचाव के उपाय आदि से अवगत कराना भी नितान्त अनिवार्य है। यद्यपि भूकम्प पूर्वानुमान अभी सम्भव नहीं है, परन्तु चक्रवात, बाढ़ आदि के बारे में पूर्व-चेतावनी द्वारा जान-माल की क्षति को कम करने में काफी सफलता मिली है। इस कार्य में भारत के उपग्रह, राडार, कम्प्यूटर आदि का अधिकाधिक प्रयोग हो रहा है। प्राकृतिक आपदाएँ किसी राष्ट्र की आर्थिक एवं सामाजिक व्यवस्था को डाँवाँडोल कर देती हैं। प्रभावित क्षेत्रों में लोगों का आत्मिक एवं शारीरिक मनोबल टूट जाता है तथा उन्हें तत्काल सहायता की आवश्यकता होती है। जान-माल की अपार क्षति के कारण उनका जीवन अन्धकारमय हो जाता है। अतः उन्हें तत्काल राहत पहुँचाना परमावश्यक है। उनके लिए भोजन, जलपान, वस्त्र, चिकित्सा, आवास आदि की व्यवस्था का कार्य प्राथमिक रूप से महत्त्वपूर्ण है।

प्रस्तुत पुस्तक में उपरोक्त विषयों पर खुलकर चर्चा की गई है। प्रथम एवं द्वितीय अध्यायों में भूकम्प और ज्वालामुखी के बारे में महत्त्वपूर्ण जानकारी दी गई है। तीसरे तथा चौथे अध्यायों में चक्रवात और बाढ़ पर चर्चा की गई है। पाँचवें अध्याय में सूखा के विभिन्न पहलुओं पर विस्तृत चर्चा की गई है तथा उपयोगी जानकारी दी गई है। छठे एवं सातवें अध्यायों में टारनेडो और तड़ित झंझा के

बारे में बताया गया है। प्रत्येक अध्याय में इन प्राकृतिक आपदाओं की भौगोलिक स्थिति, कारण, प्रभाव, चेतावनियों-सावधानियों तथा नियन्त्रण, रोकथाम, प्रबन्धन आदि का उल्लेख किया गया है।

हम इस पुस्तक के प्रकाशन की अनुमति प्रदान करने के लिए मौसम विज्ञान के महानिदेशक डॉ. एन. सेन रॉय का हार्दिक आभार व्यक्त करते हैं। साथ ही, हम उन सभी वैज्ञानिकों, संस्थाओं सहित भारत मौसम विज्ञान विभाग के प्रति भी आभार व्यक्त करते हैं जिनके प्रकाशनों तथा शोधकार्यों से इस पुस्तक के लिए सामग्री ली गई है। आशा है, प्रस्तुत पुस्तक प्राकृतिक आपदाओं से बचाव की दिशा में उपयोग सिद्ध होगी।

नई दिल्ली

हरिनारायण श्रीवास्तव
राजेन्द्र प्रसाद

विषय-सूची

1

भूकम्प

भूकम्प प्राकृतिक आपदाओं में सबसे अधिक विध्वंसक श्रेणी में आते हैं। प्रतिवर्ष भूकम्पों से लगभग 10,000 व्यक्तियों की मृत्यु होती है। अनुमान लगाया गया है कि 150 लाख प्राणियों की जानें भूकम्प द्वारा ली जा चुकी हैं। और अरबों डालरों की सम्पत्ति नष्ट हो चुकी है। यह आश्चर्यजनक प्रतीत होता है कि साढ़े चार परिमाण तक के भूकम्प भारत में कहीं भी हो सकते हैं जिनसे इमारतों में मामूली क्षति हो सकती है। परन्तु कमजोर मकानों में अधिक नुकसान हो सकता है। पिछले दशक में भारतीय क्षेत्र में कई विध्वंसक भूकम्प हुए, जैसे सिलचर (1984), धर्मशाला (1986), भारत-बर्मा सीमा (1988), भारत-नेपाल सीमा (1988), उत्तरकाशी (1991) और लातूर (1993)। भारत के भूकम्प के इतिहास से स्पष्ट होता है कि इनसे भी कहीं अधिक विध्वंसक भूकम्प (8.0 से 8.7 परिमाण) कच्छ (1819), शिलांग (1897), कांगड़ा (1907), बिहार-नेपाल (1934) और असम (1950) में आ चुके हैं। इनसे एक प्रश्न भी उठता है कि असम (1950) के बड़े भूकम्प (8.0-8.5) के बाद भारत में भूकम्प की कब सम्भावना है। बढ़ती हुई आबादी और निर्माण कार्यों में निरन्तर वृद्धि के कारण अब भूकम्प का प्रकोप अधिक होता जा रहा है। यद्यपि अभी भूकम्प की भविष्यवाणी नहीं की जा सकती है, परन्तु हमको भूकम्प से बढ़ते हुए जोखिम से बचने के लिए तैयार रहना है।

प्रत्येक विध्वंसक भूकम्प का वैज्ञानिक दृष्टिकोण से महत्त्व है, क्योंकि उसके प्रभावों और कारणों का अध्ययन करके हम भविष्य में कुछ सीमा तक सचेत हो सकते हैं। उदाहरण के लिए 1819 के कच्छ क्षेत्र के भूकम्प से पहली बार पता लग पाया कि भूकम्प एवं भ्रंश एक-दूसरे से सम्बन्धित हैं। इसी प्रकार 1964 के जापान के निगाता भूकम्प में पृथ्वी के नीचे की मिट्टी और बालू ने द्रवित पदार्थ बनकर पूरे-के-पूरे मकानों को या तो नीचे धँसा दिया या पूरे मकान टेढ़े होकर झुक गए। मोरक्को और ताशकन्द के भूकम्प यद्यपि साधारण शक्ति के थे, परन्तु शहर की घनी आबादी के नीचे उनके उत्केन्द्र होने से हताहतों की संख्या सबसे अधिक रही।

विश्व के विभिन्न भागों में विध्वंसक भूकम्प आते रहते हैं। 28 जुलाई, 1976

की रात को तंगशान (चीन) के भूकम्प (परिमाण 8.2) के लगभग डेढ़ लाख व्यक्तियों की मृत्यु हुई। यहाँ तक कि 160 किलोमीटर दूर वहाँ की राजधानी पेइचिंग में उत्पन्न झटकों से 50 से अधिक व्यक्ति हताहत हो गए। बाद के झटके महीनों तक आते रहे और जनता को बारिश में खुले मैदान में सोना पड़ा।

उत्तरकाशी भूकम्प (20 अक्टूबर, 1991)

20 अक्टूबर, 1991 को मध्य रात्रि को 2 बजकर 53 मिनट पर, जबकि सभी लोग गहरी नींद में सो रहे थे, हिमालय क्षेत्र में गढ़वाल (उत्तर प्रदेश) के उत्तरकाशी जिले में एक विनाशकारी भूकम्प आया, जिसका परिमाण रिक्टर पैमान पर 6.6 मापा गया। भूकम्प के कारण लगभग 768 लोगों और हजारों मवेशियों की मृत्यु हो गई। लगभग 500 लोग गम्भीर रूप से घायल हो गए। लगभग 20,000 कच्चे-पक्के मकान ढह गए अथवा उनमें दरारें पड़ गईं। इस विनाशकारी भूकम्प के झटके बाद में भी निकटतम राज्यों मुख्यतः जम्मू-कश्मीर, पंजाब, हरियाणा, हिमाचल प्रदेश, राजस्थान और राजधानी दिल्ली में महसूस किए गए। इसके कारण गढ़वाल प्रदेश के उत्तरकाशी, टिहरी तथा चमोली जिलों में अधिकतम क्षति हुई। उत्तर प्रदेश के नैनीताल, पौढ़ी-गढ़वाल तथा देहरादून और हिमाचल प्रदेश के सिरमौर जिले में अपेक्षाकृत कम क्षति हुई।

हिमालय क्षेत्र के लिए एक विशेष वेग-प्रारूप के आधार पर उत्तरकाशी भूकम्प के अभिकेन्द्र से सम्बन्धित विभिन्न घटकों के मान ज्ञात किए गए (कांबले, 1992) जो कि निम्न प्रकार हैं :

उद्गम समय	2 घंटा 53 मिनट 16.45 सेकंड (भारतीय मानक समय)
उत्केन्द्र	30.75° उत्तर, 78.86° पूर्व
परिमाण	6.6 (रिक्टर पैमाने पर)
अभिकेन्द्र की गहराई	12 कि.मी.
भूपृष्ठ त्वरण	गुरुत्व (g) का 30 %
अधिकतम तीव्रता	VIII (संशोधित मर्केली पैमान पर)

इस विनाशकारी भूकम्प ने 2093 गाँवों को प्रभावित किया। इससे 1,47,000 हैक्टेयर भूमि और 4.25 लाख लोगों की जनसंख्या प्रभावित हुई। भूकम्पनों के कारण अत्यधिक मात्रा में भू-स्खलन हुए, जिनसे 89,000 हैक्टेयर उपजाऊ भूमि व्यर्थ हो गई।

उत्तरकाशी भूकम्प से हुई क्षति का आकलन हवाई सर्वेक्षण द्वारा किया गया। अनुमान है कि 2100 वर्ग कि.मी. क्षेत्र में अधिकतम और 7000 वर्ग कि.मी. क्षेत्र में मध्यम स्तर की क्षति हुई। लगभग 10,000 वर्ग कि.मी. क्षेत्र में अधिकांश भवनों,

मकानों आदि में दरारें दिखाई दीं। भूकम्प का झटका इतना तीव्र था कि उत्तरकाशी से 8 कि.मी. दूर गवाना गाँव में बना लोहे का पुल उखड़कर नदी में जा गिरा।

उत्तरकाशी भूकम्प के अभिकेन्द्र की स्थिति मुख्य केन्द्रीय थ्रस्ट और मुख्य भ्रंश के उत्तर में पाई गई। इन्हें स्थानीय रूप में वैकिता, मुंसियारी, क्रोल व उत्तर तथा दक्षिण अलमोड़ा भ्रंशों के नामों से जाना जाता है। गढ़वाल क्षेत्र में अधिकांश भूकम्प इन भ्रंशों के सक्रिय होने पर आते हैं। इनका सीधा सम्बन्ध यूरेशियन और भारतीय प्लेटों के परस्पर टकराव से भी प्राप्त होता है।

उत्तरकाशी भूकम्प से पहले 16 और 17 अक्टूबर, 1991 को कम तीव्रता के दो भूकम्प आए। मुख्य भूकम्प के बाद दो माह के दौरान लगभग एक हजार से अधिक भूकम्प रिकॉर्ड किए गए।

लातूर भूकम्प (30 सितम्बर, 1993)

30 सितम्बर, 1993 को मध्य रात्रि में 3 बजकर 55 मिनट पर, महाराष्ट्र राज्य के लातूर एवं उस्मानाबाद जिलों में एक शक्तिशाली और विनाशकारी भूकम्प आया, जिसने पलक झपकते हजारों लोगों को मौत की नींद सुला दिया। गणेशोत्सव के पवित्र त्योहार को हर्षोल्लास के साथ मनाकर, सुख व सन्तोष की नींद में सोए लोगों को क्या पता था कि मृत्यु के देवता यमराज उनकी प्रतीक्षा कर रहे हैं। इस विध्वंसक भूकम्प में 7601 लोग काल के विकराल गाल में समा गए। लातूर और उस्मानाबाद जिलों के 87 गाँवों में जान-माल की सर्वाधिक क्षति हुई। कुल 18,797 मकान पूरी तरह नष्ट हो गए, जबकि 2,17,319 मकान आंशिक रूप से क्षतिग्रस्त हुए। महाराष्ट्र के विभिन्न जिलों में कुल 2586 गाँव बुरी तरह प्रभावित हुए।

प्रादेशिक वेग-प्रारूप के आधार पर लातूर भूकम्प से सम्बन्धित विभिन्न प्राचलों के मान ज्ञात किए गए, जो कि निम्न प्रकार हैं :

उद्गम समय	3 घंटा 55 मिनट 47.55 सेकंड (भारतीय मानक समय)
उत्केन्द्र	18.07° उत्तर, 76.62° पूर्व
परिमाण	6.3 (रिक्टर पैमाने पर)
अभिकेन्द्र की गहराई	12 ± 3 कि.मी.
भू-पृष्ठ त्वरण	गुरुत्व (g) का 45%
अधिकतम तीव्रता	VIII (संशोधित मर्केली पैमान पर)

लातूर भूकम्प के दौरान तथा उसके बाद महाराष्ट्र एवं कर्नाटक के विभिन्न भागों में गैस निकलने और बन्दूक चलने जैसी ध्वनि सुनाई देने की घटनाएँ हुईं।

मुख्य लातूर भूकम्प से लगभग एक वर्ष पहले 18 अक्टूबर, 1992 को 4.5

परिमाण का एक भूकम्प आया था। मुख्य भूकम्प के बाद 522 भूकम्प रिकॉर्ड किए गए। सर्वाधिक 5.2 परिमाण का भूकम्प 12 नवम्बर, 1993 को आया जिसमें 1.98×10^{19} अर्ग ऊर्जा निकली।

लातूर भूकम्प ने प्रायद्वीप की स्थायी प्रकृति को सन्देहपूर्ण बना दिया है तथा भारत के इस दक्षिणी भाग में भूकम्पनीयता सम्बन्धी अन्वेषण हेतु नए प्रयासों की आवश्यकताओं को जन्म दिया है। भारतीय प्लेट का उत्तर दिशा में अग्रसर होना प्रायद्वीप के विस्तृत क्षेत्र पर प्रतिबलों के संचरण हेतु उत्तरदायी है। प्लेटों के परस्पर टकराव से विनाशकारी भूकम्पों की उत्पत्ति होती है।

कोबे भूकम्प (17 जनवरी, 1995)

जापान के व्यस्ततम औद्योगिक बन्दरगाह शहर कोबे और कान्साई क्षेत्र के कई शहरों में 17 जनवरी, 1995 को स्थानीय समय के अनुसार प्रातः 5 बजकर 46 मिनट (भारतीय मानक समयानुसार तड़के 2 बजकर 16 मिनट) पर एक विनाशकारी भूकम्प से लगभग 6000 लोगों की मृत्यु हो गई और 25 हजार से अधिक लोग घायल हो गए। मृतकों में वृद्धों की संख्या अधिक थी। केवल 20 सेकंड के विनाशकारी भूकम्प ने कोबे शहर को तहस-नहस कर दिया और कुछ ही क्षणों में यह मलबे का ढेर बन गया। लगभग 46,000 भवन ध्वस्त हो गए।

सर्वाधिक क्षति कोबे शहर में हुई। लगभग 15 लाख लोगों की आबादीवाले इस शहर को विनाशकारी भूकम्प के शक्तिशाली झटकों ने देखते-ही-देखते खँडहर बना दिया। हजारों भवन ढह गए, अनेक स्थानों पर सड़कों में दरारें पड़ गईं, पुल टूट गए और रेलगाड़ियाँ पटरियों से उतर गईं। कई स्थानों में आग लग गई, जिसकी लपटें भूकम्प के 18 घंटे बाद भी दिखाई दे रही थीं। इसी प्रकार जापान के दूसरे सबसे बड़े शहर ओसाका में अनेक स्थानों पर आग लग जाने से धुआँ-ही-धुआँ दिखाई दे रहा था। वहाँ मुख्य भूकम्प के बाद 500 से अधिक झटके महसूस किए गए। प्राचीन शहर क्योतो में अनेक पूजागृह और बहुमूल्य मूर्तियाँ नष्ट हो गईं। पश्चिमी जापान के किंकी क्षेत्र में आधुनिक उपकरण क्षतिग्रस्त हो गए और बिजली की आपूर्ति ठप्प हो गई। लोकप्रिय एवं प्रसिद्ध पर्यटन स्थल अवाजीशिमा में प्रत्यक्षदर्शियों ने लगभग 40 मकानों को गिरते हुए देखा।

कोबे भूकम्प से सम्बन्धित प्राचल निम्न प्रकार है :

उद्गम समय	2 बजकर 16 मिनट 52.1 सेकंड (भारतीय मानक समय)
उत्केन्द्र	34.58° उत्तर, 135.02° पूर्व
परिमाण	7.2 (रिक्टर पैमान पर)

विनाशकारी भूकम्प के एक के बाद एक तीव्र झटकों ने जन जीवन को

तहस-नहस कर दिया। जल एवं विद्युत् आपूर्ति बन्द हो गई। रसोई गैस की भूमिगत पाइपों के टूट-फूट जाने से तो भारी नुकसान हुआ। जगह-जगह गैस में आग लग गई। कोबे शहर का रेलवे स्टेशन भी आग की लपटों में धधक रहा था। चारों ओर हाहाकार मचा हुआ था। सड़कें, रेलमार्ग और संचार प्रणालियाँ ठप्प हो गई थीं।

जापान को भूकम्पों का देश कहा जाता है।

भूकम्प के प्रभाव

भूकम्प के प्रभाव मुख्यतः दो कारणों से होते हैं। भूकम्प के उत्केन्द्र के आसपास भ्रंशों या ज्वालामुखी के फटने से अथवा उनके द्वारा उत्पन्न प्रत्यास्थ तरंगों से।

(1) थल पर प्रभाव

मानव जाति के लिए विध्वंसकारी भूकम्पों में मकान आदि गिरने से समस्या उत्पन्न हो जाती है। भूकम्प से क्षति कितनी होती है, यह इस पर निर्भर करता है कि भूकम्प का परिमाण क्या था। इसके अतिरिक्त भूकम्प के उत्केन्द्र से दूरी तथा चट्टानों की बनावट का भी मुख्य हाथ रहता है।

भूकम्प के अधिक विध्वंसक प्रभाव साधारणतया ऊर्ध्वाधर गति की अपेक्षा क्षैतिज गति के कारण होते हैं। यह देखा गया है कि सबसे अधिक क्षति तब होती है जब भूकम्पीय तरंगों द्वारा उत्पन्न त्वरण और कम्पन सबसे अधिक हो।

(क) गगनचुम्बी इमारतें : अकसर यह देखा गया है कि भूकम्प उत्केन्द्र सैकड़ों किलोमीटर दूर रहता है, परन्तु उसका पता गगनचुम्बी इमारतों की ऊपरी मंजिलों के लोगों को लग जाता है। इस प्रकार हिन्दूकुश क्षेत्र के भूकम्प दिल्ली में अक्सर ही अपना प्रभाव दिखाते हैं, परन्तु उनसे विशेष हानि नहीं होती है। लम्बी आवर्त तरंगों से ये ऊँचे मकान केवल झूलने लगते हैं। परन्तु मैक्सिको नगर के 19 सितम्बर, 1985 के भूकम्प (परिमाण 8.1) से मैक्सिको शहर में उत्केन्द्र से लगभग 350 किलोमीटर दूर कई गगनचुम्बी इमारतें या तो पूरी तरह नष्ट हो गईं या टेढ़ी हो गईं। इस क्षति का कारण सबसे अधिक त्वरण, अधिकाधिक अवधि और दो उथले भूकम्प 27 सेकंड के अन्दर तथा 0.7 से 2 हर्ट्ज की पृष्ठीय तरंगें थीं।

भारत के हिमाचल क्षेत्र में अधिकाधिक शक्ति के भूकम्प आ सकते हैं। परन्तु वहाँ पर अधिकतर आवासगृह अनगढ़े पत्थर के बने होते हैं। गारे में पत्थर की चिनाई के कारण दीवारों में क्षैतिज, ऊर्ध्वाधर व तिरछी दिशाओं में दरारें पड़ जाती हैं। यदि कमरे बड़े या लम्बे होते हैं अथवा दोमंजिला मकान होते हैं, तो वे अधिक क्षतिग्रस्त होते हैं। बहुत मोटी पत्थर की दीवारें (45 सें.मी. या ज्यादा) टूट जाती हैं जिससे छत नीचे गिर जाती है। दरवाजे, खिड़कियाँ और छिद्र दीवारों को कमजोर कर देते हैं, जिनके लिए विशेष उपाय करना आवश्यक हो जाता है।

(ख) प्लास्टर, खिड़कियों आदि पर भूकम्प के प्रभाव : मकान की दीवारें चाहे कितने ही अच्छे प्लास्टर की बनी हों, तीव्र झटकों में चटख जाती हैं। खिड़कियों के बड़े काँच भूकम्प के झटके से जल्दी ही टूट जाते हैं। फानूस (चैण्डोलियर) भी हिलने लगते हैं और कभी-कभी उनसे लटकनेवाली डोरियों को भी थोड़ा-बहुत नुकसान पहुँचता है।

(ग) यातायात के साधनों पर प्रभाव : (i) रेल की पटरियाँ : भूकम्प के कारण कमजोर मिट्टी धँसने से रेल की पटरियाँ टेढ़ी-मेढ़ी हो जाती हैं। इसी प्रकार यदि कोई पुल भ्रंश रेखा (फाल्ट लाइन या कमजोर दरारें) के ऊपर हो और वहाँ पर विस्थापन हो तो वह गिर भी सकता है।

(ii) बाँध : बड़े भूकम्पों में नदी के बाँध टूट जाते हैं। सेन्ता बारबरा बाँध, जो मिट्टी भरकर बनाया गया था, इसी प्रकार 1625 के भूकम्प में टूट गया था। अब बाँध बनाने में भूकम्पीय बलों से बचने के लिए विशेष युक्तियाँ प्रयुक्त की जाती हैं। इससे यद्यपि उनकी लागत बढ़ जाती है, परन्तु भूकम्पीय प्रभावों से सुरक्षित रह पाना सम्भव होता है। इसकी चर्चा बाद में की जाएगी।

(iii) पृथ्वी के अन्दर नल (पाइप) : मुलायम मिट्टीवाले स्थानों में छोटे भूकम्प से भी जमीन धँस जाने के कारण नल बेकार हो जाते हैं।

(iv) भूस्खलन : भूकम्प के प्रभाव से पहाड़ी ढलानों पर मिट्टी ऊँचे स्थानों से नीचे गिरने लगती है। इस प्रकार मिट्टी के ढेर रास्तों एवं उन स्थानों में बने मकानों के लिए हानिकारक होते हैं।

भूकम्पीय क्षेत्रों में, मिट्टी का तेल व पेट्रोल आदि एक स्थान से दूसरे स्थान तक पहुँचाने के लिए नलों का उपयोग किया जाता है। भूकम्प के झटके महसूस होते ही पेट्रोल आदि का बहाव तुरन्त रोक दिया जाता है, और तुरन्त ही पूरी लाइन का निरीक्षण किया जाता है।

(2) जल पर प्रभाव

(क) स्यूनामी : चिली, पीरू, हवाई द्वीप और जापान के घनी आबादीवाले समुद्री तटों पर अकसर पानी की 20 मीटर तक ऊँची लहरें उत्पन्न हो जाती हैं। इनको दक्षिणी अमरीका में 'मारेमोतो' और जापान में 'तुनामी' कहते हैं। अंग्रेजी में इन्हें स्यूनामी कहते हैं। अधिकतर ये प्रशान्त महासागर के थलीय तटों पर उत्पन्न होती है, क्योंकि भूकम्प के उत्केन्द्र थल के पास की खाइयों में होते हैं। भूकम्प आने के बाद तट तक पहुँचने में स्यूनामी को 15 मिनट से लेकर कुछ घंटे तक लग जाते हैं। यद्यपि अधिकतर स्यूनामी का कारण समुद्र में भूकम्प होता है, परन्तु 1922 में चिली, 1939 में तुर्की एवं 1932 में मैक्सिको में हुए भूकम्पों के उत्केन्द्र पृथ्वी पर थे जिनसे उनके आसपास के तटों पर बहुत ऊँची-ऊँची स्यूनामी लहरें उत्पन्न हुईं स्यूनामी की गति $\sqrt{gh}$ होती है। जहाँ h समुद्र की गहराई है जो तरंगों की

लम्बाई से कम होती है और g गुरुत्वीय त्वरण है। तरंगों की ऊँचाई का अनुमान ज्वारमापी यन्त्रों से लगाया जाता है जो समुद्री तटों पर लगे रहते हैं। कभी-कभी स्यूनामी आने से पहले समुद्रतट के निकट पानी की सतह कम हो जाती है जिसको भयसूचक समझा जाता है। अमरीका के भूविज्ञान सर्वेक्षण विभाग ने होनोलूलू में एक केन्द्र खोला है जहाँ स्यूनामी के ऊपर निगरानी रखी जाती है। जैसे ही भूकम्प आता है, भूकम्पलेखियों और उपग्रहों की सहायता से प्रशान्त महासागर के तटवर्ती क्षेत्रों को चेतावनी दी जाती है जिससे लोग सुरक्षित स्थानों में पहुँच सकें। यदि पृथ्वी के भीतर पर्याप्त पानी हो तो शक्तिशाली भूकम्प से उत्केन्द्र के आसपास फव्वारे निकल पड़ते हैं, जैसा भारत में 1934 के बिहार-नेपाल भूकम्प में, जिसका उत्केन्द्र गंगा की तराई में था, देखा गया। इस प्रकार के फव्वारों के कई कारण हो सकते हैं। भूकम्प की हलचल से पृथ्वी नीचे धँसने लगती है और उसके अन्दर दबाव बढ़ने से पानी ऊपर की ओर निकल आता है, अथवा भूकम्पीय तरंगों के चलने से कुओं की सतह पर कम्पन होने लगता है जिससे पानी ऊपर तक पहुँच जाता है।

(3) दरारों का खुलना या बन्द होना

कभी-कभी भूकम्प आने से पृथ्वी में कई जगह दरारें पड़ जाती हैं और कुछ समय बाद बन्द भी हो जाती हैं।

भूकम्पीय तीव्रता

भूकम्प की तीव्रता का अनुमान लगाने के लिए भूकम्प विशेषज्ञ एवं भूवैज्ञानिक भूकम्पग्रस्त क्षेत्रों में जाते हैं और विभिन्न प्रकार की क्षति का ध्यानपूर्वक अध्ययन करते हैं। इसके क्षणिक प्रभावों को जानने के लिए एक प्रश्नावली वहाँ की जनता को दी जाती है। भूकम्पीय तीव्रता उत्केन्द्र से दूरी पर निर्भर करती है। यह उत्केन्द्र के पास सबसे अधिक होती है और उससे दूर क्रमशः घटती जाती है। इसका मान कमजोर मिट्टी, तराई या घाटियों में अधिक होता है और चट्टानों पर कम। तीव्रता भूकम्प की नाभिकीय गहराई पर भी निर्भर करती है। भूकम्प के प्रभावों का अध्ययन करके उन्हें एक भौगोलिक चित्र पर अंकित किया जाता है। समान तीव्रतावाले स्थानों को आपस में मिला देते हैं जिन्हें समकम्प रेखाएँ कहते हैं। इस प्रकार के तीव्रता मापचित्रों द्वारा भी भूकम्प के उत्केन्द्र एवं उसकी नाभिकीय गहराई का अनुमान लग जाता है। इसके अतिरिक्त इन चित्रों का मुख्य उपयोग भूकम्पीय अभियान्त्रिकी में भी होता है।

यदि भूकम्प का केन्द्र एक बिन्दु माना जाए तो समकम्प रेखाएँ वृत्ताकार होनी चाहिए। परन्तु पृथ्वी की विभिन्न प्रकार की चट्टानों के कारण ये टेढ़ी-मेढ़ी हो जाती हैं। यदि भूकम्प उत्केन्द्र को एक रेखाकार माना जाए तो समकम्प रेखाएँ

दीर्घ वृत्ताकार (अंडाकार) होती हैं। यदि भूकम्प की नाभिकीय गहराई अधिक होती है तो केन्द्र से बाहर की ओर तीव्रता धीरे-धीरे घटती जाती है और उससे झटके बहुत दूर तक महसूस हो सकते हैं। भूकम्प की तीव्रता को परिवर्तित मार्केली मापक्रम में I से XII रोमन अंकों में भूकम्प के प्रभाव द्वारा मापा जाता है जिसका विवरण नीचे दिया गया है। भूकम्प से क्षति अधिकतर तीव्रता V से प्रारम्भ होती है। चित्र 1.1 में कुछ प्रभावी भूकम्पों से उत्पन्न तीव्रता को दिखाया गया है।

मार्केली तीव्रता मापक्रम

तीव्रता I–केवल विशेष परिस्थिति में ही एक-दो लोगों के अतिरिक्त अन्य को भूकम्प महसूस नहीं होता है।

तीव्रता II–कुछ खड़े लोगों द्वारा अथवा ऊपरी मंजिल के लोगों द्वारा भूकम्प महसूस किया जाता है।

तीव्रता III–मकानों के अन्दर, विशेषकर ऊपरी मंजिल के अधिकांश व्यक्ति महसूस तो करते हैं, परन्तु यह नहीं समझ पाते कि भूकम्प आया है। कुछ खड़ी कारें थोड़ा-बहुत झूलने लगती हैं, लॉरी चलने जैसी थरथराहट। भूकम्प कितनी देर तक रहा, इसका अनुमान लग जाता है।

तीव्रता IV–दिन के समय घर के अन्दर बहुत से लोग भूकम्प महसूस करते हैं, परन्तु बाहर सड़कों आदि पर कुछ ही लोग महसूस कर पाते हैं। रात में कुछ लोग जाग जाते हैं। प्लेटें, खिड़कियाँ व दरवाजे खड़खड़ाने की ध्वनि उत्पन्न होती है। ऐसा लगता है कि एक भारी लॉरी मकान से टकरा गई हो। खड़ी मोटरें झूल जाती हैं।

तीव्रता V–लगभग सभी लोग झटके महसूस करते हैं। कई लोग सोते से जाग उठते हैं। कुछ प्लेटें, खिड़कियाँ आदि टूट जाती हैं। कुछ दीवारों का प्लास्टर चिटक जाता है। अस्थिर वस्तुएँ उलट जाती हैं। वृक्षों, खम्भों और दूसरी ऊँची वस्तुओं का हिलना। लोलक घड़ियों का बन्द होना।

तीव्रता VI–भूकम्प सभी व्यक्ति महसूस करते हैं। कई लोग डरकर बाहर भागते हैं। कुछ भारी फर्नीचर अपने स्थान से हट जाते हैं। कहीं-कहीं दीवार का प्लास्टर गिर जाता है और चिमनियों को भी क्षति पहुँचती है।

तीव्रता VII–सभी व्यक्ति घर से बाहर भागते हैं। अच्छी इमारतों को साधारणतया कोई हानि नहीं होती है। साधारण इमारतों को कुछ क्षति पहुँचती है, परन्तु खराब बनी हुई इमारतें पूरी तरह से क्षतिग्रस्त होती हैं। कुछ चिमनियाँ टूटकर गिर जाती हैं। चलती हुई मोटरगाड़ियों में भी भूकम्प महसूस होता है।

तीव्रता VIII–विशेष प्रकार से निर्मित मकान आदि को कुछ क्षति पहुँचती है। साधारण बने हुए मकान व्यापक रूप से क्षतिग्रस्त होते हैं और उनमें से कुछ बिलकुल गिर भी सकते हैं। खराब बनी हुई इमारतें सबसे अधिक क्षतिग्रस्त होती

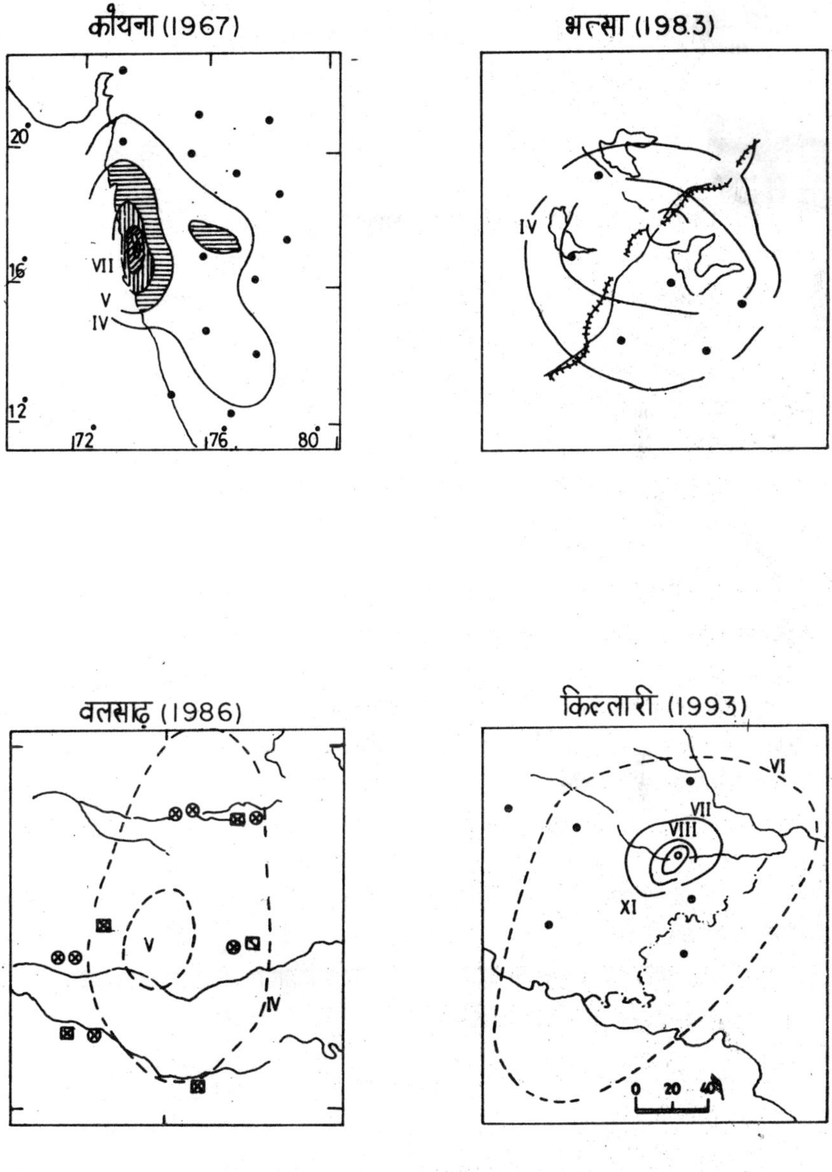

चित्र 1.1 भारत के कुछ प्रभावी भूकंपों से उत्पन्न तीव्रता

हैं। चिमनी, खम्भों, दीवारों आदि का गिरना। भारी फर्नीचर का उलटना। कुछ बालू और गीली मिट्टी का पृथ्वी से ऊपर निकलना। मोटरगाड़ियों के चालकों को भी कठिनाई होती है।

तीव्रता IX–पक्की बनी इमारतों को व्यापक नुकसान होता है। कुछ इमारतें अपनी नींव से भी हट सकती हैं। पृथ्वी के अन्दर पानी आदि के नल टूट जाते हैं।

तीव्रता X–सीमेंट आदि से बनी इमारतों की नींवें भी नष्ट हो जाती हैं। पृथ्वी कई स्थानों से फट जाती है। रेल की पटरियाँ टेढ़ी-मेढ़ी हो जाती हैं। गहरे ढलानों पर भूस्खलन होता है। नदी का पानी उछलकर किनारों पर पहुँच जाता है। लकड़ी के बने कुछ अच्छे मकान भी नष्ट हो जाते हैं।

तीव्रता XI–ईंटों से बने कुछ ही मकान खड़े रह पाते हैं। पुल नष्ट हो जाते हैं। पृथ्वी में चौड़ी-चौड़ी दरारें पड़ जाती हैं। रेल की पटरियाँ बिलकुल टेढ़ी-मेढ़ी हो जाती हैं।

तीव्रता XII–सम्पूर्ण क्षति। पृथ्वी पर लहरें दिखाई पड़ती हैं और उसकी सतह टेढ़ी-मेढ़ी हो जाती है। वस्तुएँ उछलकर हवा में फेंकी जाती हैं।

भूकम्पों का भौगोलिक वितरण

भूकम्पों के भौगोलिक वितरण के विषय में भूकम्पलेखियों के आविष्कार से पहले जो सूचना प्राप्त होती थी, वह केवल उनके प्रभावों पर आधारित थी। इससे मुख्यतः विध्वंसक भूकम्पों के विषय में ही जानकारी प्राप्त हो पाती थी। भूकम्पलेखियों द्वारा अब यह स्पष्ट हो गया है कि यद्यपि छोटे भूकम्प प्रायः सभी स्थानों पर आते हैं, पर विध्वंसक भूकम्प केवल कुछ ही क्षेत्रों में सीमित हैं। 1962-63 से अमरीका द्वारा विश्व भर में 118 संवेदनशील वेधशालाएँ खोले जाने के बाद भूकम्प की पट्टियाँ (चित्र 1.2) स्पष्ट रूप से दिखाई पड़ने लगीं। इसके साथ ही भूकम्प की नाभीय गहराई भी काफी हद तक सही निकाली जा सकी। इससे भूकम्पों की तीन प्रमुख पट्टियाँ स्पष्ट होती हैं :

(i) प्रशान्त महासागर के चारों ओर के महाद्वीपों की निकटवर्ती पट्टी।
(ii) मध्य एटलांटिक से लेकर पूर्वी अफ्रीका व ईस्टर द्वीप की पट्टी।
(iii) एशिया व यूरोप की पट्टी जिसमें हिमालय क्षेत्र प्रमुख हैं।

इन पट्टियों पर सबसे अधिक 8.7 परिमाण तक के विध्वंसक और विनाशकारी भूकम्प आते रहते हैं।

भूकम्पनीयता की दृष्टि से प्रशान्त महासागर के महाद्वीपों के समुद्री किनारों के पास सबसे अधिक भूकम्प आते हैं। यह पट्टी दक्षिणी प्रशान्त महासागर से आरम्भ होकर चीन के पूर्वी भाग से जापान होती हुई बेरिंग सागर तक पहुँचती है। उसी की शाखा अमरीकी पर्वतश्रेणी से होकर दक्षिण अमरीका के दक्षिण-पश्चिम में जा

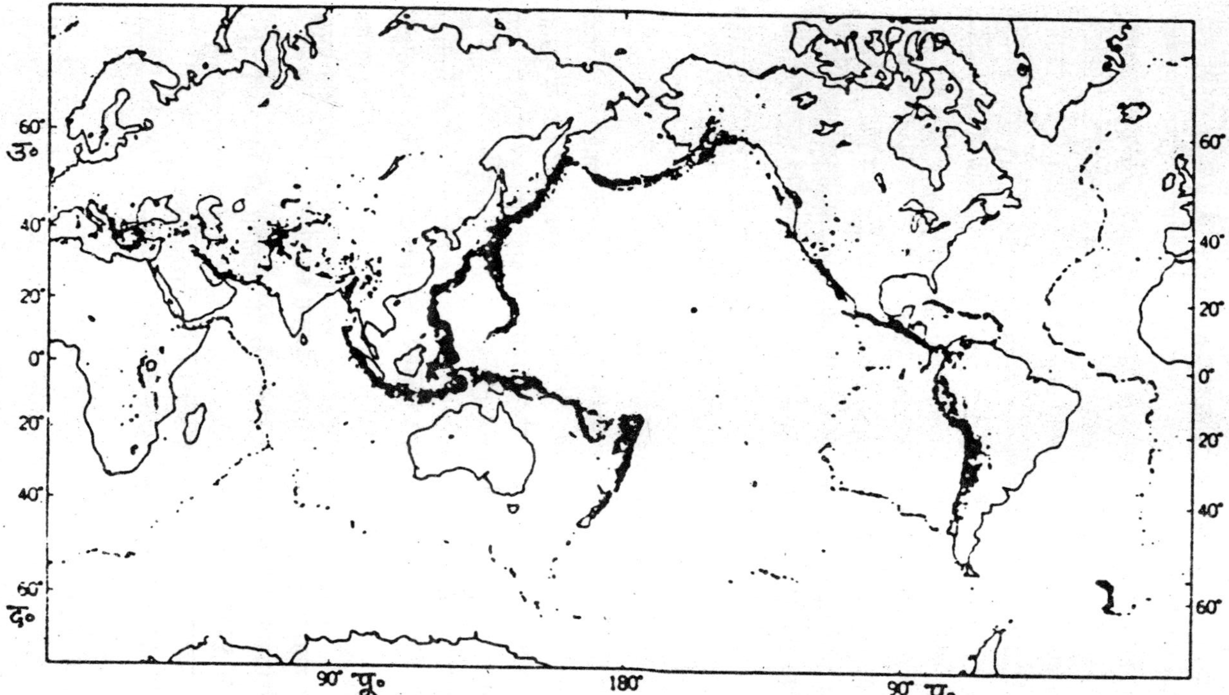

चित्र 1.2 विश्व के विभिन्न भागों में 1963-1977 के दौरान आनेवाले 4.5 और अधिक परिमाण के भूकंपों पर आधारित विश्व की प्रमुख भूकंप पट्टियाँ (यू. एस. नोआ, 1983)

मिलती है। इसमें महत्त्वपूर्ण यह है कि प्रशान्त महासागर के मध्य में भूकम्प नहीं के बराबर होते हैं। जो शाखा सुमात्रा, अण्डमान, बर्मा, हिमालय, ईरान और तुर्की को पार करती हुई मध्य एटलांटिक महासागर में जा मिलती है, उसे एल्पाईड पट्टी (बेल्ट) कहते हैं। तीसरी पट्टी साइबेरिया के उत्तरी तट से प्रारम्भ होकर आर्कटिक से होती हुई मध्य एटलांटिक महासागर तक जाती है और घूमकर हिन्द महासागर होती हुई पहली पट्टी से आस्ट्रेलिया के निकट मिल जाती है। वे क्षेत्र जहाँ पर भूकम्प बहुत ही कम होते हैं, उनमें कनाडा, फेनोस्कैंडिया, ब्राजील, उत्तरी एशिया, पश्चिमी आस्ट्रेलिया, अफ्रीका और अरब देश सम्मिलित हैं।

भूकम्प के भौगोलिक वितरण को देखने से यह स्पष्ट हो जाता है कि अधिकतर भूकम्प या तो नई पर्वतश्रेणियों के निकट होते हैं अथवा सक्रिय विवर्तनी क्षेत्रों में समुद्रतटों के आसपास। कभी-कभी भूकम्पों को ज्वालामुखी फटने से भी सम्बन्धित किया जाता है, परन्तु इस प्रकार के भूकम्पों की शक्ति बहुत कम होती है।

नाभीय गहराई के अनुसार भूकम्पों को निम्न तीन भागों में विभाजित किया जाता है :

(1) उथले भूकम्प 60 किलोमीटर,
(2) मध्य गहराई के भूकम्प, 60-450 किलोमीटर,
(3) गहरे भूकम्प, 450-700 किलोमीटर।

अभी तक 720 किलोमीटर से नीचे पृथ्वी में भूकम्प नहीं पाए गए हैं। गहरे भूकम्पों के वितरण को देखने से यह भी पता चलता है कि उनके उत्केन्द्र ढलानों पर स्थित रहते हैं अर्थात् वे महाद्वीपों के नीचे लगभग 45 डिग्री का कोण बनाते हैं। इन परिणामों से 'प्लेट विवर्तन सिद्धान्त' की पुष्टि होती है।

भूकम्प के कारण

भूकम्प मुख्यतः दो प्रकार के होते हैं। एक विवर्तनी कारणों से और दूसरे ज्वालामुखी से। विध्वंसक श्रेणी में विवर्तनी भूकम्प ही आते हैं जिनमें उथले व गहरे दोनों तरह के भूकम्प सम्मिलित हैं।

विवर्तनी भूकम्प के लिए आवश्यक है कि चट्टानों में प्रतिबल धीरे-धीरे इकट्ठा हो सके और वे इतनी मजबूत हों कि प्रतिबल की मात्रा इतनी अधिक एकत्रित (जैसे, 10^{20}-10^{25} अर्ग) हो सके कि उनकी सहनशक्ति से बाहर हो जाए। इन अवस्थाओं में चट्टानें या तो किसी दरार के साथ खिसक जाती हैं या नई दरार बना लेती हैं। चट्टानों में जो लम्बी-लम्बी दरारें पड़ जाती हैं उनको भ्रंश कहते हैं। दो विभिन्न प्रकार की चट्टानों के बीच भी भ्रंश होते हैं। भ्रंश की दोनों ओर की सापेक्ष गतिमयता अथवा खिसकने से उत्पन्न झटकों को विवर्तनी भूकम्प कहते हैं।

किसी भी क्षेत्र में तीन प्रकार के भ्रंश हो सकते हैं। इन्हें चित्र 1.3 में दिखाया

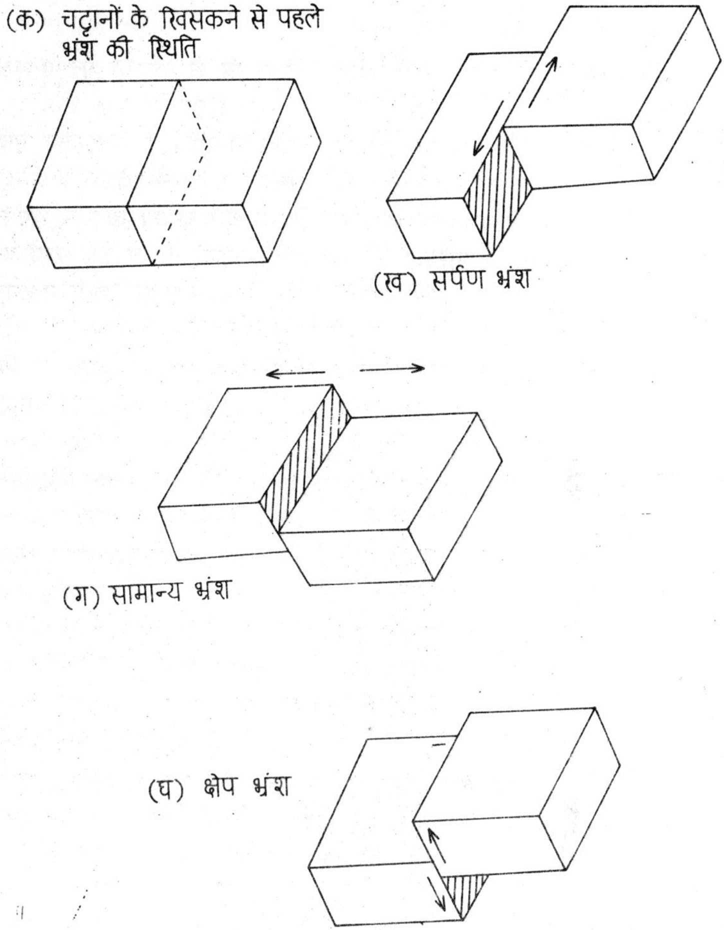

चित्र 1.3 विभिन्न प्रकार के भ्रंश

गया है और ये निम्नलिखित हैं :

(i) सामान्य भ्रंश (नार्मल), जिसमें एक ओर की चट्टानें नीचे की ओर खिसक जाती हैं।

(ii) अनुदैर्घ्य सर्पण भ्रंश (स्ट्राइक स्लिप), जिसमें भ्रंश के दोनों ओर की चट्टानें एक-दूसरे की अपेक्षा क्षैतिज दिशा में सरकती हैं।

(iii) क्षेप भ्रंश (थ्रस्ट), जिसमें एक ओर की चट्टानें ऊपर की ओर उठ जाती हैं। भ्रंश पर जो मुख्य बल उनको खिसकने के लिए प्रेरित करते हैं उनके तीन भाग हो सकते हैं—अधिकतम, मध्यम और न्यूनतम। ये तीनों मुख्य प्रतिबल तीन अलग-अलग दिशाओं (जो एक-दूसरे के लम्बवत् होती हैं) में विभाजित किए जा सकते हैं।

प्लेट विवर्तन (टेक्टानिक्स) सिद्धान्त

भूकम्प की निश्चित पट्टियों के कारण इसको समझने में नया प्लेट विवर्तन सिद्धान्त बहुत ही उपयोगी सिद्ध हुआ है। प्लेट शब्द का प्रयोग पृथ्वी के पृष्ठ एवं प्रावरण के उस भाग के लिए किया जाता है जिसकी मोटाई 50 से 100 किलोमीटर (स्थल मंडल क्षेत्र में) होती है। इन प्लेटों में महाद्वीपों के साथ समुद्र के भाग भी सम्मिलित हैं। प्लेटों के साथ-साथ महाद्वीप उसी प्रकार खिसकते हैं जैसे रेलगाड़ी के यात्री सफर करते हैं। ये इतनी कड़ी होती हैं कि न तो मुड़ती हैं और न ही टूटती हैं। केवल टकराने से इनके किनारों पर विकृति अथवा दरारें उत्पन्न हो जाती हैं। कुछ प्रमुख प्लेटों के नाम निम्न प्रकार हैं :

अमरीकी प्लेट, प्रशान्त प्लेट, हिन्द प्लेट, यूरेशिया प्लेट, अफ्रीका प्लेट, अंटार्कटिक प्लेट आदि।

स्थल मंडल के नीचे, पृथ्वी की परत मुलायम (कम दृढ़) परन्तु सघन होती है जिस पर प्लेट खिसकती है।

ये प्लेटें चित्र 1.4 में दिखाई गई हैं। यदि इनकी तुलना भूकम्पों के भौगोलिक वितरण से की जाए, तो स्पष्ट होगा कि जहाँ पर दो प्लेटें आपस में टकराती हैं, वहीं पर भूकम्प आते हैं। प्लेटें आपस में तीन तरह से टकरा सकती हैं। जब दो प्लेटें एक-दूसरे की अपेक्षा केवल क्षैतिज दिशाओं में सरकती हैं तो बहुत बड़े भ्रंश बनाती हैं, जैसे, अमरीका का सेन एंड्रियास भ्रंश। दूसरे प्रकार से प्लेटें टकराकर एक-दूसरे के अन्दर घुस सकती हैं। हिमालय क्षेत्र में हिन्द प्लेट, यूरेशिया प्लेट में घुसकर बड़ी-बड़ी दरारें उत्पन्न कर रही है। जहाँ विश्व के सबसे अधिक विध्वंसक भूकम्प आए हैं। परन्तु उस क्षेत्र में हिन्दूकुश के अतिरिक्त गहरे भूकम्प और कहीं नहीं आते हैं। इसका कारण यह है कि महाद्वीपों के नीचे की परतें इतनी कड़ी हैं कि भारतीय प्लेट बहुत गहराई तक नहीं घुस पाती है। अनुमान किया जाता है कि हिन्द प्लेट उत्तर-पूर्व की दिशा में पाँच सेंटीमीटर प्रतिवर्ष की गति से सरक

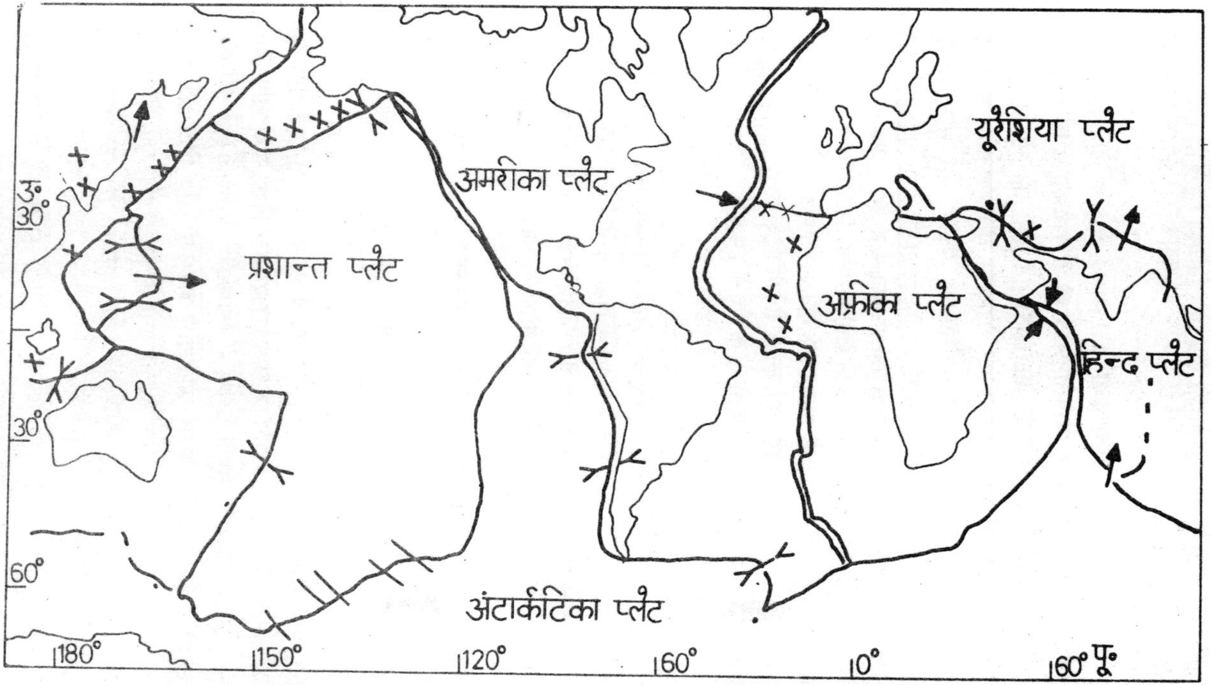

चित्र 1.4 विश्व की प्रमुख प्लेटें (संदर्भ–हरिनारायण श्रीवास्तव, 1978)

रही है। तालिका 1.1 में प्रमुख ज्वालामुखी क्षेत्र और विभिन्न प्लेटों के मध्य टकराव एवं उनकी गति दी गई है।

तालिका 1.1

प्रमुख ज्वालामुखी क्षेत्र और विभिन्न प्लेटों के मध्य टकराव एवं गति (से.मी. प्रति वर्ष)

क्रम सं	नाम	प्लेट	लम्बाई कि.मी.	गति (से.मी./वर्ष)
1.	कुरील-कामचटका-होंशू	यूरेशियन के नीचे पेसिफिक प्लेट	2800	7.5
2.	टोंगा-करमाडेक-न्यूजीलैंड	इंडियन के नीचे पेसिफिक प्लेट	3000	8.2
3.	मध्य अमरीका	उत्तरी अमरीकन के नीचे कोकस प्लेट	1900	9.5
4.	मैक्सिन	उत्तरी अमरीकन के नीचे पेसिफिक प्लेट	2200	6.2
5.	एल्यूशियन	उत्तरी अमरीकन के नीचे पेसिफिक प्लेट	3800	3.5
6.	संड्रा-जावा-सुमात्रा-बर्मा	यूरेशियन के नीचे इंडियन प्लेट	5700	6.7
7.	दक्षिणी सैंडविच	स्कोटिया के नीचे दक्षिणी अमरीकन प्लेट	650	1.9
8.	कैरिबियन	कैरिबियन के नीचे दक्षिणी अमरीकन प्लेट	1350	0.5
9.	ऐज़ियन	यूरेशियन के नीचे अफ्रीकन प्लेट	1550	2.7
10.	सोलोमन-न्यू हेब्रिड्स	पेसिफिक के नीचे इंडियन प्लेट	2750	8.7
11.	इजू-बोनिन-मारियानास	फिलीपीन के नीचे पेसिफिक प्लेट	4450	1.2
12.	ईरान	यूरेशियन के नीचे अरेबियन प्लेट	2250	4.7
13.	हिमालय	यूरेशियन के नीचे इंडियन प्लेट	2400	5.5
14.	रयूक्यू-फिलिपीन	यूरेशियन के नीचे फिलिपीन प्लेट	4750	6.7
15.	पेरू-चाइल	दक्षिणी अमरीकन के नीचे नाजका प्लेट	6700	9.3

यदि प्लेटें टकराकर किसी कारण से अलग हट जाएँ तो इसको तीसरे रूप में टकराना कहते हैं। पृथ्वी के इन क्षेत्रों में समुद्र के अन्दर की पहाड़ियाँ सम्मिलित हैं जहाँ ज्वालामुखी लावा ऊपर निकलकर समुद्रतल पर ठंडा होकर जमा होता गया। इनको समुद्री कटक कहते हैं। समुद्री चट्टानों से भूचुम्बकीय अध्ययन द्वारा भी इसकी पुष्टि हो चुकी है कि पृथ्वी के अन्दर का पदार्थ बाहर की ओर निकलकर कटक के दोनों ओर फैल जाता है। प्रावरण में तापमानों के विशेष प्रकार के वितरण के कारण यह संवाहन धाराओं द्वारा ऊपर की ओर निकलता है। कटकों में उथले एवं अपेक्षाकृत छोटे भूकम्प ही आते हैं।

प्लेट विवर्तन सिद्धान्त से गहरे भूकम्पों के कारणों को समझने में भी सहायता मिली है। उदाहरण के लिए, प्रशान्त क्षेत्र में गहरे भूकम्प प्रशान्त प्लेट के यूरेशियन प्लेट में घुसने के कारण उत्पन्न होते हैं जहाँ समुद्री पृष्ठ में घर्षण प्रतिरोधकता कम होती है। इन क्षेत्रों के भूभाग समुद्रों में डूबते जाते हैं और इससे महाद्वीपीय

क्षेत्रफल कम होता जाता है।

प्लेट विवर्तन सिद्धान्त से पर्वतों की उत्पत्ति को समझने में भी सहायता प्राप्त होती है। इसके अनुसार हिमालय पर्वत की उत्पत्ति का मुख्य कारण यह है कि उत्तर-पूर्वी दिशा में खिसकती हुई हिन्द प्लेट के धीरे-धीरे यूरेशिया प्लेट में घुसने से वहाँ का भूपृष्ठ मोटा पड़ता गया और फिर भूसन्तुलन के कारण, हिमालय की श्रेणियाँ ऊपर उठती गईं।

भूकम्पीय तरंगें

हम जानते हैं कि घंटी बजने से ध्वनि तरंगें विकसित होती हैं, परन्तु भूकम्प के उद्गम स्थान से मुख्यतः दो विभिन्न प्रकार की तरंगें सभी दिशाओं में चलती हैं जो तरंगें पृथ्वी के अन्दर प्रवेश करती हैं, उनको पिंड तरंगें कहते हैं। पिंड तरंगों में दो विभिन्न प्रकार की तरंगें सम्मिलित हैं। जो पिंड तरंगें ध्वनि तरंगों से मिलती-जुलती हैं उनको प्राथमिक 'पी' तरंगें कहते हैं। इनमें माध्यम के कण तरंग की दिशा में आगे-पीछे कम्पन करते हैं। इनका वेग 5.5 से 6.2 किलोमीटर प्रति सेकंड रहता है। इनके बाद ही द्वितीय 'एस' तरंगें आती हैं जिनका वेग 3.3 से 4.8 किलोमीटर प्रति सेकंड तक होता है। ये प्रकाश की तरंगों से मिलती-जुलती हैं और इनमें माध्यम के कण तरंग की दिशा में समकोण पर कम्पन करते हैं। इनके बाद ही पृष्ठीय (सरफेस) तरंगें आती हैं जो पृथ्वी की सतह पर चलती है। उनको वैज्ञानिकों के नामों के आधार पर 'लव' व 'रैले' तरंगे कहते हैं। समुद्रतट पर पानी की लहरें टकराने की भाँति उत्पन्न रैले तरंगों में माध्यम के कण दीर्घ चक्रीय पथ बनाते हुए पीछे की ओर घूमते हैं। इनकी गति लगभग 3-4 किलोमीटर प्रति सेकंड होती है। लव तरंगों में प्रस्थापन केवल समकोण दिशा में होता है और ऊर्ध्वाधर या अनुदैर्घ्य घटक नहीं होते हैं। इनका वेग अनुप्रस्थ ('एस') तरंगों के बराबर ही होता है। विभिन्न प्रकार की भूकम्पीय तरंगों का उद्गम चित्र 1.5 में दिखाया गया है।

भौतिकी के नियम

भूकम्पीय तरंगों में प्रकाश की तरंगों के समान ही नियम लागू होते हैं। जब ये तरंगें एक माध्यम से चलकर दूसरे माध्यम में पहुँचती हैं तो उनका एक भाग प्रारम्भिक माध्यम में वापस चला जाता है और दूसरा माध्यम में पारंगत हो जाता है। इन घटनाओं को क्रमशः परावर्तन और अपवर्तन कहते हैं। इसी प्रकार जब तरंगें विरल से सघन माध्यम में जाती हैं तो अभिलम्ब की ओर झुक जाती हैं, परन्तु सघन से विरल माध्यम की ओर जाने पर वे अभिलम्ब से दूर हट जाती हैं। प्रकाश की भाँति ज्या नियम अथवा स्नैल नियम भी लागू होते हैं, अर्थात्

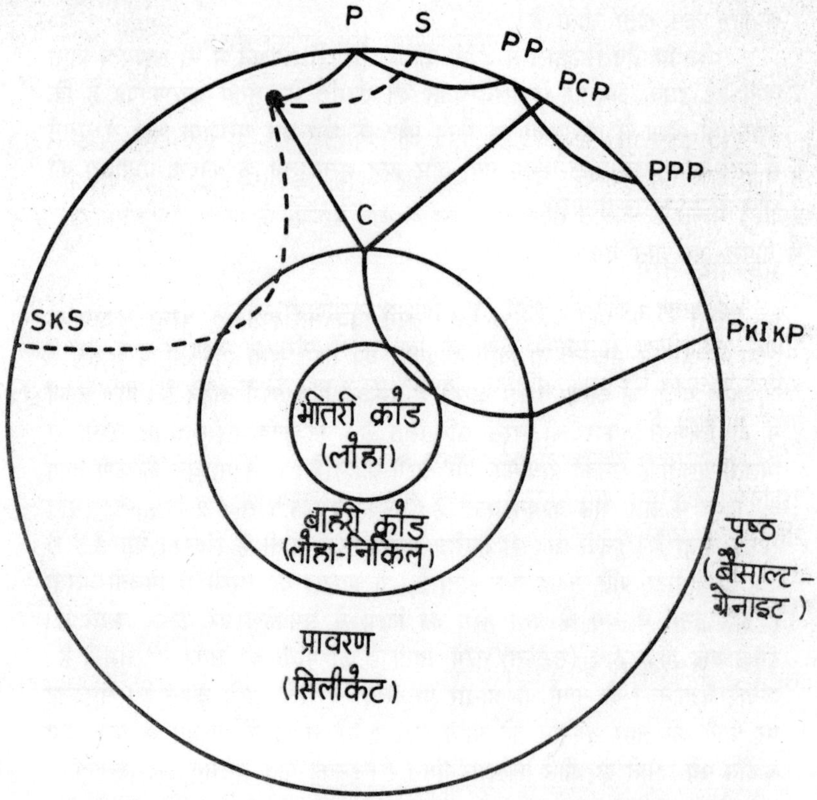

चित्र 1.5 विभिन्न भूकंपीय तरंगों का उद्गम (संदर्भ–हरिनारायण श्रीवास्तव, 1978)

$$\text{सापेक्ष अपवर्तनांक} = \frac{\text{पहले माध्यम में तरंग का वेग}}{\text{दूसरे माध्यम में तरंग का वेग}}$$

इसी प्रकार पूर्ण आन्तरिक परावर्तन की क्रिया भी क्रन्तिक कोण की अवस्था में पाई जाती है। भूकम्पीय तरंगों में यह बात ध्यान देने योग्य है कि माध्यम को प्रत्यास्थ मानते हैं, अर्थात् तरंगों के चलने के बाद माध्यम के कण अपनी अवस्था में वापस आ जाते हैं।

व्यतिकरण : यदि दो तरंगों (कुछ विशिष्ट गुणोंवाली) के एक-दूसरे पर पड़ने अर्थात् अध्यारोपण से उनकी ऊर्जा के वितरण में परिवर्तन आता है तो उसे व्यतिकरण कहते हैं। इसके अतिरिक्त विवर्तन एवं ध्रुवण की घटनाएँ भी भूकम्पीय तरंगों में होती हैं।

चूँकि पृथ्वी की चट्टानों को प्रत्यास्थ पदार्थ मान लेते हैं, अतः हुक नामक वैज्ञानिक का नियम लागू होता है जिसके अनुसार प्रत्यास्थ की सीमा में, विरूपक प्रतिबल और विरूपक विकृति के अनुपात को दृढ़ता गुणांक μ कहते हैं। यदि घनत्व d हो तो,

$$\text{P तरंगों का वेग} = \frac{\sqrt{\beta + 2\mu}}{d}$$

$$\text{और S तरंगों का वेग} = \frac{\sqrt{\mu}}{d}$$

यहाँ $\beta = K - 2/3\ \mu$ और K आयतन प्रत्यास्थ गुणांक है। यही कारण है कि भूकम्पलेखी में सबसे पहले 'पी' तरंगें आती हैं और उसके बाद 'एस' तरंगें, जिनका वेग 'पी' तरंगों की अपेक्षा कम होता है। ये तरंगें जब परावर्तित होकर किसी सान्तरता से टकराती हैं तो कई प्रकार की तरंगें उत्पन्न हो जाती हैं। यदि दृढ़ता गुणांक शून्य हो जाए, अर्थात् तरंगों में किसी द्रव से होकर जाने पर, 'एस' तरंगों का वेग भी शून्य हो जाता है।

S तरंगों को क्षैतिज, SH व ऊर्ध्वाधर, SV घटकों में विभाजित किया जा सकता है। P तरंगों के टकराने से P व SV दोनों प्रकार की तरंगें उत्पन्न हो जाती हैं। परन्तु SH तरंगें नहीं उत्पन्न होती हैं। इसी प्रकार SV तरंगों के टकराने से P व SV तरंगें उत्पन्न होती हैं। SH तरंगों के परावर्तन अथवा अपवर्तन से केवल SH तरंगें उत्पन्न होती हैं।

तरंगों के चिह्न व रिकॉर्ड का विश्लेषण

यदि भूकम्प का उत्केन्द्र गहराई में होता है, तो जो तरंगें सीधे ऊपर की ओर वेधशाला तक पहुँचती हैं उनको P^P कहते हैं। जो अनुदैर्घ्य तरंगें क्रोड के अन्दर प्रवेश करती हैं उनको P के स्थान पर K से चिह्नित किया जाता है। भीतरी क्रोड में प्रविष्ट तरंगों को K के स्थान पर I चिह्न से दर्शाया जाता है। पृथ्वी की सतह से एक बार परावर्तित तरंगों को PP, SS चिह्नों से लिखते हैं। इसी प्रकार P या S तरंगें जो दो बार परावर्तित होती हैं उनको PPP या SSS चिह्नों से दर्शाते हैं। क्रोड की बाहरी सतह से परावर्तित तरंगों में c चिह्न लगा देते हैं। उदाहरण के लिए, जो P तरंगें पृथ्वी में घुसकर, क्रोड से परावर्तित होकर भूकम्पलेखी द्वारा रिकॉर्ड की जाती हैं उनको PcP व S के लिए ScS लिखते हैं।

भूकम्पलेखी

भूकम्पों के विषय में अध्ययन करने के क्रम में भूकम्पलेखियों का मुख्य योगदान रहा है। प्रायः सभी भूकम्पलेखी लोलक सिद्धान्त पर ही बनाए जाते हैं। जिस प्रकार लोलक में एक भार (गोलक) किसी बिन्दु से एक डोरी द्वारा लटकाया जाता है, उसी प्रकार भूकम्पलेखी में भी एक भार की आवश्यकता होती है जो एक विशेष ढंग से लटकाया जाता है।

भूकम्प होते ही प्रत्यास्थ तरंगें भूकम्पलेखी पर पहुँचती हैं जिनसे पृथ्वी के ऊपर की सभी वस्तुएँ (जैसे इमारतें, खम्भे) और भूकम्पलेखी के फ्रेम हिलने लगते हैं। इसके लिए भार को एक विशेष स्प्रिंग से लटकाना पड़ता है जो फ्रेम से जुड़ी होती है। जब भूकम्पीय तरंगें आती हैं तो यह भार तो स्थिर रहता है परन्तु फ्रेम हिलने से स्प्रिंग हिलने लगती है। यहाँ पर यह स्पष्ट करना आवश्यक है कि इतना करने पर भी लोलक में थोड़ी गति हो ही जाती है।

पृथ्वी में किसी स्थान (बिन्दु) की गति का पता लगाने के लिए तीन भूकम्पलेखियों की आवश्यकता होती है। अर्थात् गति को तीन घटकों में रिकॉर्ड किया जाए, जैसे, उत्तर-दक्षिण (N-S) पूर्व-पश्चिम (E-W) एवं ऊर्ध्वाधर (Z) दिशाओं में। तीन भूकम्पलेखियों द्वारा आयाम एवं कला रिकॉर्ड करके प्रत्यास्थ तरंगों के आने की दिशा या उत्केन्द्र के विषय में सूचना प्राप्त हो जाती है।

भूकम्पीय तरंगों में विभिन्न आवृत्ति की तरंगें मिली रहती हैं जिनका पता लगाने के लिए विभिन्न आवर्त काल के भूकम्पलेखीय लगाए जाते हैं।

भूकम्पलेखियों द्वारा प्रत्यास्थ तरंगों को रिकॉर्ड करने के लिए एक रिकॉर्डर का प्रयोग किया जाता है जो अधिकतर 15 मिनट में एक बार घूमता है। इस पर फोटोग्राफिक कागज, या 35 मिलीमीटर फिल्म अथवा धुएँ से काला किया हुआ कागज लपेटा जाता है जो 24 घंटों में एक बार बदला जाता है। भूकम्पीय तरंगों

के पहुँचने के समय का पता लगाने के लिए एक क्वार्ट्ज क्रिस्टल घड़ी का प्रयोग किया जाता है।

विद्युत् चुम्बकीय भूकम्पलेखी

अधिकतर भूकम्पलेखी विद्युत् चुम्बकीय प्रेरण सम्बन्धी फैराडे के नियम बनाए जाते हैं। इसके अनुसार जब किसी बन्द विद्युतचक्र से होकर गुजरनेवाली बल रेखाओं की संख्या में परिवर्तन किया जाता है तो उसमें एक धारा प्रवाहित होने लगती है। अतः यदि एक कुंडली को चुम्बकीय क्षेत्र में रखा जाए, तो उसके हिलने से विद्युतधारा उत्पन्न हो जाएगी जिसको धारामापी से जोड़कर प्रकाश की किरणों द्वारा फोटोग्राफिक कागज पर रिकॉर्ड किया जा सकता है। भूकम्पीय तरंगें आते ही भूकम्पलेखी का फ्रेम हिलने लगता है जिससे कुंडली के हिलते ही प्रेरित धारा उत्पन्न हो जाती है। इस प्रकार विद्युतवाहक बल साधारणतया लोलक के वेग (अर्थात् पृथ्वी की गति के वेग) पर निर्भर रहता है जिसके अनुसार कुंडली से गुजरनेवाली बल संख्याओं की दर निर्धारित होती है।

आजकल भूकम्पलेखियों के आवर्धन बढ़ाने के लिए इलेक्ट्रॉनिक प्रवर्धकों का प्रयोग किया जा रहा है।

यदि लोलक का आवर्त काल पृथ्वी के आवर्त से काफी कम होता है तो विक्षेप पृथ्वी के त्वरण के समानुपाती रहता है। इस प्रकार के यन्त्र को त्वरणमापी यन्त्र कहते हैं जो मुख्यतः भूकम्प अभियान्त्रिकी के लिए उपयोगी है। इसमें लोलक का आवर्त काल 110 या 125 सेकंड रहता है। भूकम्प के आते ही यन्त्र चालू हो जाता है और कुछ सेकंड के बाद ही अपने आप बन्द हो जाता है। यह एक बैटरी से चलाया जाता है जिससे नगर की विद्युतधारा में रुकावट होने पर भी भूकम्पीय रिकॉर्ड मिलता रहे।

भूकम्पीय एरे

यदि कई भूकम्पलेखी एक नमूना बनाते हुए रख दिए जाएँ और उन सभी के नियर्त प्रदान को मिला दिया जाए तो इस प्रकार के यन्त्र को (व्यूह) 'एरे' कहते हैं जिसका प्रावर्धन एक यन्त्र की अपेक्षा कहीं अधिक बढ़ जाता है। इस प्रकार का एरे स्टेशन भारत में बंगलौर के पास गौरीबिदनौर में है। आजकल विकसित किए गए भूकम्पमापियों में परिवेधित छिद्र त्रिघटक व्यापक बैंड भूकम्पमापी (बोर होल थ्री कम्पोनेन्ट वाइड बैंड सीस्मोमीटर) उल्लेखनीय हैं जो विश्व के विभिन्न भागों में उपग्रह द्वारा जोड़े जा सकते हैं। इस प्रकार के 100 यन्त्र अमरीका में लगाए जा रहे हैं। इन यन्त्रों से निम्नलिखित प्राचलों को निकाला जाता है।

पृथ्वी के अन्दर की बनावट पर ही भूकम्प तरंगों का वेग निर्भर रहता है। उनके तथा भ्रंशों के विषय में अपवर्तन तथा परावर्तन युक्तियों द्वारा रासायनिक

विस्फोटन करके भूकम्पलेखियों से विभिन्न पर्तों की गहराई व 'पी', 'एस' तरंगों के वेग का पता चल जाता है। राष्ट्रीय भूगर्भीय अनुसन्धान संस्थान, हैदराबाद में इस प्रकार के प्रेक्षण भूपृष्ठ के अध्ययन के लिए कई स्थानों पर किए गए हैं जिनमें भारत मौसम विज्ञान विभाग भी भाग लेता रहा है। इस प्रकार के परिणामों से निकट के भूकम्पों के उत्केन्द्र अधिक सही निकलते हैं।

भूकम्प उत्केन्द्र

पृथ्वी के अन्दर जहाँ भूकम्प होता है उसे भूकम्प केन्द्र कहते हैं। ठीक उसी के ऊपर पृथ्वी की सतह पर स्थित बिन्दु को भूकम्प उत्केन्द्र कहते हैं। भूकम्प होते ही भूकम्पीय तरंगें सभी ओर विकसित होती हैं, जो भूकम्पलेखियों द्वारा अंकित कर ली जाती हैं। इनकी सहायता से भूकम्प सम्बन्धी निम्न सूचनाएँ प्राप्त हो सकती हैं :

(i) भूकम्प का उत्केन्द्र
(ii) भूकम्प का उद्गम समय
(iii) नाभीय गहराई
(iv) भूकम्प का परिमाण व ऊर्जा आदि।

इनमें से प्रथम तीन की गणना करने के लिए विभिन्न वेधशालाओं पर भूकम्पीय तरंगों के पहुँचने के समय का ज्ञान होना चाहिए, जिसका पता क्वार्ट्ज क्रिस्टल घड़ी की सहायता से लग जाता है। भूकम्प का परिमाण ज्ञात करने के लिए भूकम्पीय तरंगों के आयाम एवं आवर्त काल का माप भी होना चाहिए। उत्केन्द्र निकालने के लिए कम-से-कम तीन वेधशालाएँ आवश्यक हैं क्योंकि तीन बिन्दुओं से केवल एक ही वृत्त खींचा जा सकता है। परन्तु यहाँ यह स्पष्ट करना आवश्यक है कि इसमें विभिन्न त्रुटियाँ होंने के कारण तीन से अधिक वेधशालाओं की आवश्यकता होती है। जितनी अधिक वेधशालाएँ होंगी उतना ही सही उत्केन्द्र व नाभीय गहराई का पता लग सकेगा।

उद्गम समय

अब प्रश्न यह उठता है कि भूकम्प का उद्गम समय क्या है ? हमें 'पी' तरंगों के वेधशालाओं पर पहुँचने का समय मालूम रहता है क्योंकि गमन-अवधि तालिका में उसका उल्लेख रहता है तथा 'पी' व 'एस' तरंगों के समयान्तर से दूरी का ज्ञान भी रहता ही है। उदाहरण के लिए, यदि दिल्ली वेधशाला में तिब्बत में हुए भूकम्प द्वारा विकसित 'पी' तरंगों का समय 6 घंटा 10 मिनट और 25 सेकंड है और 'पी' व 'एस' तरंगों के अन्तर से दूरी 550 किलोमीटर है (जो भूकम्पलेखियों द्वारा निकाली जाती है) तो समीकरणों अथवा इस अध्याय में दी हुई तालिका 1.2 के अनुसार 'पी' तरंगों को यह दूरी तय करने में 1 मिनट 18 सेकंड लगता है।

इस समय को दिल्ली के 'पी' तरंगों के समय से घटाने पर उद्गम समय 6 घंटा 9 मिनट 7 सेकंड निकलेगा। इसी प्रकार विभिन्न वेधशालाओं से भी उद्गम समय निकालकर उनका औसतन मान निकाल लिया जाता है।

तालिका 1.2

'पी' व 'एस' तरंगों के समयान्तर से भूकम्प की दूरी ज्ञात करने की विधि (सतही केन्द्र)

दूरी	P-O	S-P	PP-P	SS-S	G.S.
अंश	m-s	m-s	m-s	m-s	m
1.	21	15	7	11	
2.	35	26	7	10	
3.	50	37	7	11	
4.	1-04	48	7	11	
5.	1-18	59	7	10	
6.	1-32	1-10	7	11	
7.	1-46	1-21	8	11	
8.	2-00	1-32	8	12	
9.	2-14	1-43	8	12	
10.	2-28	1-54	8	13	
11.	2-42	2-05	8	13	
12.	2-55	2-16	10	14	
13.	3-09	2-27	10	15	
14.	3-22	2-37	11	16	
15.	3-35	2-48	12	17	
16.	3-48	2-58	13	19	
17.	4-01	3-09	14	20	.1
18.	4-13	3-19	15	23	.1
19.	4-26	3-29	16	25	.2
20.	4-37	3-40	19	28	.2
21.	4-47	3-50	23	32	.2
22.	4-58	3-59	25	38	.4
23.	5-07	4-07	30	44	.6
24.	5-17	4-15	34	50	.7
25.	5-27	4-22	37	58	.8
26.	5-36	4-29	41	1-05	1.0

दूरी	P-O	S-P	PP-P	SS-S	G.S.
अंश	**m-s**	**m-s**	**m-s**	**m-s**	**m**
27.	5-45	4-37	46	1-13	1.1
28.	5-55	4-44	49	1.21	1.3
29.	6-04	4-51	53	1-28	1.4
30.	6-13	4-58	57	1-36	1.6
31.	6-21	5-05	1-02	1-43	1.8
32.	6-30	5-12	1-06	1-51	2.0
33.	6-39	5-18	1-10	1-59	2.1
34.	6-48	5-25	1-13	2-06	2.3
35.	6-56	5-32	1-18	2-14	2.4
36.	7-05	5-39	1-21	2-21	2.6
37.	7-13	5-46	1-26	2-28	2.8
38.	7-21	5-53	1-30	2-36	3.0
39.	7-30	6-00	1-33	2-43	3.1
40.	7-38	6-06	1-36	2-49	3.3
41.	7-46	6-13	1-38	2-57	3.5
42.	7-55	6-20	1-40	3-01	3.7
43.	8-03	6-26	1-42	3-05	3.8
44.	8-11	6-33	1-44	3-09	4.0
45.	8-19	6-39	1-46	3-13	4.2
46.	8-27	6-45	1-48	3-17	4.4
47.	8-25	6-52	1-50	3-19	4.6
48.	8-43	6-58	1-51	3-23	4.8
49.	8-50	7-04	1-54	3-26	5.0
50.	8-58	7-11	1-58	3-29	5.2

नाभीय गहराई

भूकम्प विशेषज्ञों के लिए नाभीय गहराई का सही अनुपात लगाना अभी दुष्कर कार्य है। यदि भूकम्पलेखियों द्वारा चार्ट में P^{P} तरंग फेज मिल जाती है तो $P^{P\text{-}P}$ व तालिका 1.3 की सहायता से नाभीय गहराई आसानी से निकल आती है। उदाहरण के लिए यदि $P^{P\text{-}P}$ का अन्तर 42.5 सेकंड हो और भूकम्प के उत्केन्द्र की दूरी (S-P) के समयान्तर द्वारा 45° हो तो भूकम्प की गहराई तालिका 1.3 से 200 किलोमीटर निकलेगी। इसी प्रकार निकट के भूकम्पों में Pn तरंगों भी नाभीय

गहराई का अनुमान लग जाता है क्योंकि इन तरंगों का गमन-समय भूकम्प की गहराई पर निर्भर रहता है।

तालिका 1.3

नाभीय गहराई निकालने की विधि

तरंगों का समय (सेकंड)–हैरिन मॉडल

दूरी	नाभीय गहराई (किलोमीटर)					
	50	**100**	**200**	**300**	**400**	**500**	**600**
10°	7.9						
15°	8.6						
20°	10.7	17.5					
25°	12.2	21.2	38.2	53.3			
30°	12.5	21.8	39.9	56.6	71.4	83.7	
35°	12.6	22.2	40.7	57.8	73.2	86.4	97.3
40°	12.8	22.6	41.6	59.3	75.3	89.2	100.0
45°	13.0	23.0	42.5	60.7	77.4	92.1	104.7
50°	13.2	23.5	43.4	62.2	79.4	94.9	108.3
60°	13.5	24.2	45.0	64.8	83.1	99.7	114.6
70°	13.8	24.8	46.3	66.9	86.0	103.5	119.7
80°	14.1	25.4	47.6	68.9	88.9	107.5	124.6
90°	14.3	25.9	48.6	70.5	91.1	110.4	128.3
100°	14.3	25.9	48.8	70.8	91.5	110.9	129.0

भूकम्प का परिमाण

हम जानते हैं कि भूकम्पीय तीव्रता स्थान-स्थान पर बदलती रहती है जबकि भूकम्प का परिमाण भूकम्प के लिए एक ही रहता है जो उसकी ऊर्जा का द्योतक है। परिमाण का मापक्रम भूकम्पलेखी द्वारा निकलता है। अब तब सबसे बड़े भूकम्प का परिमाण 8.7 है और सबसे छोटे भूकम्प का परिमाण -3 के लगभग पाया गया है। परिमाण को लघु समीकरण से निकालते हैं, अतः उसमें ऋण संख्याएँ भी पाई जाती हैं। यही कारण है कि 8.0 परिमाण का भूकम्प 7.0 परिमाणवाले भूकम्प की अपेक्षा दस गुना बड़ा होता है, और इसी तरह 6 परिमाण के भूकम्प की अपेक्षा 100 गुना बड़ा होता है। ऊर्जा में 30 गुना प्रति परिमाण से वृद्धि हो जाती है।

भूकम्प के परिमाण (M) और उद्गम के पास की तीव्रता (I_0) के मध्य सम्बन्ध ज्ञात करने का प्रयास किया गया है, जो निम्न समीकरण द्वारा दर्शाया

गया है :

$$M = 0.67I_o + 1.7 \log h - 1.4$$

यहाँ, h भूकम्प की नाभीय गहराई है।

भूकम्प पूर्वानुमान

भूकम्प पूर्वानुमान तीन प्रकार से किया जा सकता है :

(1) दीर्घकालीन–जो प्लेट विवर्तनी या सांख्यिकी युक्तियों द्वारा भूकम्प की सूची पर अधारित है। इसका उपयोग भूकम्प प्रतिरोधी संरचनाओं में किया जाता है।

(2) मध्यकालीन–जो पूर्वानुमान कुछ वर्षों (एक से तीन) पहले किया जा सके।

(3) लघुकालीन–कुछ दिन या सप्ताह या माह पूर्व किया जानेवाला पूर्वानुमान।

मध्यकालीन व लघुकालीन पूर्वानुमान में यह बताना आवश्यक है कि अमुक स्थान में कितने परिमाण का भूकम्प आएगा और कब आएगा।

मध्यकालीन पूर्वानुमान में निम्न युक्तियों का प्रयोग किया जाता है :

(क) भूस्तर में परिवर्तन : पृष्ठीय विस्थापन के कारण पृथ्वी या तो ऊपर उठने लगती है या भ्रंश के दोनों ओर की चट्टानों के खिसकने से उनके बीच की दूरी में परिवर्तन होने लगते हैं।

पृष्ठीय विस्थापन के संकेत त्रिकोणीय सर्वेक्षण करने से अथवा जिपोडीमीटर नामक यन्त्रों से प्राप्त होते हैं। आजकल इनमें लेजर का प्रयोग किया जाता है। इनके अतिरिक्त क्वासार (नक्षत्रों आदि से निकलनेवाली किरणें) द्वारा ऊर्ध्वाधर में कितना परिवर्तन हो रहा है इसके संकेत प्राप्त हो जाते हैं।

(ख) भूचुम्बकीय युक्तियाँ : पृथ्वी की सतह पर चुम्बकत्वमापी यन्त्रों का प्रयोग करने पर चुम्बकीय तीव्रता में छोटे-से-छोटे परिवर्तन का पता लगाया जाता है। इसके लिए सुग्राही प्रोटान मैगनेटोमीटर नामक यन्त्रों का प्रयोग किया जाता है।

(ग) विद्युत् क्षेत्र में परिवर्तन : प्रतिबल की मात्रा बढ़ने से चट्टानों (भ्रंश) की दरारों में वायु के प्रवेश करने से विद्युत् प्रतिरोधकता घट सकती है, जिसको 100 एम्पियर विद्युतधारा को पृथ्वी में भेजकर मापा जा सकता है।

(घ) ज्वारमापी : ज्वारमापी का सिद्धान्त यह है कि एक बोया (बुई) समुद्री जल की ऊपरी सतह पर तैरता रहता है जिसकी ऊर्ध्वाधर गति रिकॉर्ड होती रहती है।

सूक्ष्म आवर्त की तरंगों का प्रभाव कम करने के लिए समुद्र के पानी को एक कुएँ में ले जाते हैं। ज्वारमापी के विभिन्न प्रकार के मॉडलों में समुद्री तल पर पानी के दाब में परिवर्तन को मापा जाता है।

(ङ) नतिमापी : यदि एक नल के द्वारा, दो जलाशयों के बीच में द्रव अथवा पानी बहने का प्रबन्ध कर दिया जाए और दोनों सिरों पर पानी की सतह सूक्ष्मदर्शी द्वारा मापी जाएँ, तो पृथ्वी की सतह में परिवर्तन होने का संकेत मिल सकता है। इस प्रकार के यन्त्र 10^8 रेडियन तक की नति का माप कर सकते हैं। पृथ्वी के शोर के कारण इस यन्त्र में भी कुछ कठिनाई होती है जिसको कम करने के लिए या तो उसे लम्बी-लम्बी गुफाओं में रखते हैं या पृथ्वी के अन्दर सुरंगें बनाई जाती हैं। पृथ्वी की सतह में परिवर्तन होते ही दोनों जलाशयों में पानी की ऊँचाई में परिवर्तन हो जाता है।

(च) भूकम्प विज्ञान की विधि : इस विधि में निम्नलिखित उल्लेखनीय हैं :

(i) 'पी' व 'एस' तरंगों के वेग में परिवर्तन : प्रयोग द्वारा यह ज्ञात होता है कि जब कोई चट्टान दबाई जाती है तो वह विरूपित होने लगती है और फिर दबाव अथवा प्रतिबल की मात्रा बढ़ते ही वह टूट जाती है। टूटने से कुछ समय पहले बारीक दरारें पड़ने से चट्टानें फूल-सी जाती हैं। आयतन में इस प्रकार की अप्रत्याशित वृद्धि को 'डाइलेटेन्सी' कहते हैं, जो उस समय प्रारम्भ होती है जब प्रतिबल की मात्रा चट्टान टूटने की शक्ति से लगभग आधी तक पहुँच जाती है। प्रयोगों द्वारा 1960, में विलियम ब्रेस और उनके साथियों ने यह बताया कि इस प्रभाव के कारण चट्टानों में कई प्रकार के भौतिक परिवर्तन होने लगते हैं। उदाहरण के लिए, आयतन एवं प्रत्यास्थ तरंगों के वेगों में पृथ्वी के अन्दर भी परिवर्तन पाए जा सकते हैं, जो भूकम्प पूर्वानुमान में सहायक होंगे। अतः इन वैज्ञानिकों ने यह सुझाव दिया कि इस प्रकार के परिवर्तन पृथ्वी में भी हो सकते हैं, जो भूकम्प के पूर्वानुमान में सहायक होंगे।

(ii) नाभिकीय क्रिया : नाभिकीय क्रिया में प्रतिबलों की मात्रा में परिवर्तन जो भूकम्पीय तरंगों द्वारा तथा प्रेक्षण करके निकाला जा सकता है।

(iii) भूकम्पनीयता नमूने (सैस्मिसिटी पैटर्न) में परिवर्तन : चित्र 1.6 में मणिपुर-बर्मा सीमा के अगस्त 1988 के भूकम्प के पूर्व भूकम्पनीयता में परिवर्तन स्पष्ट रूप से दिखाई पड़ते हैं। भूकम्पों की संख्या में निरन्तर वृद्धि के बाद 'भूकम्प रिक्त' होने के बाद ही भूकम्प आ जाता है। परन्तु इस प्रकार के मॉडल सर्वदा नहीं पाए जाते हैं, जिससे भूकम्प की भविष्यवाणी में कठिनाई उत्पन्न हो जाती है।

(vi) प्लेट सीमा पर भूकम्प रिक्त स्थान (सैस्मिक गैप) : दो प्लेटों की सीमा पर यदि किसी क्षेत्र पर भूकम्प रिक्त स्थान पाया जाता है तो वहाँ बड़े भूकम्प की

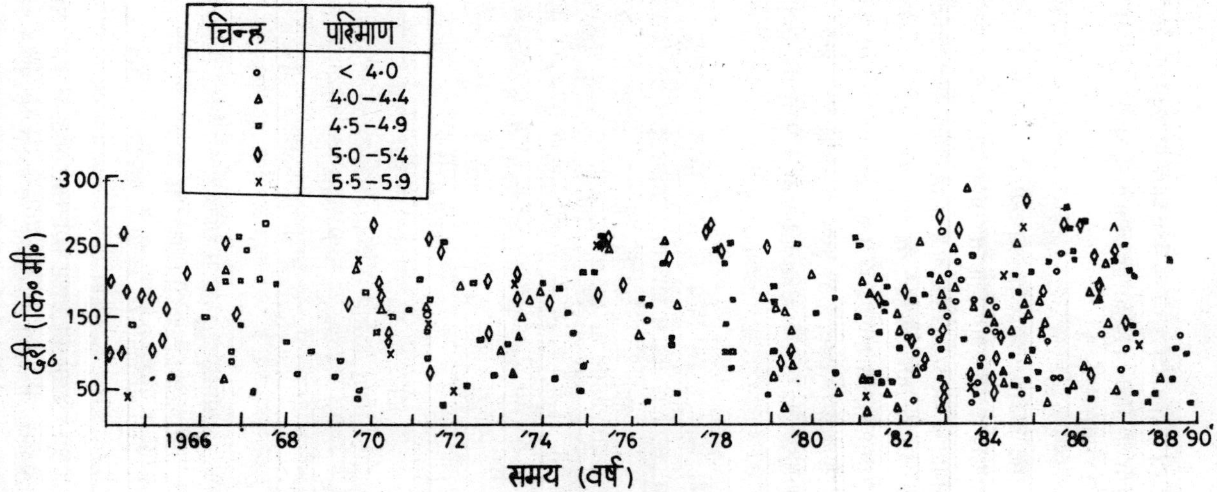

चित्र 1.6 मणिपुर-बर्मा सीमा के अगस्त 1988 के भूकंप के पूर्व भूकंपनीयता में परिवर्तन

सम्भावना बढ़ जाती है, क्योंकि प्रतिबल धीरे-धीरे एकत्रित होता रहता है। चीन व जापान में निम्न प्रेक्षण लघुकालीन भूकम्प पूर्वानुमान में उपयोगी सिद्ध हुए हैं :

(क) जानवरों में घबराहट।

(ख) कुओं के पानी की सतह में परिवर्तन और रंग बदलना।

(ग) कुओं या जलकुंडों में पानी के ताप में वृद्धि।

(घ) कुओं में रैडान गैस, हीलियम आदि की मात्रा में वृद्धि।

लघुकालीन पूर्वानुमान की दृष्टि से अब तक केवल चीन में हायचिंग क्षेत्र के 4 फरवरी, 1975 के भूकम्प (परिमाण 7) द्वारा जानमाल की अपार क्षति को बचाया जा सका। परन्तु दूसरे ही वर्ष तंगशान में लाखों व्यक्ति हताहत हुए। इससे यह निष्कर्ष निकलता है कि भूकम्प पूर्वानुमान को सफल बनाने के लिए अभी पर्याप्त अनुसन्धान की आवश्यकता है। अतः ज्योतिषियों द्वारा की गई भूकम्प की भविष्यवाणी जनता को कितना गुमराह कर सकती है, यह विचार करने योग्य है।

जापान में भूकम्प पूर्वानुमान में 25 वर्षों से अनुसन्धान किया जा रहा है। ऐतिहासिक भूकम्पों के आधार पर तथा पिछले 70 वर्षों में भूकम्पनीयता में कमी के कारण टोकियों में एक बड़े भूकम्प का पूर्वानुमान किया जा रहा है। कई प्राचलों पर निर्धारित करके यह प्रयत्न किया जा रहा है कि 8 परिमाण के भूकम्प का लघुकालीन पूर्वानुमान किया जा सके। छः सदस्यों की एक कमेटी सभी प्राचलों पर निरन्तर निगरानी रखती है। जैसे ही कोई अनोखे परिवर्तन पाए जाते हैं, सरकारी सूत्रों को सूचित किया जाता है।

अमरीका के कैलीफोर्निया क्षेत्र में 7 या अधिक परिमाण के भूकम्प की सम्भावना है। इस क्षेत्र में विश्व के सबसे अधिक भूकम्पलेखी तथा अन्य उपकरण लगाए गए हैं। इस पर अमरीका की राष्ट्रीय भूकम्प पूर्वानुमान मूल्यांकन समिति निरन्तर निगरानी रखती है जिससे सरकार को समय पर सूचित किया जा सके।

विज्ञान तथा प्रौद्योगिकी विभाग के अन्तर्गत हिमालय क्षेत्र में भूकम्पनीयता का गहन अध्ययन करने के लिए प्रयास किए जाते हैं और कई वेधशालाएँ भी खोली गई हैं। भारत में भूकम्प पूर्वानुमान सम्बन्धी अनुसन्धान भारत मौसम विज्ञान विभाग व अन्य संस्थाओं में किए जा रहे हैं, परन्तु निश्चित योजना बनाने के लिए पर्याप्त धन की आवश्यकता होगी।

जलाशय भूकम्पनीयता

जलाशय में पानी भरने के कुछ वर्षों बाद भूकम्पनीयता में परिवर्तन के दृष्टान्तों की संख्या में वृद्धि पाई गई है। इसका प्रमुख कारण यह है कि भूकम्प विज्ञान में बढ़ते हुए अनुसन्धान व आधुनिक यन्त्रों से भूकम्पनीयता में परिवर्तन अधिक स्पष्ट रूप से आँके जा सकते हैं। अधिकतर स्थानों में ऐसे भूकम्पों के परिमाण 4.5 से कम ही रहते हैं, परन्तु कुछ स्थानों में इनके परिमाण 6 या 6.5 तक

पहुँच गए जो काफी विध्वंसक सिद्ध हुए। इस प्रकार के भूकम्पों के कारणों के विषय में भूवैज्ञानिकों में मतभेद हैं। कुछ वैज्ञानिकों का विचार है कि बाँध में पानी की मात्रा बढ़ते ही उसके दबाव से भूकम्प आने लगते हैं, परन्तु अधिकतर वैज्ञानिकों का मत यह है कि इन स्थानों पर बड़े भूकम्पों का सम्बन्ध विवर्तनी कारणों से रहता है। भारत में 11 दिसम्बर, 1967 के कोयना भूकम्प के बाद यहाँ के वैज्ञानिकों ने भी इस विषय पर अनुसन्धान प्रारम्भ कर दिए। नदी के बाँधों को इस प्रकार से विध्वंसक भूकम्पों से बचाने के दृष्टिकोण से 1973

तालिका 1.4

जलाशय भूकम्पनीयता के प्रमुख उदाहरण

जलाशय का नाम	देश	ऊँचाई (मी.)	आयतन (मिलि. घन मी.)	वर्ष जब पानी भरा	वर्ष जब भूकम्प आए	भूकम्प परिमाण (सबसे बड़ा)
कोयना	भारत	103	2,780	1962	1967	6.3
क्रेमास्ता	ग्रीस	160	4,750	1965	1966	6.1
करीबा	जाम्बिया/जिम्बाब्वे	128	1,75,000	1958	1963	6.0
सिंगफेंगकियांग	चीन	105	13,896	1959	1962	6.0
ओरोविल	अमरीका	236	4,400	1967	1975	5.7
मैराथन	ग्रीस	67	41	1929	1938	5.7
आस्वान	मिस्र	111	1,64,000	1964	1981	5.3
हूबर	अमरीका	221	36,703	1935	1939	5.0
बेनमोर	न्यूजीलैंड	110	2,040	1964	1966	5.0
यूकम्बेन	आस्ट्रेलिया	116	4,761	1957	1959	5.0
गोन्टेनार्ड	फ्रांस	155	275	1962	1963	4.9
नूरेक	सोवियत संघ	317	11,000	1972	1972	4.6
कुरोबे	जापान	186	149	1960	1961	4.9
केर	अमरीका	60	1,505	1958	1971	4.9
भात्सा	भारत	88	957	1978	1983	4.9
कास्त्राकी	ग्रीस	96	1	1969	1969	4.6
क्लार्क हिल	अमेरिका	60	3,517	1952	1974	4.3
लालबिंगो	आस्ट्रेलिया	162	935	1971	1973	3.5
ब्लावरिंग	आस्ट्रेलिया	112	1,628	1968	1973	3.5
कौन्ट्रा	स्विट्ज़रलैंड	220	86	1963	1965	3.0

(सन्दर्भ–भूपेश कुमार गंगराडे, 1992)

में और सितम्बर 1975 में इंग्लैंड में दो संगोष्ठियाँ हुई जिनमें विश्व के वैज्ञानिकों ने अपने-अपने मत प्रकट किए। इसके बारे में फ्रांस के प्रमुख वैज्ञानिक, डॉ. जे. रोथे ने विचार प्रकट किया कि किसी भी बाँध में, जिसकी ऊँचाई 100 मी. से अधिक हो, पानी बढ़ने पर भूकम्प आ सकते हैं। तालिका 1.4 में इस विषय में प्रमुख उदाहरण दिए गए हैं।

भारतीय जलाशय एवं भूकम्प

पिछले 20 वर्षों में भारत के विभिन्न भूगर्भीय क्षेत्रों में कई नदियों पर बाँध बनाए गए हैं। केन्द्रीय जल ऊर्जा अनुसन्धान केन्द्र, पूना के वैज्ञानिक डॉ. एस.के. गुहा के अनुसार, दक्षिण पठार के किनेरसानी (आन्ध्रप्रदेश), परम्बिकुलम (केरल), मंगलम (केरल), कोलभार (केरल), युकाई (गुजरात) और इडुकी (केरल) बाँधों में पानी भरने के बाद भूकम्पनीयता बढ़ने के कुछ संकेत मिले हैं, परन्तु पठार के बीच स्थित बाँधों, जैसे मेटूर (तमिलनाडु), नागार्जुनसागर (आन्ध्रप्रदेश), पैथाओ (बिहार), पंचेट (बिहार), भाखड़ा (हिमाचल प्रदेश), रिहन्द (उत्तरप्रदेश) आदि में पानी भरने से भूकम्पनीयता में विशेष परिवर्तन नहीं पाया गया। 1972 की वर्षा ऋतु में मूला बाँध में पहली बार पानी भर गया। वहाँ पर अति सूक्ष्म परिमाण के भूकम्पों की संख्या में पानी की ऊँचाई के अनुसार परिवर्तन पाए गए, परन्तु अभी तक बड़े भूकम्प नहीं आए हैं। 1975 में पोंग (हिमाचल प्रदेश) में भी पानी भर गया, परन्तु वहाँ के सूक्ष्म भूकम्पों की संख्या में पानी के बढ़ने व घटने के साथ कोई परिवर्तन नहीं पाया गया है। मंगला बाँध (पाकिस्तान) के विषय में पहले अनुमान था कि पानी के भार (उतार-चढ़ाव) व भूकम्पनीयता में सम्बन्ध है, परन्तु बाद में स्पष्ट हुआ कि भूकम्पलेखियों का आवर्धन बढ़ाने के कारण सूक्ष्म भूकम्पों की संख्या बढ़ गई थी। इसी प्रकार, सेरे पान्सन बाँध, जो फ्रांसीसी आल्प्स पर्वत के पास है, वहाँ भी भूकम्पनीयता पर कोई प्रभाव नहीं पड़ा। अतः स्पष्ट है कि पश्चिमी हिमाचल के भाखड़ा, पोंग, पांडो और मंगला बाँध (पाकिस्तान) जैसे जलाशयों में भूकम्पनीयता के परिवर्तन के स्पष्ट संकेत नहीं प्राप्त हुए हैं, जबकि वे बड़े-बड़े भ्रंशों के पास स्थित हैं, जहाँ तनाव एकत्रित होते ही रहते हैं।

जलाशय भूकम्पनीयता दो तरह से हो सकती है :

(क) छिद्र द्रव दबाव (पोर प्रेशर) बढ़ने से अभिलम्ब वास्तविक प्रतिबल घट जाता है।

(ख) पानी भरने के बोझ से, जिससे प्रत्यास्थ कर्तन प्रतिबल बढ़ जाता है।

अधिकतर जलाशयों में दोनों प्रक्रियाओं के मिश्रित प्रभाव भूकम्पनीयता प्रेरित कर सकते हैं।

नया मॉडल

कोयना के क्षेत्र में यद्यपि भूकम्पों की संख्या काफी घट गई है, परन्तु 1987 तक लगभग 2500 सूक्ष्म भूकम्प रिकॉर्ड किए गए हैं। ध्यान से अध्ययन करने पर यह स्पष्ट होता है कि यहाँ की भूकम्पनीयता $t^{-0.15}$ के हिसाब से घट रही है जो शायद पूरे विश्व में एक अनोखा उदाहरण है। इनमें सबसे अधिक बाद का झटका 5 परिमाण का हुआ था और पिछले 20 वर्षों में यहाँ दो भूकम्प, 1973 और 1980 में लगभग उसी परिमाण के आए थे। अतः इस परिमाण के भूकम्पों का समयान्तर बढ़ता जा रहा है। इसको ध्यान में रखकर यहाँ की भूकम्पनीयता को एक मॉडल द्वारा चित्र 1.7 में दिखाया गया है। इसके अनुसार यदि किसी स्थान पर प्रमुख भूकम्प हो चुका है, तो जलाशय के आसपास बाद के सबसे बड़े भूकम्प का मान, उसके बाद के सबसे बड़े भूकम्प के परिमाण से अधिक नहीं होगा। इसके अनुसार, 1990 के भात्सा क्षेत्र में भूकम्प का पूर्वानुमान इस पुस्तक के प्रथम लेखक व उसके सहकर्मियों द्वारा किया गया जिसकी पुष्टि 1991 की 'टेक्टोनोफिजिक्स' नामक अनुसन्धान पत्रिका में सम्पादक ने की है। यदि हम इसको एक मानक मॉडल में डालें और उसके अनुसार समझने की चेष्टा करें, तो हम एच. कानामोरी के मॉडल के अनुसार निम्न स्तरों में भूकम्पनीयता को बाँट सकते हैं :

(क) भूकम्प के समूह,
(ख) पूर्व भूकम्प,
(ग) प्रमुख भूकम्प,
(घ) बाद के भूकम्प (तुरन्त),
(ङ) बाद के भूकम्प काफी समय बाद तक।

इस मॉडल के अनुसार, जलाशय के पास की भूकम्पनीयता इस साँचे में ढाली जा सकती है। विवर्तनी भूकम्प और जल सम्बन्धी भूकम्पों में अन्तर केवल गुणांक h में ही होता है, यदि इसको बाद के भूकम्पों द्वारा (तुरन्त हुए बाद के झटकों को छोड़कर) काफी समय तक निकाला जा सके। तुरन्त तथा बाद में हुए प्रमुख भूकम्प के बाद के झटकों में अन्तर करना एक दुष्कर कार्य है जिसके ऊपर अधिक अनुसन्धान की आवश्यकता है। परन्तु कोयना जैसे भूकम्प के अनुसार, इसका स्पष्टीकरण हो जाता है क्योंकि कोयना क्षेत्र में प्रमुख भूकम्प के तुरन्त ही बाद के झटकों से h का मान लगभग 1.1 था, जो विवर्तनीय भूकम्पों से भिन्न नहीं है। परन्तु जब 1987 तक के भूकम्पों को सम्मिलित किया गया, तो गुणांक h का मान घटकर 0.15 पाया गया, जो विवर्तनीय भूकम्पों से बहुत ही कम है। अतः इसी मॉडल के अनुसार अब हम बता सकते हैं कि यदि कोयना क्षेत्र में भविष्य में ज्योतिषियों अथवा किसी भी अन्य नागरिक द्वारा यह भय फैलाया जाए कि

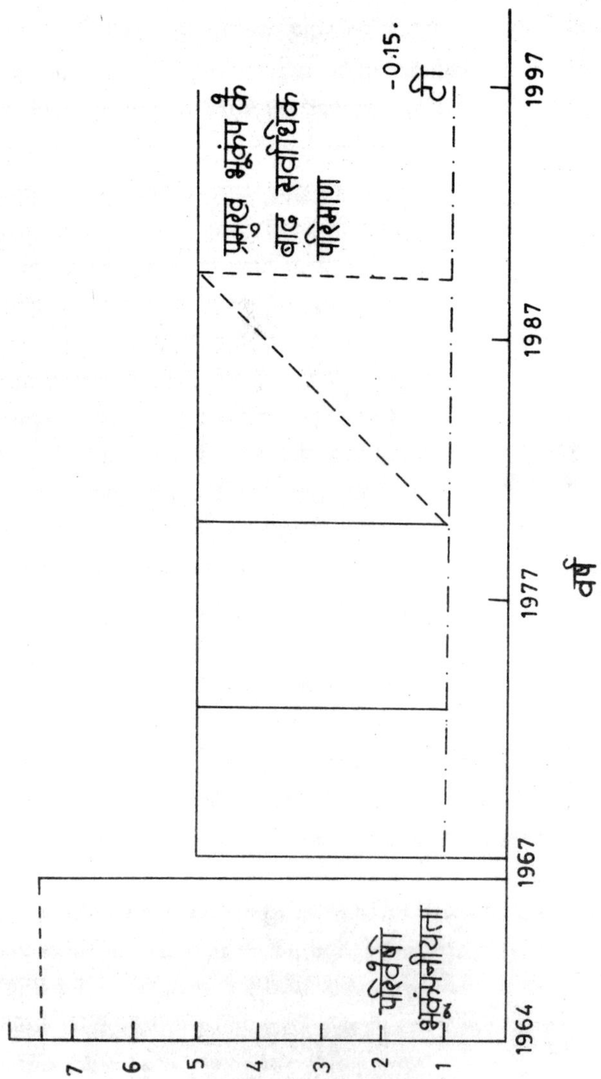

चित्र 1.7 जलाशय भूकंपनीयता मॉडल

वहाँ बड़ा भूकम्प आनेवाला है, तो हम स्पष्ट रूप से कह सकते हैं कि भविष्य में वहाँ 5 परिमाण से ज्यादा का भूकम्प नहीं आ सकता और उसका परिभाण धीरे-धीरे कम होता जाएगा। इसके अतिरिक्त इस परिमाण के भूकम्पों में समयान्तर भी बढ़ता जाएगा।

भूकम्प जोखिम व बचाव

भूकम्पों के प्रभावों से बचने के दो उपाय हैं। पहला, भूकम्प की भविष्यवाणी द्वारा, जो अभी दुष्कर कार्य है। दूसरा उपाय यह है कि इमारतों और दूसरी संरचनाओं को इस प्रकार बनाना कि भूकम्प आने पर कम-से-कम नुकसान पहुँचे।

हम जानते हैं कि जैसे शीशे की प्लेट टूट जाने से छोटे टुकड़ों की संख्या, बड़ों की अपेक्षाकृत बहुत ही अधिक होती है, उसी प्रकार बड़े भूकम्प की संख्या भी बहुत ही कम होती है। भूकम्प का परिमाण एक इकाई बढ़ने से उनकी संख्या दस गुना कम हो जाती है। ऊर्जा 30 गुना बढ़ जाती है। बेनो गुटेनबर्ग और चार्ल्स रिक्टर नामक वैज्ञानिकों ने निम्न समीकरण द्वारा परिमाण 'M' को उनकी संख्या 'N' द्वारा जोड़ा :

$$\log_{1o} N = a\text{-}bM$$

यहाँ 'a' व 'b' दोनों क्षेत्रीय अचल हैं जिसका मान भूकम्प की सूची द्वारा समीकरण की सहायता से निकाला जा सकता है। उसके बाद हमको पता लग जाता है कि विभिन्न परिमाण का भूकम्प कितने वर्षों में दुबारा आएगा। यह भी अनुमान लगाया जा सकता है कि त्वरण अथवा पृथ्वी के कम्पन व भूकम्प का आवर्तन काल कितना है। परन्तु न्यूक्लिर रिएक्टर व बाँधों के लिए अत्यन्त सुग्राही भूकम्पलेखी लगाकर निर्माण कार्य से पूर्व वहाँ के भ्रंशों की सक्रियता आँकी जानी चाहिए।

भूकम्प जोखिभ को भूकम्प निरोधक अभिकल्प में प्रयोग करने के लिए भूकम्प होने की सम्भावना को उससे होनेवाले नुकसान के मूल्य से गुणा करके निकाल सकते हैं।

भारतीय मानक संस्थान ने भूकम्प जोखिम का अनुमान करने के लिए देश को पाँच भागों में बाँटा है। क्षेत्र एक में भूकम्पीय तीव्रता I से लेकर V तक (परिवर्तित मार्केली मापक्रम), क्षेत्र दो में तीव्रता VI, क्षेत्र तीन में तीव्रता VII, क्षेत्र चार में तीव्रता VIII एवं क्षेत्र पाँच में तीव्रता VIII से अधिक हो सकती है। इसको आई.एस.आई. 1893 : 1982 कोड कहते हैं।

एच.एन. श्रीवास्तव (1988) ने मैक्सिको भूकम्प (1985) की तुलना भारत के कांगड़ा (1905), बिहार-नेपाल (1934) तथा असम (1950) के भूकम्पों से की। काकोस-दक्षिणी अमरीका प्लेट में स्थित मैक्सिको भूकम्प की उद्‌गम

क्रिया (चित्र 1.8) से भारतीय-यूरेशिया प्लेट की सीमा के बड़े भूकम्पों की तुलना करने पर पता चलता है कि यद्यपि दोनों क्षेत्रों के विभिन्न विवर्तनी वातावरण मैक्सिको भूकम्प में कम प्रतिबल पात अर्थात् स्ट्रेस ड्राप व हिमालय क्षेत्र के भूकम्पों में अधिक प्रतिबल पात पाया जाता है। दोनों क्षेत्रों में समानता यह है कि द्वितीयक (सेकेन्डरी) अधिक तीव्रता के क्षेत्र 1905 और 1934 के बड़े भूकम्पों में भी पाए गए जो गगनचुम्बी इमारतों के लिए विध्वंसक हो सकते हैं।

भूकम्प से सुरक्षित संरचना बनाने में 10 से 20 प्रतिशत धन अधिक लगता है, परन्तु जान-माल बचाने के दृष्टिकोण से इसकी आवश्यकता होती है। यह बात ध्यान में रखनी चाहिए कि भारतीय मानक संस्थान द्वारा मापदंड में बड़े भूकम्पों के प्रभाव से इमारत पूर्णतया नष्ट होने से बच सकती है। परन्तु उनसे कुछ क्षति हो भी सकती है। परन्तु हम न्यूक्लियर विद्युत् संयन्त्र या बड़े बाँधों को इस प्रकार बनाने का प्रयत्न करते हैं कि उनमें न्यूनतम क्षति हो। अतः यह अत्यन्त जटिल कार्य है।

भूकम्प प्रतिरोधी संरचनाओं के लिए निम्न बातों की जानकारी आवश्यक है :

(1) अधिकतम भूकम्प का परिमाण।

(2) इमारत में होने वाली अधिकतम कम्पन की सीमा तथा उसकी प्राकृतिक आवृत्ति। यदि भूकम्पीय तरंगों की आवृत्ति उसके बराबर हो जाती है तब अनुनाद के कारण अधिक नुकसान होता है।

(3) नींव की बनावट : कमजोर मिट्टी पर बने मकानों में चट्टानों पर बने भवनों की अपेक्षा अधिक हानि होती है। द्रवीकरण क्रिया से पूरे मकान टेढ़े हो सकते हैं।

अतः इमारत की संरचना का विश्लेषण हिलती-डुलती मेज (शेंकिग टेबल) द्वारा उसके अन्दर विद्यमान प्राकृतिक आवृत्तियों का पता लगाकर ऐसा अभिकल्प तैयार किया जाता है जिसमें भूकम्प आने में न्यूनतम या नहीं के बराबर क्षति हो।

आवास गृह

संरचनाएँ दो वर्गों में विभाजित की गई हैं। कंक्रीट के ढाँचों से निर्मित बहुमंजिली इमारतें, बाँध, पुल आदि को अभियान्त्रिक संरचनाएँ कहते हैं, क्योंकि इनका निर्माण अभियान्त्रिक विश्लेषण द्वारा किया जाता है। गैर-अभियान्त्रिक संरचना की श्रेणी में चिनाई की गई पत्थर की दीवारों, गीली मिट्टी या कच्ची ईंटों के बने मकान आदि आते हैं। इस प्रकार की गैर-अभियान्त्रिक संरचना की सुरक्षा के लिए निम्न उपाय किए जा सकते हैं :

(क) चिनाई के लिए 1 : 6 सीमेंट-रेत का मसाला।

(ख) दरवाजों तथा खिड़कियों की चौखट के चारों ओर उचित सरिया का प्रयोग।

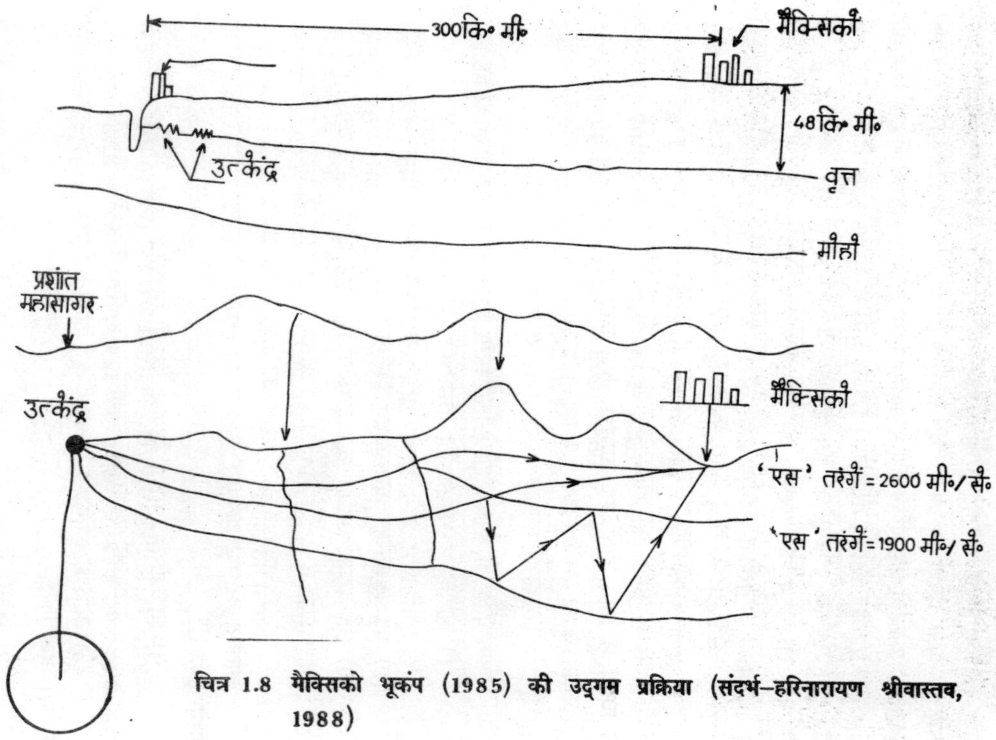

चित्र 1.8 मैक्सिको भूकंप (1985) की उद्गम प्रक्रिया (संदर्भ–हरिनारायण श्रीवास्तव, 1988)

(ग) क्षैतिज तथा ऊर्ध्वाधर दिशा में भी उचित सरिया का प्रयोग।

(घ) खिड़कियों, दरवाजों या अन्य छिद्रों का आकार कम-से-कम असामान्यतः दीवारों के बीच में।

(ङ) छत के अवयव तथा उपांगों में सुयोग्य सन्धि।

(च) भूकम्प पट्टी का प्रयोग, जो प्रबलित कंक्रीट या काष्ठ से बनाई जाती है। इस प्रकार की पट्टी बाहरी व आन्तरिक दीवारों के किसी एक तल पर उसके अन्दर चिन दी जाती है। यह कुर्सी के तल पर, दरवाजों व खिड़कियों के सरदल तथा दीवार के ऊपर एवं छत के नीचे लगाई जा सकती है। यह छत कांक्रीट स्लेब की हो तो उसकी आवश्यकता नहीं है।

पत्थर के भवन, जो भारत के पहाड़ी क्षेत्रों में बनाए जाते हैं, उनके निर्माण के विषय में निम्न बातों को ध्यान में रखा जाए :

(क) केवल उन्हीं स्थानों पर मकान बनाए जाएँ जहाँ भूस्खलन का भय न हो तथा ढलान के ऊपर पत्थर अस्थायी प्रकार से न हों।

(ख) कमरे 3.5 × 3.5 मीटर से बड़े न हों।

(ग) साधारणतः एक मंजिल ऊँचे बनाए जाएँ।

(घ) पत्थर की दीवारें 45 सें.मी. से मोटी न हों।

(ङ) गढ़े (प्रसाधित) पत्थरों का इस्तेमाल।

(च) छतें पुट्ठेदार अर्थात् चार ढलानवाली बनाई जाएँ। लोहे या सीमेंट की चादरों से ढलवाँ छतें, कीलों व काम्बलों द्वारा पर्लित और रैफ्टरों से जोड़ी जाएँ। कांक्रीट स्लेब की छतें सबसे उत्तम होती हैं।

आवासों के नष्ट होने पर सरकार को जनता से सहयोग करके निम्न कार्य करने चाहिए :

(i) तात्कालिक आश्रय निर्माण जिनमें राजकीय लोक निर्माण विभाग व अन्य कई स्वयंसेवी संस्थाएँ सराहनीय कार्य कर सकती हैं।

(ii) आंशिक क्षतिग्रस्त आवासों की मरम्मत जिसमें जनता सरकारी ऋण अथवा सहायता से मरम्मत करवा सकती है।

(iii) आवासीय पुनर्निर्माण जिसको भूकम्प प्रतिरोधी बनाया जाए। इसके लिए इंजिनियरों को विशेष प्रशिक्षण की आवश्यकता होती है जिसमें रुड़की विश्वविद्यालय तथा इंडियन सोसायटी ऑफ अर्थक्वेक टेक्नॉलाजी प्रमुख योगदान देते हैं। भूकम्प से ग्रसित क्षेत्र में तात्कालिक आश्रय के लिए लोहे के पाइप के ढाँचे पर आधारित निर्माण के कई प्रारूप इंडियन सोसायटी ऑफ अर्थक्वेक टेक्नॉलाजी, रुड़की द्वारा बनाए गए हैं, जिनका उपयोग 20 अक्टूबर, 1991 के उत्तरकाशी भूकम्प के बाद ही किया गया।

गगनचुम्बी दस मंजिली इमारतें एक सेकंड आवृत्ति काल से भूकम्प आने

पर झूलती हैं, अर्थात् प्रति सेकंड में एक बार। जैसे-जैसे इमारत ऊँची होती जाती है, उसकी आवृत्ति बढ़ जाती है। बीस मंजिली इमारत की आवृत्ति 0.5 हर्ट्ज हो जाती है। भूकम्प के अधिकतर झटके 0.5 हर्ट्ज से लगभग 5 हर्ट्ज होने के कारण 20 मंजिली इमारत सबसे कम क्षति होती है। इसी कारण 1985 के मैक्सिको भूकम्प में 6 से 15 मंजिली इमारतों में सबसे अधिक क्षति हुई थी क्योंकि उनमें 'अनुनाद' होने से सबसे अधिक कम्पन होने लगा। कभी-कभी इस प्रकार की इमारतों के ऊपरी भाग पास-पास होने पर भूकम्प आने पर एक-दूसरे से झूलते हुए टकराकर नष्ट हो जाते हैं। इस दृष्टिकोण से लकड़ी के फ्रेमवाले मकान, जिनका आवृत्ति काल उतनी ही ऊँचाई के ईंट या पत्थर के बने मकानों से अधिक होता है, कम क्षतिग्रस्त होते हैं, पर वह कई मंजिल के नहीं बनाए जा सकते।

मिट्टी का भी अपना आवृत्ति काल होता है। चिकनी मिट्टी, बालू आदि की दृढ़ता इस पर निर्भर करती है कि उसमें आर्द्रता (नमी) कितनी है। मैक्सिको भूकम्प में नगर के नीचे की चिकनी मिट्टी की आवृत्ति भी लगभग 2 सेकंड थी जिससे बीस मंजिली इमारतों के ऊपरी भाग में, पृथ्वी की सतह की अपेक्षा पाँच गुना क्षैतिज त्वरण बढ़ गया।

आजकल इमारतों को बनाने में गहरी नींव डालकर नलों (पाइप्स) द्वारा भूकम्प के प्रभाव को कम किया जाता है। कैलिफोर्निया विश्वविद्यालय के वैज्ञानिकों ने आधार पृथकता (बेस आयसोलेशन) तकनीक का प्रयोग किया है। इसमें इमारत एक विशेष प्रकार की बेयरिंग पर खड़ी की जाती है जिससे वह पृथ्वी से पृथक् कर दी जाती है। भूकम्प आने पर बेयरिंग कम्पन को सोखकर मन्द कर देते हैं। इस प्रकार इमारत की आवृत्ति भूकम्प से कम हो जाती है और क्षति से बच जाती है। इसका प्रयोग विभिन्न प्रकार की भूकम्प प्रतिरोधी बिल्डिंगों में किया जा रहा है।

नाभिकीय विद्युत् संयन्त्र

न्यूक्लियर संयन्त्रों का भूकम्प प्रतिरोधी अभिकल्पन इसलिए किया जाता है कि साधारण नागरिकों एवं संयन्त्रों में काम करनेवालों के स्वास्थ्य एवं सुरक्षा पर दुर्घटना अथवा दैनिक कार्यों में कोई बुरा असर न पड़े। विशेषकर रिएक्टर, पाइपलाइनें व घटक जो बिजली उत्पादन करने में सहायक होते हैं, उनको भूकम्प से क्षतिग्रस्त होने से बचाया जा सके। रूस के चर्नोबिल रिएक्टर के दुष्प्रभाव बार-बार मस्तिष्क में घूमते हैं, यद्यपि उस दुर्घटना में भूकम्प का कोई भी हाथ नहीं था। भारत में न्यूक्लियर रिएक्टर भूकम्पीय क्षेत्रों में भी बनाए गए हैं जहाँ भूकम्प प्रतिरोधी अभिकल्पन का विशेष महत्त्व है। इसके लिए अन्तर्राष्ट्रीय परमाणु ऊर्जा संस्थान द्वारा प्रकाशित मार्गदर्शिकाएँ प्रयोग में लाई जाती हैं।

न्यूक्लियर रिएक्टर दो स्तरों पर डिजाइन किया जाता है :

(अ) सुरक्षित ठप्पकर भूकम्प (सेफ शट डाउन भूकम्प)—यह किसी भी क्षेत्र

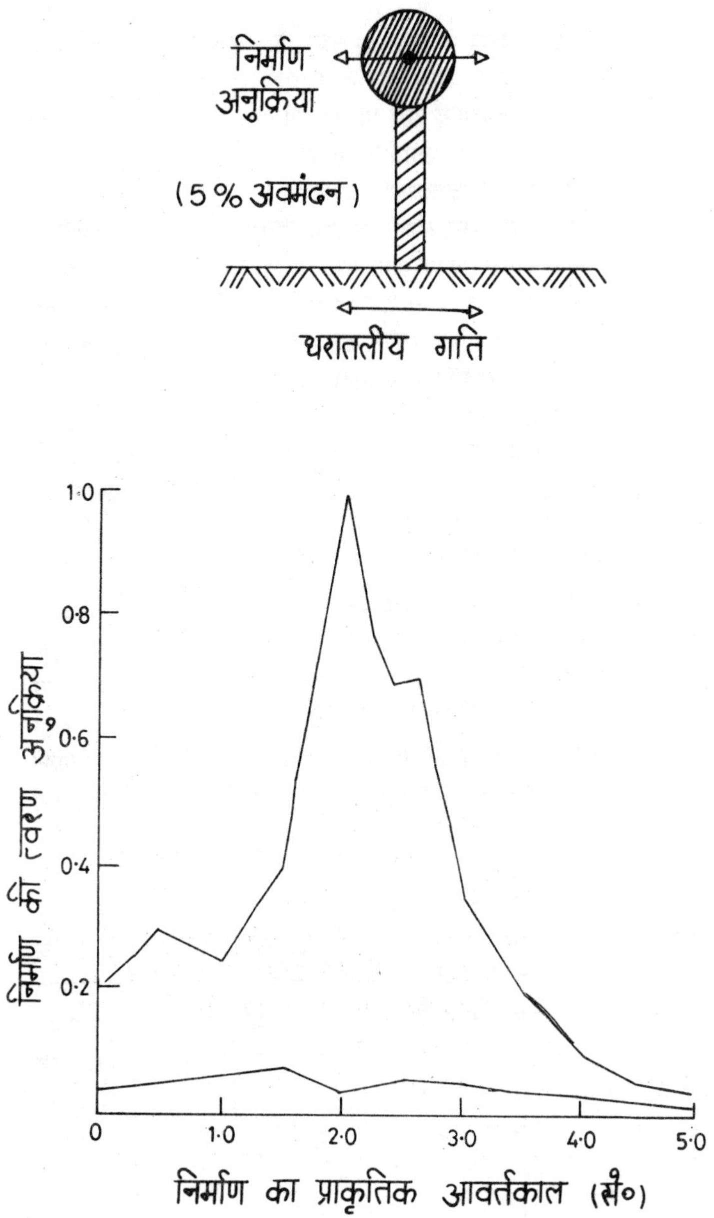

चित्र 1.9 अनुक्रिया वर्णक्रम और कालिक वृत्तांत

में आनेवाला सबसे अधिक परिमाण का सम्भाव्य भूकम्प है जिसके दौरान व जिसके पश्चात् संयन्त्र के सभी सुरक्षातन्त्र कार्यशील रहने चाहिए तथा प्राथमिक दाब परिसर की समग्रता को कोई क्षति नहीं पहुँचनी चाहिए। इस प्रकार का भूकम्प, उसकी कार्य अवधि में केवल एक बार ही आ सकता है।

(ब) प्रचालन सम्बन्धी भूकम्प (ऑपरेटिंग बेसिस भूकम्प)–इस भूकम्प के प्रभाव से उत्पन्न झटकों में सभी तन्त्र, संरचनाओं व घटकों का डिजाइन इस प्रकार से किया जाता है कि वे सब विद्युत् उत्पन्न करने में कार्यशील रहें। इस प्रकार का भूकम्प उसकी आयु में पाँच बार आ सकता है। न्यूक्लियर रिएक्टरों में दोनों तरह के भूकम्पों के लिए उपाय किया जाना चाहिए।

भूकम्पीय डिजाइन के लिए निम्न विधियाँ प्रयोग में लाई जाती है :

(क) निश्चयात्मक (डिटरमिनिस्टिक), जिसमें भूकम्प गति का निश्चित अंकों व वक्रों द्वारा दर्शाते हैं।

(ख) यादृच्छिक (स्टोकेस्टिक), जिसमें भूकम्प गति उसके आने की सम्भाव्यता पर निर्भर करती है।

निश्यात्मक विधि में भूकम्पीय गति को निम्न तरीकों से निकाला जाता है :

(i) अनुक्रिया वर्णक्रम (रेसपान्स स्पेक्ट्रम), जिसमें स्पेक्ट्रल त्वरण को आवर्तकाल से सम्बन्धित किया जाता है। (चित्र 1.9)

(ii) कालिक वृत्तान्त (टाइम हिस्ट्री), जिसमें त्वरण (क्षैतिज) एक प्रकार समय के अनुरूप बदलता है। (चित्र 1.9)

तालिका 1.5

निश्चयात्मक एवं यादृच्छिक विधियों द्वारा उत्पन्न विस्थापनों की तुलना

स्थान		कम्पन की दिशा					
		उत्तर-दक्षिण		पूर्व-पश्चिम		ऊर्ध्वाधर	
		नि.	या.	नि.	या.	नि.	या.
बाहरी आवरण नोड	1	8.57	8.57	7.71	7.13	0.97	0.92
भीतरी आवरण नोड	4	13.05	14.63	16.41	17.18	0.88	0.83
आन्तरिक संरचना नोड	13	11.23	11.69	13.46	13.95	0.97	0.91
केलेंड्रिला भित्ति नोड	26	6.21	5.52	4.51	3.61	0.46	0.43

नि. = निश्चयात्मक, या. = यादृच्छिक

(सन्दर्भ–काकोडकर एवं सोनी, 1992)

तालिका 1.6

निश्चयात्मक एवं यादृच्छिक विधियों द्वारा प्राप्त आधार-घूर्ण एवं आधार-अपरूपण की तुलना

	उत्तर-दक्षिण		पूर्व-पश्चिम		ऊर्ध्वाधर	
स्थान	**नि.**	**या.**	**नि.**	**या.**	**नि.**	**या.**
आधार-अपरूपण						
बाहरी आवरण (टन)	6605	6487	5707	5383	5404	5084
भीतरी आवरण (टन)	10590	11260	12560	13160	5144	4863
रिएक्टर आभ्यान्तरक (टन)	14910	11540	15460	13470	15500	14100
आधार-घूर्ण						
बाहरी आवरण (टन.मी.)	309400	312100	249600	259200		
भीतरी आवरण (टन.मी.)	504600	495400	592600	628100		
रिएक्टर आभ्यान्तरक (टन.मी.)	368400	303400	363900	344400		

नि. = निश्चयात्मक, या. = यादृच्छिक

(सन्दर्भ—काकोडकर एवं सोनी, 1992)

इसके अतिरिक्त परमाणु भवन का गहन अध्ययन मॉडलों द्वारा किया जाता है जिनमें पिंडीत भार धरन (लैन्ड मास बीम मॉडल) तथा अक्षीय सममिनिक (एक्सिस सिमेट्रिक) नामक मॉडल उल्लेखनीय हैं। परमाणु भवन के विभिन्न मॉडलों का विश्लेषण क्षैतिज एवं ऊर्ध्वाधर दिशा में त्रिदिशात्मक परिमित तत्त्व (फाइनाइट एलिमेन्ट) द्वारा की जाती है, जिसमें कम्प्यूटरों को प्रयोग किया जाता है। (तालिका 1.5 व 1.6) में निश्चयात्मक एवं यादृच्छिक विधियों द्वारा उत्पन्न विस्थापनों और आधार-घूर्ण एवं आधार-अपरूपण की तुलना की गई है।

आजकल 'मानक डिजाइन' का प्रयोग किया जाता है जिससे लागत में बहुत कमी हो जाती है क्योंकि विभिन्न प्रकार की भूकम्पीय गतिविधियों के लिए अलग-अलग न डिजाइन करके एक अन्वालोप (एनवेलप) वर्णक्रम (चित्र 1.10)

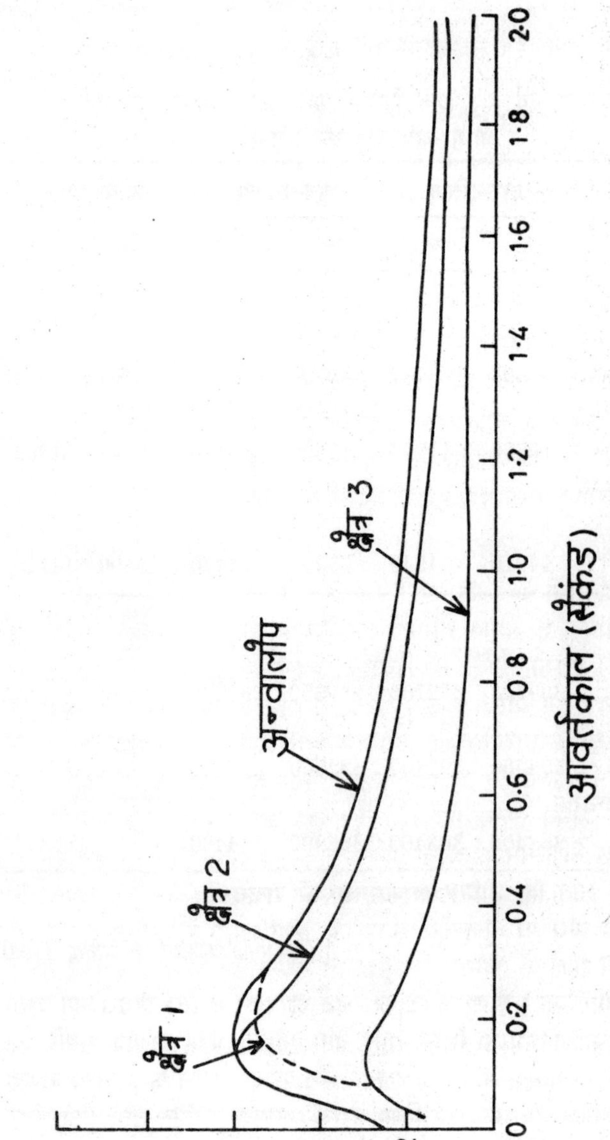

चित्र 1.10 अन्वालोप वर्णक्रम

का प्रयोग किया जाता है। भूकम्प के माप व शून्य आवर्तकाल त्वरण के मानक आधार पर 'मानक अभिकल्पन' तैयार किया जाता है। यद्यपि न्यूक्लियर विद्युत् संयन्त्र को भूकम्प प्रतिरोधी बनाना एक दुष्कर कार्य है, परन्तु एक सफल डिजाइन किए गए रिएक्टर की विशेषता यह है कि सम्भाव्य भीषणतम भूकम्प में भी सुरक्षित रुकावट (सेफ शट डाउन) तन्त्र कार्य करते हैं और रेडियोधर्मी तत्त्वों को बाहर निकलने का अवसर नहीं दिया जाता है।

बाँध

बाँधों की नींव पर भ्रंश के दोनों ओर की चट्टानों के खिसकने से अथवा दूर के भूकम्पों के झटकों द्वारा पृथ्वी में उत्पन्न गति से इनमें क्षति हो जाती है। भूकम्पीय स्थानों में बाँध को बड़ी सावधानी से बनाया जाता है जिससे भूकम्प आने पर कम-से-कम क्षति हो। यह उल्लेखनीय है कि अभी तक कोई बाँध भूकम्प से पूरी तरह नष्ट नहीं हुआ। भारत में 1967 के भूकम्प से कोयना बाँध में क्षति की मरम्मत कर दी गई थी।

भूकम्प प्रतिरोधी बाँधों को बनाने में निम्न बातें ध्यान में रखना आवश्यक है :

(क) अधिक से अधिक परिमाण का भूकम्प, जो उस स्थान पर हो सकता है। इसको 'मैक्सिमम डिजाइन' भूकम्प कहते हैं।

(ख) आपरेटिंग बेसिस भूकम्प, पृथ्वी के बाँध के पास की गति निर्धारित करता है जिससे केवल साधारण क्षति हो सके। इसे प्रायिकता विधि से निकालते हैं। उदाहरण के लिए, 100 वर्ष में 50 प्रतिशत प्रायिकता से अधिक अमुक परिमाण का भूकम्प उस बाँध के पास नहीं आया। यह मैकिस्मम डिजाइन भूकम्प से काफी कम रहता है। इस स्थिति में क्षति को शीघ्रता से मरम्मत कर सकते हैं।

किसी भी बाँध पर भूकम्पीय संकट को भ्रंशों आदि से उत्पन्न सम्भाविक अधिकतम त्वरण भ्रंशों के आधार पर आँका जा सकता है। तालिका 1.7 में संकट संनिर्धारण को चार भागों में बाँटा गया है। यह ध्यान योग्य बात है कि यह बाँध की बनावट पर नहीं निर्भर करती है, परन्तु नींव अच्छी सामग्री पर आधारित होनी चाहिए।

तालिका 1.7

बाँधों का संकट संनिर्धारण

क्र.सं.	अधिकतम भूमि त्वरण	संकट संनिर्धारण
1.	0.10g से कम	I (कम)
2.	0.10g के बराबर या अधिक	

क्र.सं.	अधिकतम भूमि त्वरण	संकट संनिर्धारण
	परन्तु 0.25 से कम	II (मध्यम)
3.	0.25g से अधिक, परन्तु 10 किलोमीटर के अन्दर कोई सक्रिय भ्रंश नहीं	III (अधिक)
4.	0.25g से अधिक तथा 10 किलोमीटर के अन्दर सक्रिय भ्रंश	IV (अधिकतम सीमा)

भूकम्प प्रतिरोधी बाँध बनाने में निम्न प्राचलों की आवश्यकता होती है :

(i) क्षेत्रीय भूवैज्ञानिक विन्यास
 —भूवैज्ञानिक इतिहास
 —चट्टानों की बनावट
 —भ्रंशों आदि की दूरी व लम्बाई
 —भ्रंशों की सक्रियता

(ii) भूकम्पीय विवरण
 —उत्केन्द्र (अक्षांश, देशान्तर)
 —भूकम्पीय तीव्रता
 —समकम्पन रेखा मानचित्र
 —नाभीकीय गहराई
 —झटके महसूस होने का क्षेत्र
 —नाभीकीय क्रिया
 —तीव्र गति त्वरण के प्रेक्षण (यदि मिल सके)

(iii) विवर्तनीय विवरण
 —उपग्रहों से सूक्ष्म भूकम्पों के आधार पर
 —भ्रंशों की सक्रियता (सूक्ष्म भूकम्पों के आधार पर)

(iv) नींव (बेड रॉक) में चट्टानों की बनावट
 —ऊपरी निक्षेपण (डिपाजिट)

भूकम्प प्रतिरोधी बाँध बनाने के लिए हिलती-डुलती मेजों (शेकिंग टेबल) पर मॉडल बनाकर तथा गतीय्र अनुक्रिया विश्लेषण कम्प्यूटरों की सहायता से किया जाता है।

भूकम्प विनाश व प्रबन्धन

यदि किसी क्षेत्र में भूकम्प आता है, तो भारत मौसम विज्ञान विभाग द्वारा निकाले गए उत्केन्द्र व परिमाण के अनुसार निम्न प्रकार से राहत कार्य करने चाहिए।

(क) सरकारी तौर पर विभिन्न मन्त्रालयों के उच्च अधिकारियों, भूवैज्ञानिक, भूकम्प इंजिनियर तथा भूकम्प विशेषज्ञों का एक दल क्षति का जायजा

लेने के लिए तुरन्त भेजा जाए जो निम्न कार्य पर प्रकाश डाल सके :

(अ) मृतकों व जख्मी लोगों और मवेशियों की संख्या का आकलन।

(आ) मकानों आदि की क्षति का आकलन।

(इ) प्रभावित लोगों की सहायता और यदि कोई बाधाएँ हो, तो उनको सुलझाना।

(ई) पीड़ित लोगों के पुनर्वास के लिए प्रयास।

आवश्यकता पड़ने पर हवाई सर्वेक्षण करके कम समय में ही कुल क्षति का अनुमान लगाना चाहिए। इसके अतिरिक्त वैज्ञानिकों को भूकम्प के कारणों का पता उस स्थान पर चट्टानों के खिसकने तथा जमीन की दरारों द्वारा लगाने का प्रयत्न करना चाहिए। बाद में इन आँकड़ों को भूकम्पलेखियों के आँकड़ों से सम्बन्धित करके यहाँ की भूकम्पनीयता पर अधिक प्रकाश डाला जा सकता है।

(ख) प्रभावित क्षेत्र में खाद्य सामग्री, कपड़े, दवाइयाँ तथा पुनर्वास की व्यवस्था करना। रेडक्रास आदि स्वयंसेवी संगठनों व राजकीय सूत्रों की निगरानी में राहत कार्य, जैसे, जनता को खुले स्थानों में बनाए गए स्कूल, पूजा के स्थान, स्टेडियम आदि में पहुँचाना। घायल व्यक्तियों के लिए खून की व्यवस्था, सफाई कायम रखने के दृष्टिकोण से शवों को इकट्ठा करना, उनकी पहचान तथा वहाँ से हटाना।

(ग) भूकम्प के दौरान टेलीफोन व अन्य संचार माध्यमों के साधन क्षतिग्रस्त हो जाते हैं। अतः रेडियो, टेलीफोन द्वारा सम्पर्क करने की व्यवस्था करना।

(घ) अफवाहों व भय फैलानेवालों से जनता को रेडियो, प्रेस तथा टेलीविजन द्वारा सचेत करना। भूकम्प विशेषज्ञों तथा सरकारी अफसरों व मन्त्रियों के इन्टरव्यू को समय-समय पर रिकॉर्ड करके प्रसारण के माध्यम से जनता तक पहुँचाना।

बड़े शहरों में निम्न कार्य आवश्यक है :

(1) शहरों में आवास गृहों आदि के विषय में सूचना और उनकी संरचना व जमीन से मिट्टी या चट्टानों पर बनाई गई इमारतों की जानकारी को ध्यान में रखकर कम्प्यूटर की सहायता से भविष्य के विभिन्न तीव्रता के भूकम्पों में कितना नुकसान होगा, इसका अनुमान लगाया जा सकता है। माइक्रोजोनिक अर्थात् शहरों में विभिन्न स्थानों पर भूकम्पलेखियों द्वारा सूक्ष्म कम्पन अध्ययन से मकानों की नींवों में कितनी शक्ति है उसका अधिक सही अनुमान लग जाता है।

(2) घनी बस्ती में जहाँ सँकरे रास्ते हैं, वहाँ विशेष ध्यान देना चाहिए जिससे कम-से-कम समय में जनता को सुरक्षित स्थान में पहुँचाया जा सके। इन जगहों में म्युनिसिपल कॉरपोरेशन द्वारा कमजोर मकानों या दुकानों

को गिरवाकर सड़कों को चौड़ा करने का प्रबन्ध करना चाहिए जिससे दमकल गाड़ियों को आग बुझाने के लिए भी भेजा जा सके।

(3) भूकम्पीय क्षेत्रों में समय-समय पर जनता को ड्रिल करना चाहिए। यह कल्पना करके कि एक बड़ा भूकम्प वहाँ आ चुका है, त्रुटियों के आधार पर वास्तविक भूकम्प आने में राहत कार्यों में पर्याप्त सहायता मिल सकेगी। चूँकि किसी भी शहर को शत-प्रतिशत भूकम्प-प्रतिरोधी नहीं बनाया जा सकता, अतः जनता को बचाने के लिए 'भूकम्प बचाव स्थान' विभिन्न मोहल्लों में बनाना चाहिए जिससे आधे से एक घंटे के अन्दर जनता उनमें पहुँचायी जा सके। इनको खुले स्थानों पर बनाया जाता है। जापान में इस प्रकार के बचाव स्थान बीस मंजिली इमारतों के चारों ओर बनाए जाते हैं, जिससे वह काफी दूर से दिखाई पड़े सके।

भारत जैसे देश में आई.एस.आई. कोड-1873 को चार व पाँच भूकम्पीय क्षेत्रों में कानूनी तौर पर लागू करना चाहिए जिससे विध्वंसक भूकम्प में कम-से-कम क्षति हो सके। परन्तु प्रश्न ये उठता है कि पहाड़ों व गाँवों में रहनेवाले लोग जो आर्थिक दृष्टि से कमजोर हैं, उनके लिए मजबूत मकान बनाने के लिए बैंकों आदि से समुचित वित्त जुटाने का प्रबन्ध हो सकेगा।

भूकम्प आने से पहले, उसके दौरान तथा उसके बाद, जनता को किस प्रकार सामना करना चाहिए, इसके लिए निम्नलिखित बातों पर ध्यान देना चाहिए।

भूकम्प से सम्बन्धित सुरक्षा व्यवस्था

(क) भूकम्प से पहले

1. काफी मात्रा में खाने का सामान, पीने का पानी, प्रथमोपचार के सभी साहित्य, लोहे का एक डंडा, एक कुदाल, मजबूत रस्सी, बैटरी की टॉर्च और मोमबत्तियाँ, दियासलाई तथा घर के हर सदस्य के लिए अलग-अलग हेल्मेट हमेशा पास में रखना चाहिए।

2. गैस की टूटी हुई नली जैसी चीजों के कारण आग लगने की सम्भावना होने की वजह से पानी गरम करने का यन्त्र (वॉटर हीटर), चूल्हे की गैस आदि को बन्द रखना चाहिए।

3. रेफ्रिजरेटर, लकड़ी या धातु की अलमारियों को तथा फिक्स्चर्स लोहे की तार से मजबूती से बाँधना चाहिए। भारी चीजें ऊपरी खानों में नहीं रखनी चाहिए।

4. जरूरत पड़ने पर नजदीकी प्रथमोपचार केन्द्र, संरक्षण संस्था या अग्निशामक दल की मदद लेनी चाहिए।

5. नागरी रक्षा संस्थान में भरती होकर प्रथमोपचार का, आग बुझाने का तथा अन्य संकटों से छुटकारा पाने का प्रशिक्षण लेना चाहिए और इससे अपने घर के सभी सदस्यों को भी अवगत कराना चाहिए। इसस हम स्वयं की रक्षा करने के

साथ-साथ अपने पड़ोसियों की भी मदद कर सकते हैं।

6. सम्भाव्य भूकम्प को ध्यान में रखते हुए तुरन्त की जाने वाली कार्रवाई की ड्रिल का संचालन समय-समय पर घर के सभी सदस्यों के साथ कर लेना चाहिए ताकि वास्तव में भूकम्प आने पर क्या करना है इसकी जानकारी हर सदस्य को हो जाए। इससे वक्त आने पर डर, घबराहट, खलबली नहीं रहेगी और परिणामतः किसी को चोट नहीं आएगी।

7. गैस सिलिन्डर अलग करना, मेन स्विच बन्द करना आदि महत्त्वपूर्ण काम घर के किसी जिम्मेदार व्यक्ति को सिखा देना चाहिए।

8. विभिन्न परिस्थितियों में, चाहे आप घर में हों, रास्ते पर मोटर चला रहे हों, दफ्तर या दुकान में काम कर रहे हों या सिनेमा हॉल में हों, आपको किसी भी स्थिति में भूकम्प शुरू होने पर क्या करना चाहिए इसके बारे में हर समय सतर्कता से सजग और परिचित होना जरूरी है।

9. आग से बचने के लिए निम्न सावधानियाँ रखनी चाहिए :

(i) काफी मात्रा में पानी तथा सूखी बालू कुछ स्थानों में रखनी चाहिए।

(ii) सभी अदालिकों और दुछत्तियों में आग लगनेवाली चीजें नहीं रखनी चाहिए।

(iii) आग लगनेवाली वस्तुएँ जितनी दूर-दूर हो सके रखनी चाहिए।

(ख) भूकम्प के दौरान

1. घबराहट, डर और खलबली से दूर रहना चाहिए।

2. भूकम्प के दौरान हिलना-डुलना भयावह तो है लेकिन जब तक छतों के ऊपरी हिस्से गिरते नहीं हैं तब तक परिस्थिति हानिकारक नहीं है। मन की शान्ति बनाए रखना आवश्यक है।

3. घटना होने पर इमारतों से बिलकुल दूर की खाली जगह पर जाना अधिक सुरक्षित होता है। अगर ऐसी खाली जगह पास में नहीं हो, तो इमारत के बाहर भागने की कोशिश हरगिज नहीं करनी चाहिए।

4. घटना होने के दौरान आप अगर इमारत के अन्दर हों, तो अन्दर ही रहना चाहिए। बचने के लिए मजबूत टेबल या बेंच के नीचे, अन्दर की दीवारों के नजदीक या सीढ़ियों के नीचे छिप जाना चाहिए तथा काँच से दूर रहना चाहिए।

5. भूकम्प के दौरान दियासलाई, मोमबत्ती आदि का इस्तेमाल नहीं करना चाहिए।

6. घटना होते समय आप अगर इमारत के बाहर हों तो सभी इमारतों से और विद्युत् तारों से दूर रहना चाहिए। भूकम्प के झटके पूरी तरह से खत्म होने तक बाहर ही रुकना चाहिए।

7. इमारतों के बीच या इमारतों में भाग-दौड़ नहीं करनी चाहिए। इमारतों के मुख्य तथा आन्तरिक द्वार और दीवारों के नजदीक कंकर-पत्थरों के गिरने का सबसे अधिक खतरा होता है।

8. अगर आप चलती हुई मोटर में हों, तो फौरन मोटर बन्द करके मोटर में ही रुकना ठीक रहता है, क्योंकि मोटरकार एक सेस्मोमीटर जैसा ही है और भूकम्प के दौरान मोटर अपनी स्प्रिंग के ऊपर ही कुछ समय तक उछलती रहेगी।

(ग) भूकम्प के बाद

1. सभी वस्तुओं की जाँच पड़ताल करनी चाहिए; लेकिन कोई भी यन्त्र शुरू नहीं करना चाहिए क्योंकि भूकम्प के झटकों से पानी, गैस और विद्युत् नलिकाओं के टूट या चटख जाने की सम्भावना होती है।

2. अगर गैस की गन्ध के बारे में सन्देह हो, तो खिड़कियाँ, दरवाजे खोलकर मेन वाल्व को बन्द कर देना चाहिए। उसके बाद घर छोड़कर गैस के वितरक को तुरन्त खबर कर देनी चाहिए। नागरी संरक्षण अधिकारियों द्वारा सुरक्षितता के बारे में प्रमाणित करने पर ही दुबारा घर में प्रवेश करना चाहिए।

3. अगर पानी की मुख्य नलिका को क्षति पहुँची हो, तो इमारत की मुख्य नलिका बन्द कर देनी चाहिए।

4. अगर विद्युत् तारों में कुछ खराबी दिखाई दे, तो तुरन्त मुख्य मीटर के बक्से का स्विच बन्द कर देना चाहिए।

5. रेडियो, ट्रांजिस्टर या दूरदर्शन जैसे प्रसार माध्यम को सुनना/देखना चाहिए, जिससे भूकम्प के बाद के झटकों के बारे में और जानकारी प्राप्त हो सके।

6. आपातकालीन वार्त्ता के अतिरिक्त दूरसंचार माध्यम का उपयोग नहीं करना चाहिए।

7. ज्यादा क्षतिग्रस्त इमारतों से दूर रहना चाहिए, क्योंकि बाद के झटकों से इमारत के पूर्णतया गिरने की सम्भावना रहती है।

2

ज्वालामुखी

ज्वालामुखी फूटने से जान-माल का भारी नुकसान होता है। पिछले 500 वर्षों में इनसे ढाई लाख से अधिक व्यक्ति हताहत हो चुके हैं। परन्तु यह क्षति भूकम्प, चक्रवात या बाढ़ की तुलना में काफी कम है। 1985 में नेवाडो डेलरुई कोलम्बिया के ज्वालामुखी से 2000 व्यक्तियों की मृत्यु हुई। बढ़ती हुई आबादी को देखते हुए, कम-से-कम 50 करोड़ लोग 2000 ई. तक सक्रिय ज्वालामुखी क्षेत्रों में इसके संकट से प्रभावित हो सकते हैं।

ज्वालामुखी, पृथ्वी के कुछ प्रमुख स्थानों पर, एक अनार की तरह फूटते हैं, जिनसे गर्म लावा बड़ी ताकत से ऊपर उठकर वायुमंडल में छा जाता है। ज्वालामुखी के विषय में अधिक जानकारी प्राप्त करने के लिए निम्न बातों को समझना आवश्यक है :

मैगमा पृथ्वी के अन्दर गर्मी से चट्टानों के पिघलने से बनता है। जब यह पृथ्वी के ऊपर ज्वालामुखी विस्फोटनों में निकलता है, तो इस लावा कहते हैं। अतः मैगमा में ठोस, द्रव व गैस तीनों की अवस्थाओं में ज्वालामुखी पदार्थ पाए जाते हैं। जिन मैगमा में 66 प्रतिशत या उससे अधिक सिलिका पाया जाता है, उन्हें अम्ल लावा तथा अम्ल चट्टानें और 52 से 45 प्रतिशत सिलिका को क्षार चट्टानें कहते हैं।

द्रव लावा गुरुत्वीय प्रभाव में विस्फोटन स्थल से काफी दूर तक बह सकता है। इसकी अधिक-से-अधिक गति 100 मीटर प्रति सेकंड तक पहुँच सकती है। कभी-कभी यह बहुत ही धीरे-धीरे खिसकता है। इनमें बैसाल्टिक लावा अधिक दूरी तक बहते हैं। इस प्रकार के बैसाल्टिक लावा ठंडे होने पर इयोसिन युग में 5,00,000 वर्ग किलोमीटर पर भारतीय पठार पर फैले हुए हैं जहाँ इनकी मोटाई बीच के भाग के एक किलोमीटर से अधिक है।

ज्वालामुखी पर गड्ढों (खाई) का गर्त (क्रेटर) पाँच किलोमीटर या उससे अधिक हो सकता है। विश्व का सबसे बड़ा काल्डेरा आसो, जापान में है, वह 23 × 16 वर्ग किलोमीटर में फैला हुआ है।

विभिन्न प्रकार के ज्वालामुखी

ज्वालामुखी जापान के फ्यूजीयामा एक सममित त्रिशंकु की तरह दृष्टिगोचर होता है। परन्तु अधिकतर ज्वालामुखी की शक्ल व बनावट में बहुत अन्तर होता है। यह निम्न प्रकार के हो सकते हैं :

(1) मूल लावा ज्वालामुखी—बहुत ही द्रवित होने के कारण आसानी से फैल जाते हैं जिससे कम ढाल के ज्वालामुखी बन जाते हैं।

(2) विस्कासी लावा ज्वालामुखी—चट्टानें बहुत ही गाढ़े (विस्कासी) लावा से बनती हैं। यदि वे विस्फोट नहीं करती हैं तो कई तरह के भूपटल बन जाते हैं।

(3) पाहरोक्लास्टिक ज्वालामुखी—जब भी ज्वालामुखी छिद्र के चारों ओर विस्फोटन द्वारा लावा के टुकड़े गिरते हैं, तो फ्यूजीयामा (जापान) की तरह की अवतल ढलानें बन जाती हैं।

(4) स्ट्रेटो ज्वालामुखी—यह लावा के बढ़ने से तथा पाहराक्लास्टिक जमाव से बनते हैं।

(5) अन्तर ग्लेशियल ज्वालामुखी—यह बर्फ की मोटी परत के नीचे बनते हैं।

समुद्री ज्वालामुखी

यह समुद्र के अन्दर विस्फोटन कर लावा जमा होने से पहाड़ी का रूप धारण कर सकते हैं।

ज्वालामुखी जो पृथ्वी की सतह पर फटते हैं, उनका समुद्री ज्वालामुखी से बनावट में अन्तर होता है। हम जानते हैं कि समुद्र में ग्रेनाइट परत नहीं पाई जाती है और केवल बैसाल्ट की ही परत होती है, जहाँ मोहोरोविक सान्तरता की मोटाई महाद्वीप की अपेक्षा बहुत कम होती है। इसे चित्र 2.1 में दिखाया गया है। अतः समुद्र में ज्वालामुखी पूरी तरह बैसाल्ट से बने होते हैं। परन्तु महाद्वीपीय ज्वालामुखी दो प्रकार के हो सकते हैं :

(क) बैसाल्टिक—काफी गहराई से केवल बैसाल्ट ऊपर पहुँच जाता है। विभिन्न प्रकार की अम्ल चट्टानों से या बैसाल्ट दूसरी चट्टानों से मिलकर निकलता है।

(ख) महाद्वीपीय—चट्टानें पिघलकर मैगमा बनाती हैं।

ज्वालामुखी का भौगोलिक वितरण

कुछ स्थानों को छोड़कर, भूकम्प तथा ज्वालामुखी के क्षेत्र एक ही होते हैं। प्रशान्त महासागर के चारों ओर भूकम्प व ज्वालामुखी दोनों ही पाए जाते हैं जो द्वीप चाप (आइलैंड आर्क) के उदाहरण हैं। इसी प्रकार कटक व पहाड़ियाँ (जैसे, एटलांटिक

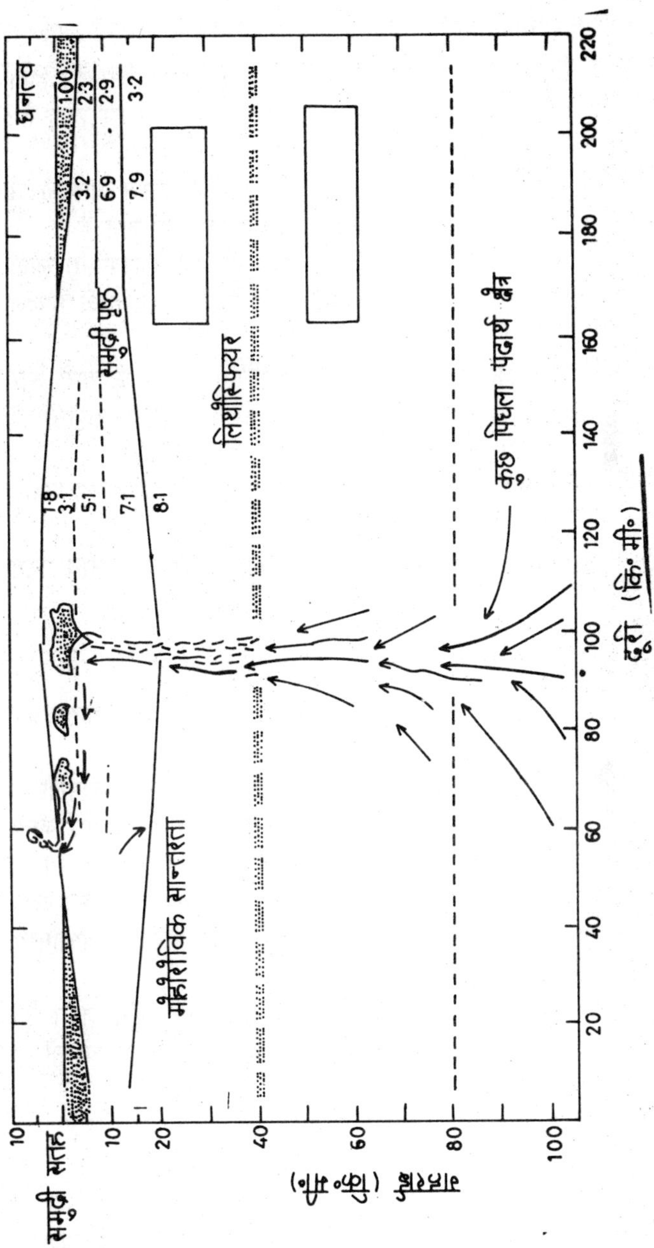

चित्र 2.1 समुद्री ज्वालामुखी

महासागर) में भी भूकम्प के अतिरिक्त ज्वालामुखी विस्फोटन होता रहता है। एशिया के पूर्वी ओर कई द्वीप हैं चित्र 2.2 जिनको द्वीप चाप (आइलैंड आर्क) कहते हैं। उनके प्रमुख स्थान हैं :

(1) एल्यूशियन, (2) कामचटका, (3) क्यूराइल, (4) जापान, (5) इन्डोनेशिया, (6) न्यूगिनी

द्वीच चाप के पास कई गहरे भूकम्प होते हैं जिनके उत्केन्द्र महाद्वीप की ओर झुके होते हैं और 700 किलोमीटर गहराई तक जा सकते हैं (चित्र 2.3)। इसी प्रकार हवाई द्वीप के पूर्व में भी ज्वालामुखी बहुत सक्रिय रहते हैं, परन्तु हिमालय से पश्चिम की ओर जाती पट्टी में ज्वालामुखी नहीं होते हैं। इसी प्रकार अंटार्कटिका में भूकम्प नहीं के बराबर होते हैं। परन्तु माउंड इरेबस सक्रियता दिखाता है।

कुछ विध्वंसक ज्वालामुखी

(1) क्राकेटोआ, जावा (27 अगस्त, 1883)

ज्वालामुखी आपदा के इतिहास में यह सबसे अधिक विध्वंसक श्रेणी में माना जाता है, जिससे 3000 जानें गईं। इसके कई धमाके 5000 किलोमीटर तक सुने गए। उसी के साथ 450 मीटर ऊँचाई का ज्वालामुखी कोन एकदम से गायब हो गया। लगभग 20 घन किलोमीटर चट्टानें तथा कचरा उखड़कर 25 किलोमीटर ऊँचाई तक वायुमंडल में जा पहुँचा। राख के बारीक कण 80 किलोमीटर ऊँचाई तक पहुँचकर पृथ्वी के चारों ओर दो वर्ष तक फैले रहे, जिससे सूर्यास्त जैसी लालिमा छा गई। पहाड़ों की ऊपरी चट्टानों के गिरने से लगभग 30 मीटर ऊँचाई की कई स्यूनामी उत्पन्न हो गईं, जिनसे जावा व सुमात्रा के तटों पर 300 ग्रामों तथा कस्बों में भीषण क्षति हुई।

(2) माउंट सेंट हेलेन, अमरीका (18 मई, 1980)

यद्यपि इससे केवल 60 व्यक्तियों की मृत्यु हुई, यह ज्वालामुखी 100 वर्षों के बाद अविश्वसनीय अतिक्रमण से फिर से पुनर्जीवित हो उठा। पहाड़ के अन्दर से उत्पन्न भूकम्प के झटकों से उसका उत्तरी भाग दूर हो गया जिससे चट्टानों व बर्फ का बहुत ही बड़ा भूस्खलन हुआ। गर्म गैस, राख तथा लावा क्षैतिज तथा ऊर्ध्वाधर दिशा में फैल गए, जिनका प्रभाव 20 किलोमीटर ऊँचाई तक पाया गया। लगभग 250 वर्ग किलोमीटर क्षेत्र का मनोरंजक भूस्थल भूरे रंग के मरुस्थल में पेड़ों के गलने तथा मोटी गीली मिट्टी तथा राख से बेकार हो गया। वैज्ञानिक दृष्टिकोण से इसका अध्ययन करके महत्त्वपूर्ण परिणाम निकाले गए।

(3) एलचिकोन, मैक्सिको (28 मार्च, 1982)

इसके विस्फोटन भी सात दिन तक चलते रहे जिससे वायुमंडल में लगभग 5000

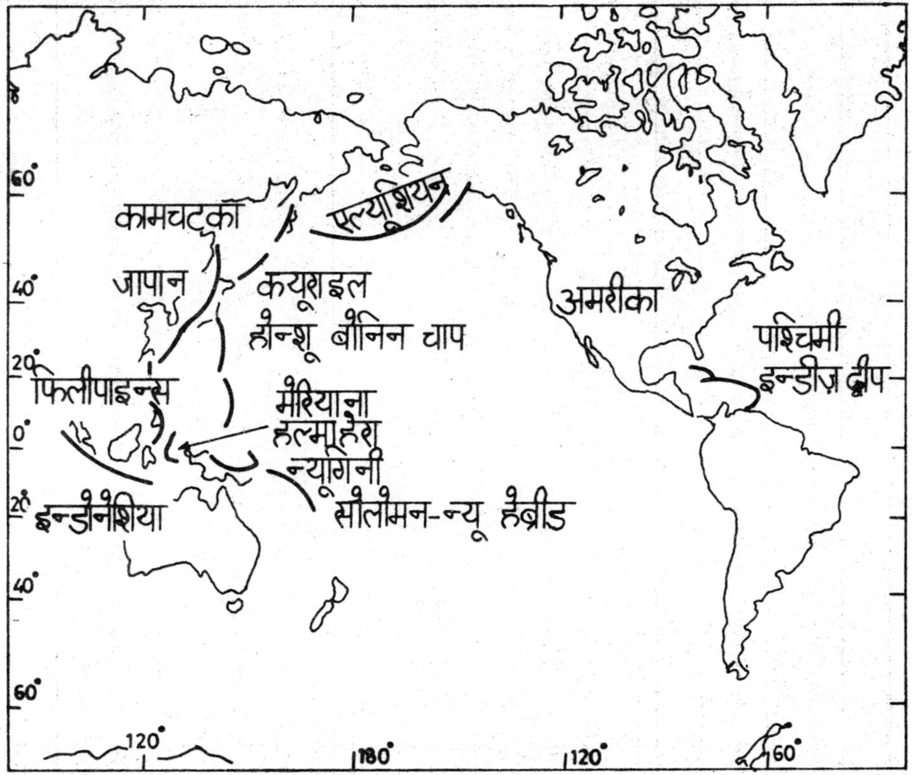

चित्र 2.2 विश्व के विभिन्न द्वीपचाप

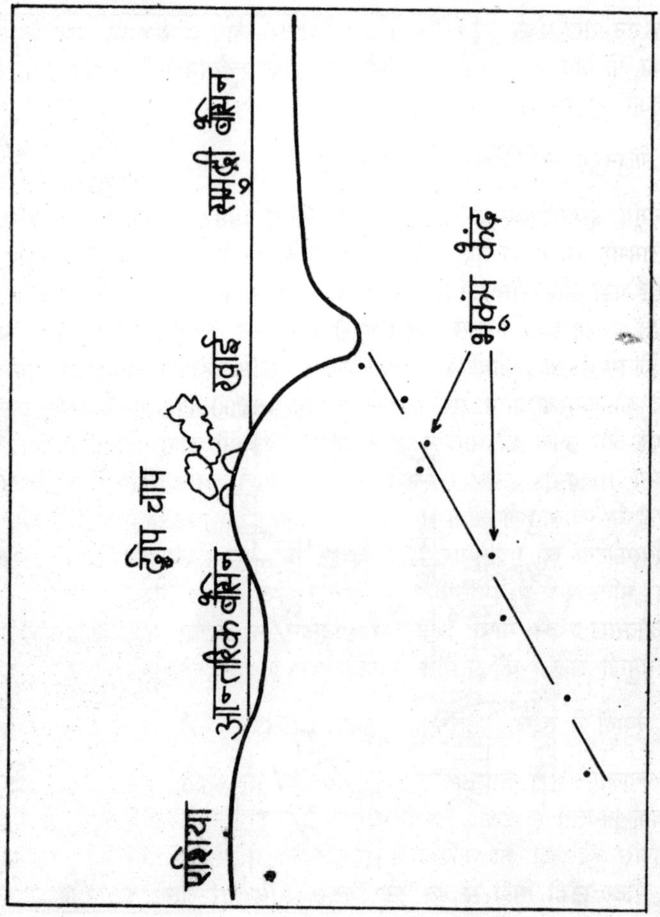

चित्र 2.3 द्वीपचाप के पास गहरे भूकंपों के उत्केन्द्र

लाख टन राख फेंकी गई। विस्तृत क्षेत्र में इससे जान व माल का नुकसान हुआ। इसका भी आधुनिक यन्त्रों द्वारा अध्ययन करके ज्वालामुखी विस्फोटन के विभिन्न पहलुओं पर प्रकाश डाला गया।

(4) गैलुनगुंग, इन्डोनेशिया (अप्रैल 1982)

गैलुनगुंग, इन्डोनेशिया के ज्वालामुखी का अप्रैल 1982 में विस्फोटन आरम्भ हुआ जो लगभग 10 महीने तक चलता रहा। पहले धमाके के साथ ही चमकदार दीप्ति दिखाई पड़ी और आसपास के लगभग दो लाख व्यक्ति जाग गए। लगभग 80,000 व्यक्ति घर छोड़कर निकल भागे। पहले विस्फोटन के बाद कई छोटे-बड़े धमाके हुए जिनमें 35,000 लोगों को आपातकालीन घरों में पहुँचाया गया और उनके खाने आदि की व्यवस्था करनी पड़ी। इससे लगभग 94,000 हैक्टेयर कृषि भूमि प्रभावित हो गई और उपज को भारी नुकसान पहुँचा। पश्चिमी जावा के गवर्नर के अनुसार लगभग 10 करोड़ डालर से अधिक का नुकसान हुआ। पानी की या तो कमी हो गई या ज्वालामुखी लावा से प्रदूषित हो गया। 10 दिन से लेकर एक घंटे पहले के विस्फोटनों का पूर्वानुमान किया गया। यह ज्वालामुखी भूकम्पों की संख्या में वृद्धि, भूविस्तरण 70 मिलिमीटर से अधिक आधार रेखा (बेस लाइन) पर, सल्फर डाइऑक्साइड की मात्रा 200 टन प्रतिदिन से बढ़कर 800 टन प्रतिदिन व ज्वालामुखी झटकों के आभास में वृद्धि पर आधारित है।

(5) नेवादो दे रुईज, कोलम्बिया (नवम्बर 1985)

इस ज्वालामुखी से लगभग 23,000 हजार व्यक्ति हताहत हुए। इसके विस्फोटन से बर्फ पिघलते ही इसके किनारों पर पानी द्वारा विस्तृत गीली मिट्टी के बहने से आसपास की नदी की घाटियों में इकट्ठा होने से भीषण क्षति हुई। कई इमारतें चार मीटर ऊँची मिट्टी में डूब गई जिससे अधिकतर लोगों की मृत्यु हो गई।

(6) कैमरून, अफ्रीका (अगस्त 1986)

इस ज्वालामुखी में क्रेटर झील से लावा के स्थान पर बड़ी मात्रा में गैस निकली, जिसमें मुख्यतया कार्बन डाइआक्साइड थी। यह 15 किलोमीटर क्षेत्र में नियोस झील के पानी पर फैल गई जिससे 1500 से अधिक व्यक्तियों की साँस घुटने से मृत्यु हो गई। यह ज्वालामुखी का एक अनोखा प्रभाव पाया गया।

(7) माउंट पिनाट्यूबो (जून 1991)

15 जून, 1991 को फिलिपीन में माउंट पिना टूबो ज्वालामुखी का विस्फोटन हुआ जिससे समताप मंडल में पिछले 100 वर्षों में सबसे अधिक वायु विलय उत्पन्न हुआ।

5 अप्रैल, 1991 से सितियो चामूत स्टेशन पर एक भूकम्पलेखी भी लगाया गया जिसने 25 घंटों में 223 अधिक आवृत्ति ज्वालामुखी भूकम्पों को रिकॉर्ड किया। उसके बाद 6 जून तक भूकम्पों की संख्या 26 से 178 के बीच रही। इन भूकम्पों का कारण मैगमा के दबाव, पृथ्वी के नीचे की चट्टानें टूटने व भ्रंशों में हलचल था। 7 जून को भूकम्पों की संख्या बढ़कर 1500 से 2000 प्रतिदिन पहुँच गई। यह ज्वालामुखी जून से राख उगलने लगा। कुछ दिन शान्त रहकर राख झटके से निकली जिसमें 8 जून को विस्फोटन की तरह का एक भूकम्प रिकॉर्ड किया गया। हवाई प्रेक्षण द्वारा मैगमा के उठने के संकेत प्राप्त हुए। इसके प्रभावों का अध्ययन ओजोन, जलवायु आदि पर वर्तमान यन्त्रों, उपग्रहों की सहायता से किया गया। एच.एन. श्रीवास्तव, एस.वी. दातार व बी. मुखोपाध्याय (1992) ने पाया कि इसके प्रभाव में भारत मौसम विज्ञान विभाग द्वारा स्थानीय मिनीकाय व पोर्टब्लेयर वायु प्रदूषण वेधशालाओं में वायुमंडलीय आविलता (टरबिडीटी) में काफी मात्रा में वृद्धि हुई। ज्वालामुखी वायुविलय ने पृथ्वी के चारों ओर 21 बार चक्कर लगाए और विस्फोटन के दो महीने के अन्दर ही पृथ्वी की लगभग 42% सतह पर छा गया। मौतालोआ हवाई द्वीप पर प्रत्यक्ष सौर किरणें 25 से 30 प्रतिशत घट गईं। उत्तरी गोलार्ध के निचले विक्षोभमंडल में तापमान सितम्बर 1991 में 0.7 डिग्री घट गया और पूरे विश्व में लगभग 0.5 डिग्री की औसत कमी पाई गई। वाष्प मेघ निकलने लगे। शाम से पाइरोक्लास्टि बहाव भी पश्चिमी दिशा की ओर फैलने लगा। 9 जून को उसी समय ज्वालामुखी फूटने की चेतावनी दी गई। ज्वालामुखी के संकेत राख में सल्फर डाइआक्साइड की मात्रा बढ़ने से भी प्राप्त हुए।

(8) पोर्टब्लेयर ज्वालामुखी (अप्रैल 1991)

बैरेन द्वीप पोर्टब्लेयर के पूर्व-उत्तर-पूर्व दिशा में 130 किलोमीटर दूर है। लगभग 10 किलोमीटर क्षेत्र में द्वीप का सृजन जलमग्न ज्वालामुखी से 1,00,000 वर्षों (टरशेरी युग) पूर्व हुआ। इसके चारों ओर एक पहाड़ी भी है, जो प्राचीन ज्वालामुखी क्रेटर है। इसके केन्द्र के समीप ही पिछले सक्रिय काल में नया क्रेटर बना। भारत में दो ही स्थानों पर ज्वालामुखी हुए हैं—बैरेन द्वीप तथा नरकोंडम। बैरन ज्वालामुखी के सौ किलोमीटर उत्तर में नरकोंडम द्वीप एक मृतज्वालामुखी का शीर्ष है। दूर उत्तर में बर्मा के मैदान में पोपा, थौटलाँ, लोइम्यो आदि ज्वालामुखी करोड़ों वर्षों से लगभग बीस लाख वर्ष पूर्व तक लावा एवं भस्म उगलते रहे थे। चापाकार ज्वालामंडल की रेखा को आगे बढ़ाएँ तो तिब्बत में सांगोसिन्धु नदियों के उत्तर में इसी काल के ज्वालामुखी दिखाई देंगे। पश्चिम में बलूचिस्तान के रस्कोह, कोहएसुल्तान, बजमन, तप्तन, चगाई आदि ज्वालामुखी आज से बीस लाख वर्ष पूर्व तक जाग्रत सक्रिय थे। स्पष्ट है कि आज से बीस लाख वर्ष पूर्व तक भारतीय भूखंड के उत्तरी सीमान्त पर ज्वालामुखियों की एक मेखला थी।

1787 से 1884 ई. तक बैरेन द्वीप पर ज्वालामुखी फूटने के बाद शान्त हो गए। 6 अप्रैल, 1991 से यहाँ पर लावा, गैस व राख प्रचुर मात्रा में फिर से फूटने लगी जो 300 मीटर से अधिक ऊँचाई तक फैल गई। वहाँ एकमात्र प्रकाशघर पूरी तरह नष्ट हो गया। जीव-जन्तु कितने हताहत हुए उसका ठीक अनुमान नहीं लग सका। अग्नि के फव्वारे जैसा एक स्तम्भ कुछ सेकंडों में 40 मीटर ऊँचाई तक उठता हुआ दिखाई पड़ता था। गर्म लावा समुद्र में 200 मीटर से दूर तक फेंका जा रहा था जिसमें गर्म होकर चाप भी 400 मीटर की ऊँचाई तक पहुँच रही थी। समुद्र के जल का तापमान 200 मीटर दूरी पर भी काफी बढ़ गया था। उस समय समुद्र में ऊँची लहरों के कारण वैज्ञानिक अध्ययन में काफी कठिनाई हुई। परन्तु भूवैज्ञानिक सर्वेक्षण विभाग तथा भारत मौसम विज्ञान विभाग के वैज्ञानिकों ने कुछ अध्ययन किए।

लगभग दो शताब्दी पूर्व सन् 1795 में कैप्टन ब्लैयर ने ज्वालामुखियों का तांडव लीला का आँखों देखा हाल लिखा था। समुद्रतल से तीन सौ मीटर ऊपर उठा बैरन द्वीप वस्तुतः हजारों मीटर ऊँचे, शंकु के आकार के एक विशाल ज्वालामुखी का भग्न शीर्ष है। भीषण विस्फोट से उसका मस्तक फट जाने से तीन कि.मी. व्यासवाला एक गर्त (क्रेटर) बन गया था। उसी गर्त में गैस उत्सर्जित करते लावा के कुंड फिर से खौलने लगे।

बैरन के दक्षिण में ऐल्कॉक, सीवैल आदि मृत या सुप्त ज्वालामुखियों की कड़ी दक्षिण-पूर्व में इंडोनेशिया में सक्रिय ज्वालामुखियों की शृंखला से मिल जाती है। वस्तुतः अण्डमान, इंडोनेशिया, फिलिपीन, जापान एवं ऐल्यूशियन द्वीपमालाएँ प्रशान्त महासागर को घेरे ज्वालामुखीय वलय के अभिन्न अंग हैं और अग्निशिखाओं से दीप्तदग्ध द्वीपमालाओं की सीमा बनाती हैं गहरी समुद्री खाइयों की माला।

ज्वालामुखी द्वीपमालाओं की सीमा बना रही हैं, प्रलम्ब, गहरी समुद्री खाइयाँ। ये खाइयाँ विकसित हुई हैं भूपटल के धँस जाने से, समुद्र नितल के भूगर्भ में समाविष्ट होने की क्रिया के फलस्वरूप। अण्डमान-निकोबार द्वीपमाला के पश्चिम में ऐसी ही समुद्री खाई है, परन्तु गंगा-ब्रह्मपुत्र द्वारा प्रदत्त रेतीली मिट्टी की विपुल राशि से पूर्णतः भर गई है।

ज्वालामुखी की तीव्रता व परिमाण

ज्वालामुखी विस्फोटनों का अध्ययन करके यह पता लगता है कि उनकी तीव्रता तीन आर्डर तक 1.6×10^6 से 1.1×10^9 किलोग्राम प्रति सेकंड तक तथा परिमाण 2×10^{11} से 4.2×10^{14} किलोग्राम तक बदल सकता है। ज्वालामुखी जिनकी तीव्रता 2×10^8 किलोग्राम प्रति सेकंड से अधिक होती है, उसे पाइरोक्लास्टिक बहाव अवश्य ही निकलता है। अतः ज्वालामुखी की तीव्रता का विस्फोटन के समय पता लगाना आवश्यक है जिससे ज्वालामुखी विधि का अनुमान लगाया जा सके।

ज्वालामुखी विस्फोटन के माप का अनुमान निम्न घटकों द्वारा आँका जा सकता है :

(1) परिमाण (इजेक्टा के आयतन द्वारा निर्धारित),
(2) तीव्रता (इजेक्टा के आयतन का प्रति इकाई समय),
(3) प्रचंडता (गतीय ऊर्जा की निर्मुक्ति),
(4) विध्वंसात्मक शक्ति जो ज्वालामुखी की ऊँचाई पर निर्भर करती है।

ज्वालामुखी विस्फोटनों का मापक्रम

उपर्युक्त घटकों को ध्यान में रखकर ज्वालामुखी विस्फोटन की शक्ति व उसके प्रकार का अनुमान लगाया जाता है। इसको 0 से 8 मापक्रम द्वारा प्रदर्शित किया जाता है। यह मापक्रम मुख्यतया कितनी राख निकली, उस पर निर्भर करता है। मापक्रम 5 वाला ज्वालामुखी, 4 की अपेक्षा दस गुना अधिक राख उत्पन्न करता है। मापक्रम 4 या उससे बड़े ज्वालामुखी से समताप मंडल में वायुविलय उत्पन्न होते हैं। इसका मुख्य उपयोग ऐतिहासिक ज्वालामुखी की सापेक्ष विस्फोटन शक्ति का अनुमान करने के लिए किया जाता है।

ज्वालामुखी मापक्रम की अपेक्षा भूकम्पों की शक्ति का अधिक विश्वसनीय माप भूकम्पलेखियों द्वारा निकाला जाता है।

ज्वालामुखी तथा भूकम्प

ज्वालामुखी कभी-कभी विध्वंसक भूकम्पों के साथ ही फूट पड़ते हैं और कभी-कभी उनके एक महीने से दो वर्ष के पहले या बाद में पेरू और चिली इंडियन क्षेत्र में इस प्रकार के परिमाण क्रमशः 22% और 38% से 40% नाजका प्लेट सीमा पर पाए गए हैं। इनके प्रमुख उदाहरण तालिका 2.1 में दिए गए हैं। इनकी विवर्तनी क्रियाओं का नाजका प्लेट की गति से सम्बन्ध है।

तालिका 2.1

विध्वंसक भूकम्पों से सम्बन्धित ज्वालामुखी

वर्ष	भूकम्प परिमाण	ज्वालामुखी
1822	8.2	सैन जोस
1835	8.1	मिन्चीमावडा
1837	8.0	काल ब्युको
1861	7.0	न्योदो चिलान
1906	8.2	चिलान न्यएयो
1920	7.4	हैकुई

वर्ष	भूकम्प परिमाण	ज्वालामुखी
1928	8.0	किजाप्यु
1949	7.3	विलादिका
1960	9.5	प्युएहयु (कौवेल)

ज्वालामुखी के कारण

ज्वालामुखी व भूकम्पों की पट्टियाँ अधिकतर एक साथ होने के कारण ज्वालामुखी का भी कारण प्लेट विवर्तनी सिद्धान्त पर आधारित है, जिसके विषय में हम पहले अध्याय में विस्तारपूर्वक पढ़ चुके हैं। ज्वालामुखी विस्फोटन अधिकतर विवर्तनीय कारणों से उत्पन्न हो सकते हैं। तालिका 1.1 में प्रमुख ज्वालामुखी क्षेत्र और प्लेटों से सम्बन्धित आँकड़े दिए गए हैं।

अधिकतर ज्वालामुखी विस्फोटन सक्रिय विवर्तनी क्षेत्रों में होते हैं। जितनी अधिक गति से एक प्लेट दूसरी प्लेट के अन्दर घुसती है, उतना ही अधिक मैगमा बनता है। विभंग अथवा कमजोर दरारों से मैगमा ऊपर उठता है। दरारों के खुलने और बन्द होने से लगातार होनेवाली घर्षण क्रिया से भी चट्टानें पिघलने लगती हैं।

ज्वालामुखी तथा नाभीय क्रिया

जापान के साकाराजिमा ज्वालामुखी भूकम्पों की नाभीय क्रिया का अध्ययन करने से निम्न परिणाम मिले :

(1) शान्त अवस्था में सक्रिय क्रेटर के नीचे प्रतिबल संपीडन दर्शाता है और दाब अक्ष उत्तर-दक्षिण दिशा में रहती है।

(2) सक्रिय होने की प्रथम अवस्था में प्रतिबल क्षेत्र ज्वालामुखी के नीचे मैगमा घुसने से दाब में वृद्धि होने के कारण विस्तीर्ण हो जाता है। इस अवस्था में दो से चार किलोमीटर गहराई पर तनाव पूर्व-पश्चिम दिशा में हो जाता है। तालिका 2.2 में विभिन्न गहराइयों में प्रतिबल का क्षैतिज घटक ज्वालामुखी के नीचे किस तरह बदलता है, यह स्पष्ट किया गया है।

तालिका 2.2

विभिन्न गहराइयों में ज्वालामुखी के नीचे प्रतिबल का क्षैतिज घटक

अवस्था	शान्त	सक्रिय			
गहराई	1 से 4 कि.मी.	प्रथम 0 से 2 कि.मी.	2 से 4 कि.मी.	द्वितीय 0 से 2 कि.मी.	तृतीय 0 से 1 कि.मी.
क्षैतिज	उत्तर-दक्षिण	उत्तर-दक्षिण	पूर्व-पश्चिम	उत्तर-पूर्व से दक्षिण-	उत्तर-पश्चिम से

घटक	दिशा में दाब अक्ष	दिशा में तनाव अक्ष	दिशा में तनाव अक्ष	पश्चिम दिशा में तनाव अक्ष तथा उसके समकोण दाब अक्ष	दक्षिण- पूर्व दिशा में दाब अक्ष व उसके समकोण तनाव अक्ष

दक्षिणी इटली के कैम्पी फ्रेग्रेई ज्वालामुखी क्षेत्र में पृथ्वी के ऊपर उठने की अवस्था में भूकम्प चार किलोमीटर क्षेत्र में फैले हुए थे तथा अधिकतम भूमि उत्थान के उत्तरी भाग में केन्द्रित थे। उनकी नाभीकीय गहराई एक से चार किलोमीटर थी तथा सबसे ज्यादा परिमाण 4.0 था। झुंड के रूप में भूकम्प पाए गए। उत्थान की सीमा के पास सक्रिय क्रेटर था, जिसके नीचे कर्तान तरंगों के वेग न्यूनतम थे। नाभीकीय क्रिया मुख्यतः सामान्य भ्रंश पाई गई। प्रतिबल ह्रास (स्ट्रेस ड्रॉप) भूकम्पीय घूर्ण 10^{17} से 10^{19} डाईन से.मी. के बीच लगभग स्थिर था।

ज्वालामुखी काल्डेरा क्षेत्र में वैज्ञानिक छिद्रण प्रयोग

भूतापीय तथा खनिज पदार्थों की खोज सम्बन्धी खुदाई द्वारा ज्वालामुखी विस्फोटन व काल्डेरा के विषय में महत्त्वपूर्ण जानकारी प्राप्त की गई है। भूविज्ञान सर्वेक्षण, अमरीका द्वारा निम्न परिणाम पाए गए :

(1) पाइरोक्लास्टिक विस्फोटन के साथ ही काल्डेरा अवतरण होता है, न कि विस्फोटन के बाद।

(2) छोटे काल्डेरा की आकृति कुप्पी (फनेल) से मिलती-जुलती है और बड़े काल्डेरा के तल के चारों ओर छल्ले की तरह भ्रंश पाए जाते हैं। अभी तक एक से दो किलोमीटर की गहराई तक ही खुदाई हो पाई है, जिससे कई प्रश्नों का समाधान नहीं हो सकता है।

जापान में कुचारो, आसो, हकोने, काक्यूतो और निगारीकावा काल्डेरा में छेद करके यह स्पष्ट हुआ कि उसकी दीवारें कल्डेरा केन्द्र की ओर झुकी हुई हैं। अतः काल्डेरा के अन्दर की बनावट कुप्पीनुमा पाई गई। काल्डेरा के अन्दर बहुत बड़ी चट्टानों के ब्लाक नहीं पाए गए, परन्तु उनके अन्दर निचली गहराई की कुचली चट्टानों तथा (इजेक्टा) से भरा हुआ था।

लांगवैली काल्डेरा, कैलीफोर्निया (अमरीका) के इनोयो डोम में खुदाई करके जहाँ काल्डेरा के नीचे सामान्य भ्रंश हैं, निम्न परिणाम निकाले गए :

(1) ज्वालामुखी के डोम के नीचे डाइक की पुष्टि की गई।

(2) डोम उभार के पहले एक 505 मीटर या उससे अधिक गहरा फनेल (कीप) बना।

(3) डोम मैगमा के ऊपर चढ़ने पर भाप में जल तथा क्लोरिन की पुष्टि हुई।

(4) मैगमा के क्रिस्टलन में, डिकम्प्रेशन की, शीतलन पथ की अपेक्षा, अधिक भूमिका है।

'शेडी रेस्ट होल' जो लांगवैली काल्डेरा में 615 मीटर गहराई तक खोदा गया है, उससे स्पष्ट होता है कि क्षेत्र पर 220 से 230 डिग्री सेंटीग्रेड तापमान था।

न्यूबेरी काल्डेरा, आरेगो, अमरीका के ज्वालामुखी लगभग 5,00,000 वर्ष पूर्व एंडोसिटिक व बसाल्ट से सिलीसिक ज्वालामुखी के रूप में उभरे। भूविज्ञान सर्वेक्षण, अमरीका द्वारा वहाँ 932 मीटर गहरा एक छेद किया गया। इस गहराई पर 265 सेंटीग्रेड तापमान था जो कास्केड क्षेत्र (न्यूबेरी-2) में सबसे अधिक पाया गया। यहाँ काल्डेरा की गहराई 500 मीटर थी। 300 मीटर की गहराई पर जलऊष्मीयता परिवर्तन पाए जाने लगे जो गहराई के साथ बढ़ते गए। 697 मीटर पर तापमान 100° सें. था जो 930 मी. पर बढ़कर 265° सें. पहुँच गया।

भूकम्पलेखियों द्वारा काल्डेरा के नीचे मैगमा का भी पता लगा, परन्तु उससे विशेष सफलता नहीं प्राप्त हुई। इस गहराई में कार्बन डाइआक्साइड तथा हाइड्रोजन सल्फाइड गैस अधिकतर पाई गई। जलीय मॉडलिंग से यह स्पष्ट होता है कि काल्डेरा के अन्दर हाल के सिलीसिक (इन्ट्रूजन) को जो डाइक्स जोड़ती हैं, उनके द्वारा ही तापीय जल ऊपर की ओर बहता है। परन्तु उथले भूजल से मिलकर उथला गर्म जल ठंडा होता है।

सक्रिय ज्वालामुखी का अध्ययन करने का प्रमुख उद्देश्य यह है कि सतह की तथा उसके कुछ नीचे की ज्वालामुखी सक्रियता को नीचे के मैगमा की हलचल (गति) से सम्बन्धित किया जा सके। इससे उनके पूर्वानुमान के संकेत का भी पता लग सकता है। अब तक अमरीका के हवाई द्वीप समूह के किलावई ज्वालामुखी का सबसे अधिक अध्ययन किया गया है। इसका प्रमुख कारण यह है कि इसमें विस्फोटन अकसर ही आते रहते हैं। इसके अतिरिक्त हम लोग उसके पास पहुँचकर उपकरण भी लगा सकते हैं, क्योंकि ये विध्वंसक रूप नहीं धारण करते हैं। इस प्रकार के महासागरीय अर्तप्लेट ज्वालामुखी को बैसाल्टिक ज्वालामुखी कहा जाता है।

ज्वालामुखी के अध्ययन में उपग्रहों से सहायता

(1) नोआ के 'टाम्स' द्वारा राख की ऊँचाई, उसकी गति तथा सल्फर डाइआक्साइड का पता लगता है। इससे वायुयानों को चेतावनी दी जा सकती है।

(2) 'लैंड सैट' (थीमेटिक मैपर) द्वारा बाहर निकलते हुए लावा के तापमान और उसके आकार का पता लगता है, जो ज्वालामुखी के पूर्वानुमान में सहायक सिद्ध हो सकता है। उपग्रह तथा वायुयान के रेडार द्वारा ज्वालामुखी की सतह पर कितना विरूपण हुआ, इसका पता लगता है जिससे ज्वालामुखी की सक्रियता पर निगरानी रखी जा सकती है। ये

कभी-कभी पूर्वानुमान में भी सहायक हो सकते हैं।

ज्वालामुखी पूर्वानुमान

अधिकतर स्थानों पर ज्वालामुखी के पूर्वानुमान के लिए निम्न प्रकार के उपकरण लगाए गए हैं :

(1) भूकम्पलेखी (10 से 15)—ये दूरमिति विधि से अनुसन्धान प्रयोगशाला में भूकम्पों के उत्केन्द्र, उनका समय, परिमाण, नाभीकीय गहराई तथा नाभीकीय क्रिया के विषय में आँकड़े भेजते रहते हैं।

(2) चुम्बकीय क्षेत्र मापक यन्त्र (4 से 6)—ये दूरमिति विधि से प्रयोगशाला में चुम्बकीयता में परिवर्तन सम्बन्धी आँकड़े भेजते हैं।

(3) नत मापी (इनक्लीनोमीटर) उपकरण—चार उपकरण दूरमिति विधि से प्रयोगशाला में आँकड़े भेजते रहते हैं। नत मापी उपकरण द्वारा ज्वालामुखी के चारों ओर पृथ्वी में कितना पृष्ठीय विरूपण (झुकाव) हो रहा है, इसका पता लगाया जाता है।

(4) गुरुत्वाकर्षण मापी उपकरणों द्वारा मैगमा में परिवर्तन का पता लगता है।

(5) भूरासायनिक विधि जिसमें गैसों के असंगत निष्कासन का पता लगता है।

पितोन डे ला फुर्नाइज (रियूनियन द्वीप) में ज्वालामुखी पूर्वानुमान सम्बन्धी उपकरण द्वारा निम्न परिणाम पाए गए :

(क) असक्रिय काल में भूकम्पनीयता नहीं के बराबर होती है। विस्फोटन चक्रों में 20 दिन पहले से दो परिमाण के भूकम्पों की संख्या बढ़ जाती है, जिनके उत्केन्द्र काल्डेरा के पाँच किलोमीटर के अन्दर ही पाए जाते हैं। विस्फोटन से पूर्व भूकम्पों की संख्या बढ़ने लगती है।

(ख) चुम्बकीय क्षेत्र में पाँच एन टी तक के परिवर्तन पाए गए। परन्तु दूर के स्टेशनों पर बहुत कम प्रभव देखा गया।

(ग) 20 से 30 माइक्रो रेडियन्स तक ज्वालामुखी विस्फोटन से पूर्व पृष्ठीय विरूपण पाया गया जिसका परिमाण कई शतक भी बढ़ सकता है।

माउंट लैंगीला ज्वालामुखी, जो न्यू इंग्लैंड द्वीप (पापुआ न्यूगिनी) में स्थित है, वहाँ 200 से 500 तक विस्फोटन प्रतिवर्ष पिछले वर्षों में हुए, जिनसे राख निकलकर फैल जाती है। विस्फोटन के सक्रिय काल में निम्न प्रकार की भूकम्पनीयता पाई गई :

(1) एक से दो हर्ट्ज अर्थात् कम आवृत्ति के भूकम्प।

(2) विस्फोटन घटनाओं के साथ तीव्र हवाएँ।

(3) एक से दो हर्ट्ज से लगातार संनादी कम्पन जिनसे यह पता लगता है कि ज्वालामुखी तारनाली के अन्दर अनुनाद प्रभाव प्रमुख है।

विश्व भर में लगभग 550 सक्रिय ज्वालामुखी हैं और उनमें सौ से अधिक स्थानों पर पूर्वानुमान के लिए उपकरण लगाए गए हैं, जिनमें भूकम्पलेखी, गैस निष्कासन व तापीय प्रेक्षण यन्त्र उल्लेखनीय हैं। जापान में इसके लिए ज्वालामुखी पूर्वानुमान कमेटी बनाई गई है। परन्तु पूर्वानुमान होने पर कुछ नई समस्याएँ उत्पन्न हो जाती हैं।

जून 1991 के माउंट उनजेन के ज्वालामुखी फूटने से पूर्व जापान की सरकारी संस्थाओं ने जनता को चेतावनी दी कि उससे निकला पंकबहाव (मडफ्लो) उसके नीचे स्थित शिमाबारा टाउन तक पहुँच सकता है। परन्तु इसके स्थान पर गैस और चट्टानों का तेजी से चलता हुए मिश्रण निकला जिसमें वैज्ञानिक, पुलिस, दमकल व संवाददाता आदि फँस गए। इस पूर्वानुमान में कई और कमियाँ भी थीं। मौसम विज्ञान विभाग जो चेतावनी देता है, वह बार-बार मडफ्लो के विषय में बतलाता रहा और गैस व चट्टान के तेज बहते हुए मिश्रण के बारे में केवल एक-दो बार ही जिक्र किया। उसमें इसका कोई विवरण नहीं था कि वह कितना विध्वंसक है और कितनी तेजी से पहुँच सकता है। विस्फोटन के कुछ सप्ताह पूर्व सरकारी सूत्र केवल यही बता रहे थे कि उनजेन से निकला लावा धीरे-धीरे बढ़ेगा या यह गाढ़ा है तथा इससे विशेष खतरा नहीं है। इसमें 37 लोगों की मृत्यु हो गई। फ्रांस के एक दम्पती जो ज्वालामुखी के अध्ययन के लिए गए थे, उनके साथ ही एक अमरीका के वैज्ञानिक भी भस्म हो गए।

ज्वालामुखी पूर्वानुमान में कुछ समस्याएँ पहले भी सामने आई थीं। 1986 में टोकियो के पास ओशिमा द्वीप के निकट जब कम्पन महसूस किए गए तब भी ज्वालामुखी पूर्वानुमान कमेटी ने बताया कि विस्फोटन होने की आशंका नहीं है। कुछ दिन बाद विस्फोटन प्रारम्भ हो गया। उस समय कमेटी ने पूर्वानुमान किया कि लावा ज्वालामुखी के काल्डेरा तक ही सीमित रहेगा। जब विस्फोटन शान्त हुए तब मौसम विज्ञान विभाग ने कहा कि अब क्रिया समाप्त हो गई। परन्तु कुछ ही घंटों के बाद एक पंक्ति में कई छिद्रों से लावा गाँव की ओर फैलने लगा। रात भर में उस द्वीप के लगभग 10,000 निवासियों तथा 2000 दर्शकों को सुरक्षित स्थान पर पहुँचाना पड़ा।

1989 में जब ईतो नगर में, जो टोकियो से 1000 किलोमीटर दूर सगामी खाड़ी में स्थित है, भूकम्पों के झटके महसूस किए गए, तो भूकम्प पूर्वानुमान कमेटी ने इनका कारण प्लेट विवर्तनी हलचल बताया। परन्तु मछुओं ने बताया कि समुद्र की सतह से भूरे रंग का पानी निकल रहा है और मरी मछलियाँ भी समुद्रतट पर देखी गई। सरकारी सूत्रों ने इस पर कोई ध्यान नहीं दिया। जैसे ही भूकम्प कम हो गए, मौसम विज्ञान विभाग ने चेतावनी समाप्त कर दी। कुछ ही घंटों में तेज आवाजें ईतो के नीचे की भूमि से निकलने लगीं। पूर्वानुमान होने से पहले ही समुद्र से ज्वालामुखी फूट निकला। अतः स्पष्ट है कि ज्वालामुखी पूर्वानुमान में भी अधिक

अनुसन्धान की आवश्यकता है, जिससे जनता को सही समय पर सूचित किया जा सके। सेंट हैलेन माउंट, वाशिंगटन के क्षेत्र में भूविज्ञान सर्वेक्षण, अमरीका द्वारा 1980 से 1987 तक किए गए दीर्घकालीन पूर्वानुमान सफल हुए हैं। किलायुए ज्वालामुखी, हवाई में भी पिछले 20 वर्षों से भूविज्ञान सर्वेक्षण विभाग, अमरीका द्वारा पूर्वानुमान के निरन्तर प्रयत्न किए जा रहे हैं, जो नत मापी, भूकम्पलेखी और ज्वारमापी यन्त्रों पर आधारित हैं। यद्यपि विवर्तनी भूकम्पों की तुलना में ज्वालामुखी पूर्वानुमान में अधिक सफलता प्राप्त हुई है परन्तु यह शत-प्रतिशत सही नहीं निकल पाता है जिससे सरकार व जनता कठिनाई का अनुभव करती हैं।

ज्वालामुखी तथा ओजोन

ज्वालामुखी विस्फोटनों से समताप मंडल में ओजोन की कमी हो सकती है। सल्फ्यूरिक अम्ल का क्षेत्रफल बढ़ने से $ClONO_2$ और N_2O_5 द्वारा NO_x की मात्रा घट सकती है जिससे क्लोरिन प्रेरक ओजोन का ह्रास उसी गति से हो सकता है जैसा कि अंटार्कटिका में पाया गया है। अर्थात् 50 भाग प्रति अरब (10^{-12}) से भी अधिक प्रतिदिन। जून 1991 के माउंट पिनाट्यूबो ज्वालामुखी विस्फोटन के बाद कुल ओजोन मापक स्पेक्ट्रोमीटर द्वारा, जो निम्बस 7 उपग्रह में लगा हुआ है, ओजोन में सामान्य मात्रा से पूरे विश्व में 2 से 3 प्रतिशत कमी पाई गई। 10° द. से 20° द. तथा 10° उ. से 60° उ. आक्षांश में पिछले 13 वर्षों में पहली बार इतना ओजोन ह्रास हुआ। जैसे-जैसे मलबा कम होने लगेगा, सूर्य की किरणों से वायुमंडल में ओजोन की मात्रा बढ़ जाएगी।

ज्वालामुखी तथा जलवायु परिवर्तन

ज्वालामुखी फूटने से जलवायु में कुछ समय के लिए परिवर्तन हो सकते हैं। शक्तिशाली ज्वालामुखी से जैसे-जैसे राख समताप मंडल में बहुत मात्रा में फेंकी जाती है, उससे उत्पन्न वायुविलय लघु तरंग विकिरण को आकाश में परावर्तित कर देते हैं। इससे पृथ्वी पर विकिरण का सन्तुलन बदल जाता है। इससे वायुमंडल तथा पृथ्वी के सतही तापमान में कमी हो सकती है।

फिलिपीन के माउंट पिनाट्यूबो से (12 जून, 1991) उपग्रह युग में सबसे अधिक राख के बादल उत्पन्न हुए। सागे II नामक उपग्रह के समताप मंडलीय वायुविलय गैस प्रयोग द्वारा यह स्पष्ट हुआ कि ज्वालामुखी फूटने के पाँच महीने बाद तक वायुविलय की प्रकाशीय गहराई एक से दो गुना 40° उ. से 40° द. आक्षांश में बढ़ गई। इसके प्रभाव से वायुमंडल में तापमान घटा। इसकी मात्रा 19 सितम्बर से और भी बढ़ गई। वायुविलय का अप्रत्यक्ष प्रभाव मेघों के कणों के आकार पर भी होता है, जिनको जलवायु पूर्वानुमान माडलों में प्रयोग किया जाता है। चित्र 2.4 में ज्वालामुखी से उत्पन्न राख के बादल दिखाए गए हैं।

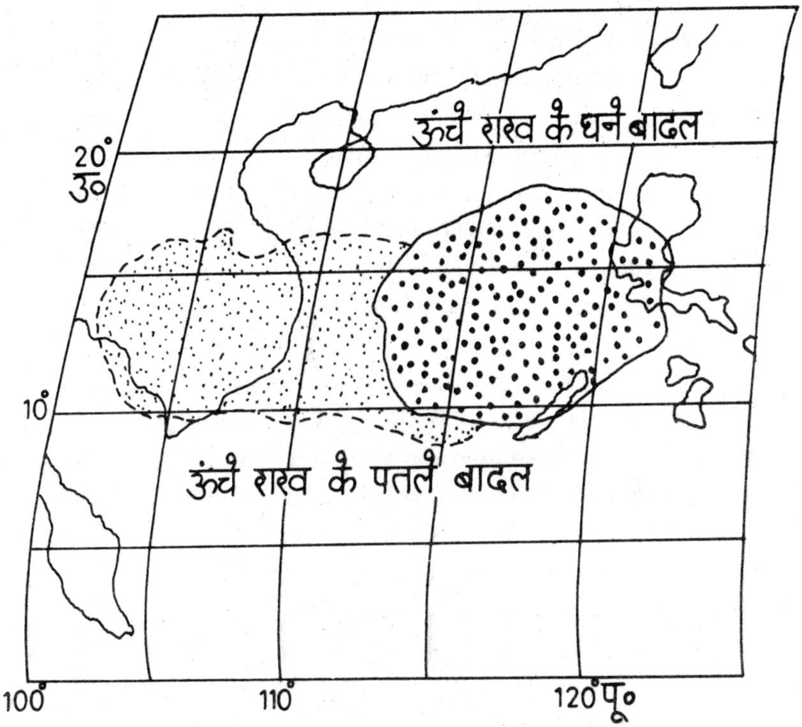

चित्र 2.4 ज्वालामुखी से उत्पन्न राख के ऊँचे बादल

ज्वालामुखी संकट प्रोग्राम

इसका मुख्य उद्देश्य ज्वालामुखी विस्फोटनों द्वारा जान-माल तथा प्राकृतिक साधनों की क्षति को कम करना है। अमरीका में कैलिफोर्निया स्थित यूनाइटेड स्टेट भूविज्ञान सेवा द्वारा संचालित इस प्रोग्राम का मुख्य लाभ माउंट पिनाट्यूबो ज्वालामुखी के विस्फोटन के समय हुआ। यद्यपि इससे लगभग 300 लोग हताहत हुए, परन्तु समय से चेतावनी दिए जाने से लगभग दो लाख व्यक्तियों को समय से सुरक्षित स्थानों पर पहुँचाया जा सका।

चित्र 2.5 में माउंट सेंट हैलेन ज्वालामुखी के विषय में वैज्ञानिकों से लेकर सरकार व जनता आदि तक किस प्रकार आपातकालीन स्थिति से निपटा जाता है, यह दिखाया गया है।

ज्वालामुखी से कुछ दूर उसके विस्फोटन के प्रकोप से बचने के लिए मजबूत मकान बनाने चाहिए जो ताप और लावा के बहाव के दाब से सुरक्षित रह सकें। इन जगहों में जनता को कम-से-कम समय में पहुँच जाना चाहिए।

ज्वालामुखी विस्फोटन के समय क्या करना चाहिए ?

ज्वालामुखी विस्फोटन के पूर्वानुमान में निरन्तर प्रयत्न किए जा रहे हैं। जब भी यह निश्चित-सा हो जाता है कि ज्वालामुखी फूटनेवाला है, तो जनता का उसके आसपास के क्षेत्रों से दूर सुरक्षित स्थानों पर जाने की सलाह दी जाती है। परन्तु उनकी सम्पत्ति की सुरक्षा नहीं हो सकती है। ज्वालामुखी विस्फोटन के समय विस्फोटन से उत्पन्न प्रभावों की चेतावनी निम्न प्रकार दी जा सकती है :

(क) बहाव (फ़्लोज़)

साधारणतया बहाव बहुत धीरे-धीरे फैलता है, जिससे लोगों को दूर जाने का अवसर मिल जाता है। जनवरी 1960 में किलुविया काल्डेरा के 40 किलोमीटर पूर्व ज्वालामुखी फूटने से 113 लाख टन लावा निकला, जो 5 से 6 किलोमीटर के क्षेत्र में फैल गया। इसको रोकने के लिए कई सौ मीटर लम्बी, 5 मीटर ऊँची और 20 मीटर चौड़ी कई दीवारें बनाई गईं। यह एक बाँध की तरह था। यद्यपि लावा बाँध के ऊपर से बहने लगा, परन्तु इसकी गति कम हो गई। चूँकि लावा के बहाव से उत्पन्न दाब अधिक होता है, अतः दीवार मजबूत, चौड़ी और भारी बनानी पड़ती है।

(ख) विस्फोटन, पाइरोक्लास्टिक बहाव व गैस

जैसे ही पाइरोक्लास्टिक बहाव के लक्षण दिखाई दें, जैसे राख गिरने लगे, जनता को सुरक्षित स्थानों पर पहुँचाना चाहिए। परन्तु इस समय गिरजाघर या दूसरे पूजा स्थानों के अंदर प्रार्थना के लिए नहीं जाना चाहिए, क्योंकि राख के भार से इमारतों

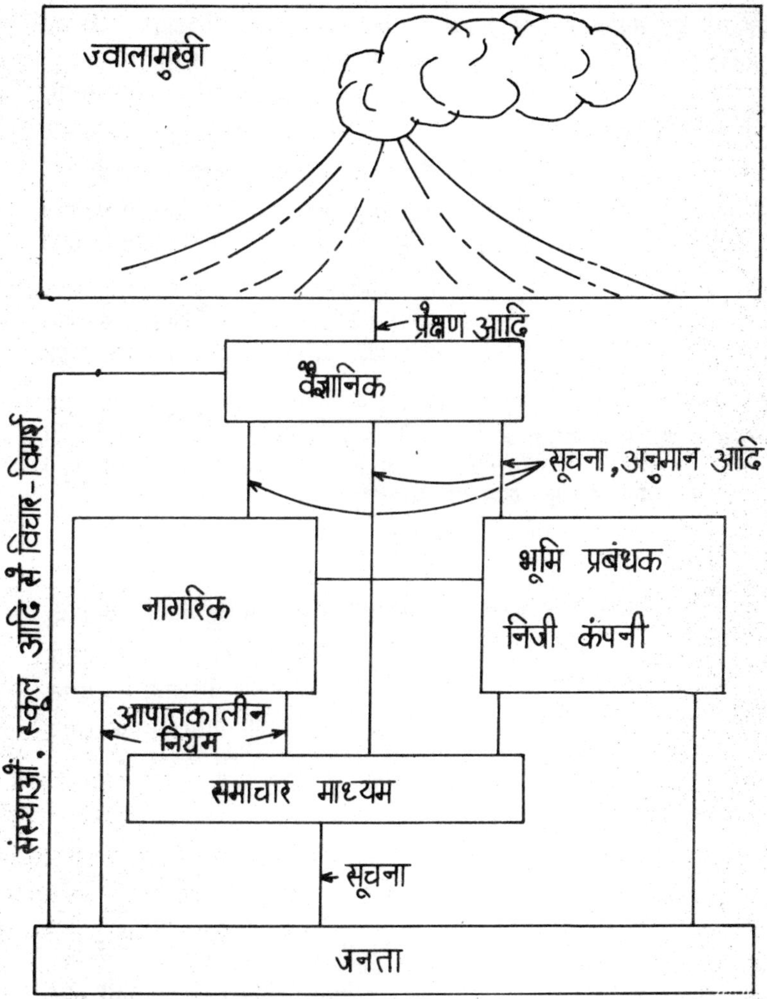

चित्र 2.5 माउंट सेंट हेलेन ज्वालामुखी से संबंधित आपातकालीन कार्यक्रम प्रणाली

की छतें टूट सकती हैं। इस बहाव में पूरी तरह अंधकार छा सकता है, जिसकी जानकारी जनता में घबराहट कम करने में सहायक हो सकती है।

(ग) बाढ़ तथा लहर

क्रेटर झील के अकस्मात् हटने से ठंडी या गर्म लहरें बन सकती हैं, जिनके बहाव में बड़ी-बड़ी चट्टानें भी बहने लगती हैं। इसको रोकने के लिए दीवारें बनाई जाती हैं। परन्तु इनसे विशेष सहायता नहीं प्राप्त होती है।

आइसलैंड में बर्फीले ज्वालामुखी से पानी बहुत मात्रा में पिघलता है, जिससे पूर्ण क्षति हो जाती है। सन्तोषजनक बात यह है कि इस स्थान पर आबादी नहीं के बराबर है। कीचड़-बहाव (मड फ्लोज़) अकसर ही पहाड़ों के साथ नीचे बहुत हुए संचार के साधनों को नुकसान पहुँचाता है, जिसके लिए मलबा हटाने के लिए विशेष प्रयत्न करना पड़ता है।

ज्वालामुखी से कुछ लाभ भी हैं, जैसे,

(क) उपजाऊ जमीन,

(ख) उद्योग के लिए उपयोगी साधन,

(ग) पर्यटन क्षेत्र में विकास जहाँ कई राष्ट्रीय पार्क बनाए जाते हैं।

3

चक्रवात

परिचय

चक्रवात मौसम की एक विनाशकारी परिघटना है। लगभग प्रत्येक वर्ष विश्व के अनेक भागों में भीषण चक्रवातों के कारण जान-माल की अपार क्षति होती है। विशेषकर तटवर्ती क्षेत्र चक्रवातों के प्रकोप का शिकार बन जाते हैं। चक्रवात के समय तूफानी हवाओं, मूसलाधार वर्षा एवं ऊँची-ऊँची महातरंगों के विनाशकारी प्रभाव से तटवर्ती क्षेत्रों में कच्चे-पक्के मकान ढहकर गिर जाते हैं, बिजली तथा टेलीफोन के खम्भे और तारें टूट जाती हैं, वृक्ष धराशायी हो जाते हैं तथा खेतों में खड़ी फसलें नष्ट हो जाती हैं। यातायात एवं दूरसंचार व्यवस्था ठप्प हो जाती है। मनुष्य, पशु, पक्षी एवं जलजीव काल के विकराल गाल में समा जाते हैं। परन्तु चन्द्रमा की सतह पर कदम रखनेवाला मानव इस प्राकृतिक विपत्ति को टालने में सर्वथा असमर्थ होने के कारण स्वयं को असहाय और विवश अनुभव करता है। ऐसा प्रतीत होता है कि मनुष्य प्राकृतिक विपत्तियों को सहन करने का आदी हो गया है।

चक्रवात एक वायुमंडलीय परिघटना है। चक्रवात का वास्तविक अर्थ है, हवाओं का चक्र। चक्रवात विश्व के अनेक भागों मं आते हैं जहाँ इन्हें भिन्न-भिन्न नामों से जाना जाता है। भूमध्य रेखा के उत्तर की ओर अटलांटिक में इन्हें 'हरीकेन' कहते हैं। चीन सागर और जापान में ये 'टाइफून' नाम से प्रसिद्ध हैं। फिलिपीन में इन्हें 'बेगियो' कहते हैं। इन सबका अर्थ लगभग समान है—अर्थात् तेज हवाएँ। आस्ट्रेलिया में चक्रवात को 'विलि-विलिज' के नाम से पुकारा जाता है। उष्ण कटिबन्धीय क्षेत्र में चक्रवात को 'ट्रॉपिकल साइक्लोन' कहते हैं। भारत में इन्हें 'चक्रवात' अथवा तूफान भी कहते हैं।

उत्तरी अटलांटिक और प्रशान्त महासागर में आनेवाले चक्रवातों को महिलाओं के नाम रखकर पहचाना जाता है। अटलांटिक में चक्रवातों की ऋतु में आनेवाले सबसे पहले चक्रवात को अंग्रेजी के अक्षर 'ए' से प्रारम्भ होनेवाले महिला के नाम से जाना जाता है। इसी प्रकार दूसरे चक्रवात को अंग्रेजी वर्णमाला के दूसरे अक्षर 'बी' से शुरू होनेवाले महिला के नाम से पुकारा जाता है। आस्ट्रेलिया

में सर्वप्रथम क्लेमेन्ट रेग द्वारा 1887 से 1902 के दौरान इस प्रकार की परम्परा शुरू की गई। क्लेमेन्ट ने कुछ हरीकेनों को उन राजनीतिज्ञों के नाम भी दिए जिनसे वह रुष्ट थी। जैसे ड्रेक, बार्टन आदि। आस्ट्रेलिया में इस बात पर आपत्ति भी उठाई गई कि वहाँ हरीकेनों को केवल महिलाओं के नाम ही क्यों दिए जाते हैं। तत्पश्चात् 1975 से वहाँ हरीकेनों को पुरुष नामों से भी जाना जाता है। उदाहरणार्थ, डेविड आदि।

चक्रवात हवाओं के चलते-फिरते विशाल भ्रामिल हैं। इनका जन्म समुद्र की गर्म सतह पर होता है। जब सूर्य की तीक्ष्ण किरणों की गर्मी से समुद्र का विस्तृत वक्ष गर्म हो जाता है, तब उसके ऊपर नम वायु गर्म व हलकी होकर ऊपर उठ जाती है और वहाँ कम दाब का क्षेत्र बन जाता है। नम वायु ऊपर उठकर ठंडी हो जाती है। संघनन क्रिया द्वारा असंख्य जल-बूँदों का निर्माण होता है जो कि विभिन्न प्रकार के बादलों का रूप धारण कर लेती हैं। इन बादलों से निकलनेवाली गुप्त ऊष्मा आवश्यक ऊर्जा प्रदान करती है। उच्च तलों में वायु फैल जाती है। इस प्रकार समुद्र की गर्म सतह से नम व हलकी वायु लगातार ऊपर उठती है। अतः समुद्र की सतह पर वायुदाब गिरता जाता है। आसपास की वायु इस कम दाब के क्षेत्र की ओर चलती है और घड़ी की सूइयों की विपरीत दिशा में घूमती हुई ऊपर उठती है। समुद्रतल से लगभग 15 किलोमीटर की ऊँचाई तक एक बृहताकार भ्रामिल बन जाता है। यह समुद्रतल पर लगभग 1000 किलोमीटर तक फैला होता है। चित्र 3.1 में चक्रवात की संरचना दिखाई गई है।

चक्रवात के केन्द्रीय भाग का अर्धव्यास लगभग 10 से 50 किलोमीटर होता है। इसमें हवा शान्त और मौसम साफ रहता है। चक्रवात के इस केन्द्रीय भाग को 'चक्रवात-नेत्र' भी कहते हैं। उपग्रह द्वारा लिये गए बादलों के चित्र में चक्रवात नेत्र एक बिन्दु के रूप में दिखाई देता है।

चक्रवात नेत्र के बाहर चारों ओर ऊँची-ऊँची मीनारों की भाँति बादल छाए रहते हैं। ये कपासी-वर्षी बादल होते हैं। इनसे घोर गर्जन, तड़ित विसर्जन एवं मूसलाधार वर्षा होती है। केन्द्र के बाहर तूफानी हवाएँ चलती हैं। इनकी गति 70 से 200 किलोमीटर प्रति घंटा तक होती है। ये समुद्र की सतह को झकझोर कर हलचल मचा देती हैं। ऊँची-ऊँची महातरंगें पछाड़ खाती हुई नीचे गिरती हैं।

चक्रवात एक ही स्थान पर स्थिर नहीं रहते अपितु तांडव नृत्य करते हुए तटों की ओर बढ़ते हैं। बंगाल की खड़ी में बननेवाले अधिकांश चक्रवात पश्चिम व उत्तर की ओर क्रमशः तमिलनाडु/आन्ध्रप्रदेश एवं बांग्लादेश की ओर अग्रसर होते हैं। अरब सागर में बननेवाले चक्रवात प्रायः उत्तर में सौराष्ट्र एवं कच्छ के तटों की ओर बढ़ते हैं। कभी-कभी बंगाल की खाड़ी और अरब सागर में एक ही समय में चक्रवात बन जाते हैं। कभी-कभी चक्रवात, बंगाल की खाड़ी से दक्षिणी प्रायद्वीप में पहुँचकर क्षीण हो जाते हैं जो अरब सागर में दुबारा तीव्र हो जाते हैं।

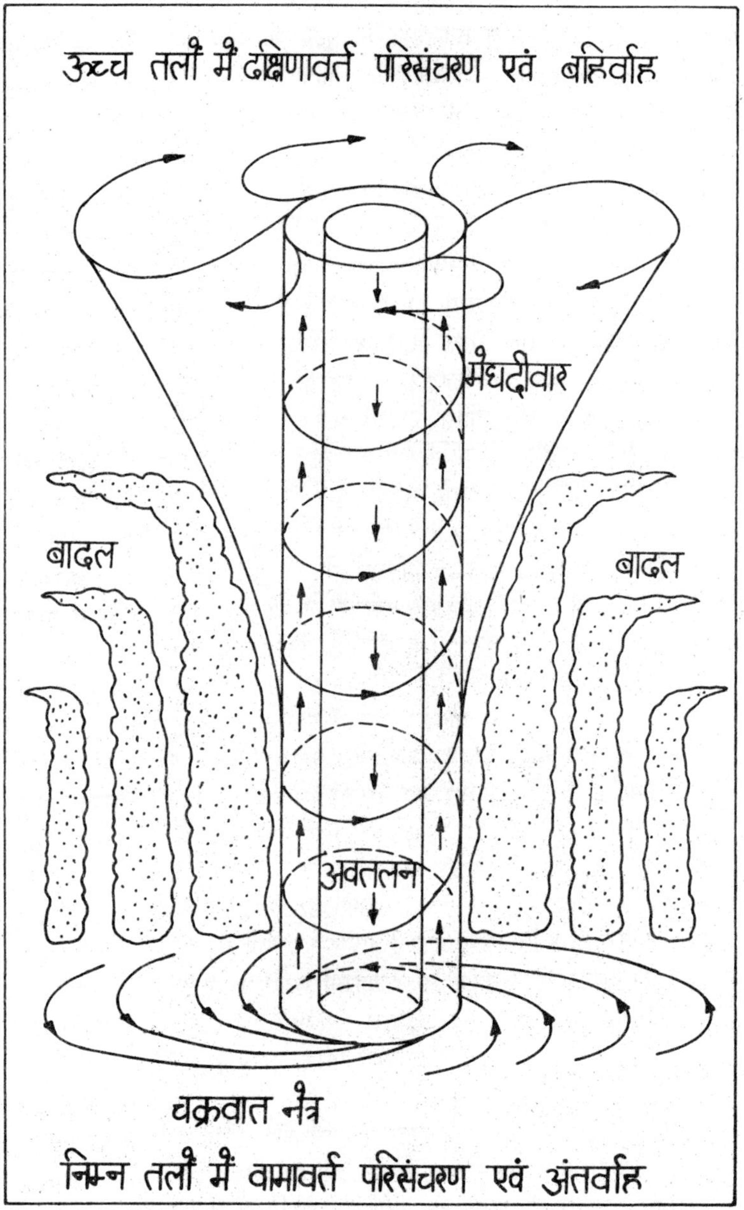

चित्र 3.1 चक्रवात की संरचना का एक मॉडल (संदर्भ–राजेन्द्र प्रसाद, 1989)

इनके केन्द्रों को मिलानेवाली रेखा घड़ी की सूइयों की विपरीत दिशा में घूमती है। इसे 'फुजिवारा प्रभाव' कहते हैं। भ्रमणशील चक्रवात कुछ अवसरों पर लूप भी बनाते हैं। चक्रवात-गमन पर उच्च तलों में वायु के प्रवाह का भी प्रभाव पड़ता है। इसे संचालन (steering) क्रिया कहते हैं।

चक्रवात लगभग 40 कि.मी./घंटा की गति से चलते हुए तटों की ओर बढ़ते हैं। परन्तु स्थल क्षेत्र में प्रवेश करने के बाद चक्रवात की तीव्रता क्षीण हो जाती है। ऐसी अवस्था में केन्द्र में वायुदाब बढ़ जाता है तथा हवाओं की गति कम हो जाती है। अधिकांश अवसरों पर स्थल क्षेत्र में प्रवेश करने के बाद चक्रवात धीरे-धीरे समाप्त हो जाते हैं। इसका मुख्य कारण यह है कि स्थल क्षेत्र में धरातल के असमतल स्वरूप के कारण घर्षण बल हवाओं की गति को क्षीण कर देता है। अतः चक्रवात की तीव्रता कम होती जाती है।

चक्रवात का औसत जीवनकाल 5-6 दिन तक होता है। कुछ चक्रवात केवल कुछ घंटों तक ही सक्रिय रहते हैं जबकि अन्य अवसरों पर ये 2 सप्ताह तक भी बने रहते हैं। बंगाल की खाड़ी में अब तक आए चक्रवातों में सर्वाधिक लम्बी अवधि तक रहनेवाले चक्रवात 16 से 29 नवम्बर, 1964 और 2 से 15 नवम्बर, 1886 के दौरान 14 दिन तक बने रहे। अटलांटिक में आनेवाले कुछ हरीकेन 4 सप्ताह तक सक्रिय रहते हैं। अटलांटिक में 5 अक्टूबर, 1971 को बननेवाले 'जिंजर' नामक हरीकेन की अवधि 31 दिन की थी।

चक्रवात का विकास कुछ निश्चित अवस्थाओं में होता है। सर्वप्रथम मैक डोनाल्ड ने चक्रवात की चार अवस्थाओं का उल्लेख किया है। ये हैं : (1) प्राथमिक (Primary), (2) गहनीकरण (Deepening) (3) विस्तारण (Expanding) और (4) क्षय (Decaying) अवस्था। डून ने इन अवस्थाओं का नामकरण दूसरे ढंग से किया। उदाहरणार्थ, (1) निर्माण (Formation), (2) अपरिपक्व (Immature), (3) परिपक्व (Mature) एवं (4) क्षय (Decaying) अवस्था। अपरिपक्व अवस्था में चक्रवात भीषण और विनाशकारी रूप धारण कर लेता है। यद्यपि इस अवस्था में चक्रवात का कुल क्षेत्रफल अपेक्षाकृत कम होता है, परन्तु इसकी तीव्रता अति भीषण होती है।

चक्रवातों की पहचान

विश्व के विभिन्न भागों में बननेवाले चक्रवातों की पहचान के लिए अभी तक कोई एक सर्वमान्य अन्तर्राष्ट्रीय वर्गीकरण नहीं बन पाया है। चक्रवाती परिसंचरण की तीव्रता निर्धारित करने के लिए विभिन्न प्रकार के मापक्रमों का प्रचलन है। ये सभी मुख्यतः हवा की गति पर आधारित होते हैं। इनका संक्षिप्त उल्लेख निम्न पंक्तियों में किया गया है।

(1) भारत

भारत में मौसम मानचित्र पर चक्रवात की पहचान के लिए समान वायुदाब वाले स्थानों को रेखाओं द्वारा मिलाया जाता है। इन्हें समदाब रेखाएँ कहते हैं। कभी-कभी गोल अथवा अंडाकार आकृतियाँ बन जाती हैं। इनसे उच्चदाब व कमदाब के केन्द्रों की पहचान होती है। एक और दो बड़े बन्द समदाब रेखाओं से क्रमशः कमदाब (Low) और अवदाब (Depression) का पता चलता है। दो से अधिक बन्द समदाब रेखाओं से चक्रवात की पहचान की जाती है।

भारत में हवाओं की गति के आधार पर चक्रवाती परिसंचरण की तीव्रता का वर्गीकरण किया गया है। इसे तालिका 3.1 में दिखाया गया है।

तालिका 3.1

हवा की गति के आधार पर चक्रवाती परिसंचरणों का वर्गीकरण

क्रम सं.	चक्रवाती परिसंचरण	हवा की गति (नॉट्स)
1.	कमदाब (Low)	17 से कम
2.	अवदाब (Depression)	17 से 27
3.	गहन अवदाब (Deep Depression)	28 से 33
4.	चक्रवात (Cyclonic Storm)	34 से 47
5.	भीषण चक्रवात (Severe Cyclonic Storm)	48 से 63
6.	हरीकेन हवाओं के साथ भीषण चक्रवात (Severe Cyclonic Storm with a core of Hurricane winds)	64 से अधिक

चक्रवात की पहचान के लिए मौसम मानचित्र के अतिरिक्त उपग्रह द्वारा लिये गए बादलों के चित्र एवं रेडार द्वारा लिये गए चित्र भी उपयोगी सिद्ध होते हैं। इस कार्य के लिए स्थल, जल तथा अन्तरिक्ष आधारित सभी प्रकार के प्रेक्षणों का उपयोग किया जाता है।

(2) अटलांटिक

अटलांटिक महासागर में बनने वाले चक्रवातों को सामान्यतः निम्न वर्गों में बाँटा गया है :

(क) उष्ण कटिबन्धीय विक्षोभ (Tropical Disturbance)—घूमती हवाओं का परिसंचरण जो कि धरातल पर सदैव प्रकट नहीं होता। बन्द समदाब रेखा अथवा तीव्र हवाएँ नहीं होतीं।

(ख) उष्ण कटिबन्धीय अवदाब (Tropical Depression)—मौसम मानचित्र पर एक अथवा दो बन्द समदाब रेखाएँ दिखाई देती हैं। बफर्ट पैमाने पर हवा का बल 7 अथवा उससे कम पाया जाता है।

(ग) उष्ण कटिबन्धीय चक्रवात (Tropical Cyclone)--कई बन्द समदाब रेखाएँ दिखाई देती हैं। बफर्ट पैमाने पर हवा का बल 7 से अधिक होता है।

(घ) हरीकेन (Hurricane)—बफर्ट पैमाने पर हवा का बल 12 अथवा अधिक होता है। यह अवस्था प्रशान्त महासागरीय क्षेत्र में बननेवाले टाइफून के समतुल्य होती है।

(3) संयुक्त राज्य अमरीका

संयुक्त राज्य अमरीका की मौसम सेवा चक्रवातों के वर्गीकरण के लिए निम्न मापदंड का प्रयोग करती है :

(क) उष्ण कटिबन्धीय अवदाब (Tropical Depression)--एक या दो बन्द समदाब रेखाओं से बना एक दुर्बल चक्रवात जिसमें हवाओं की अधिकतम गति 34 नॉट से कम हो।

(ख) उष्ण कटिबन्धीय चक्रवात (Tropical Cyclone)—दो या अधिक बन्द समदाब रेखाओं से बना चक्रवात जिसमें हवा की गति 34 से 63 नॉट तक हो।

(ग) हरीकेन (Hurricane)—एक प्रकार का भीषण चक्रवात जिसमें हवाओं की अधिकतम गति 64 नॉट या अधिक हो। देशान्तर रेखा 180° के पूर्व की ओर ऐसे चक्रवातों को हरीकेन कहते हैं तथा पश्चिम की ओर ये टाइफून कहलाते हैं।

(4) जापान

जापान मौसम सेवा द्वारा ऐसे प्रत्येक चक्रवात को, जिसमें हवाओं की अधिकतम गति 34 नॉट या अधिक हो, टाइफून के रूप में पहचाना जाता है।

प्रभाव

यद्यपि उष्ण कटिबन्धीय चक्रवातों की भीषणता की तुलना संकुचित क्षेत्र में तबाही मचा देनेवाले बवंडरों और विस्तृत क्षेत्र में आतंक फैलानेवाले बहिरुष्ण कटिबन्धीय चक्रवातों से तो नहीं की जा सकती, परन्तु इनसे होनेवाली जान-माल की अपार क्षति के कारण इन्हें मौसम की अत्यन्त विनाशकारी परिघटना माना जाता है।

चक्रवात से होनेवाली विनाशलीला के अनेक कारण हैं। इनमें समुद्री महातरंगें अथवा तूफान महोर्मि, बाढ़ एवं तूफानी हवाएँ मुख्य हैं। एक छोटे चक्रवात से

होनेवाले विनाश का प्रभाव लगभग 20 वर्ग कि.मी. क्षेत्र पर दिखाई देता है, जबकि भीषण चक्रवात से 2000 वर्ग कि.मी. क्षेत्र विनाशलीला की चपेट में आ सकता है। यह विनाश चक्रवात में निहित खतरनाक भौतिक बलों के कारण होता है।

(1) समुद्री महातरंगें

चक्रवात के समय समुद्र की सतह पर तेज हवाओं के कारण तरंगें उत्पन्न हो जाती हैं। ज्यों-ज्यों चक्रवात की तीव्रता बढ़ती है, समुद्री तरंगों का आयाम और उनकी ऊँचाई बढ़ जाती है। भीषण चक्रवात समुद्र की विस्तृत सतह को झकझोर देता है। समुद्र की अथाह जलराशि में निहित ऊर्जा समुद्री तरंगों के कारण विनाशकारी रूप धारण कर लेती है। ऊँची-ऊँची दीवारों की भाँति उठती-गिरती महातरंगें आगे की ओर बढ़ती जाती हैं और तटवर्ती क्षेत्रों को बरबाद कर देती हैं।

वास्तव में चक्रवात केन्द्र से काफी आगे तूफान महोर्मि के कारण विशाल जलराशि तट की ओर स्थानान्तरित हो जाती है। परन्तु इस प्रक्रिया के कारण गहरे समुद्र की आन्तरिक तहों में विपरीत दिशा में प्रतिपूरक जलतरंगें उत्पन्न हो जाती हैं। गहरे समुद्र में तूफानी हवा के कारण समुद्री महातरंगें एक विशेष प्रकार के प्रक्रम के आधार पर बनती हैं।

समुद्र पर चक्रवाती परिसंचरण के कारण उत्पन्न होनेवाली तरंगें भिन्न-भिन्न प्रकार की होती हैं। कुछ महत्त्वपूर्ण तरंगें निम्न प्रकार हैं :

(क) पूर्वसूचक तरंगें (Forerunner)—इस प्रकार की तरंगें चक्रवात के तट से टकराने के पूर्व ही दिखाई देने लगती हैं। जैसे-जैसे चक्रवात तट की ओर बढ़ता है, इन तरंगों का आयाम भी बढ़ता जाता है। ये इस बात का प्रतीक हैं कि सुदूर जल क्षेत्र में चक्रवात बन गया है। ये तरंगें चक्रवात की पूर्वसूचना प्रदान करने में सहायक सिद्ध होती हैं।

(ख) महोर्मि (Surge)—जब तट की ओर चलनेवाली तूफानी हवाओं के कारण समुद्री तरंगों की ऊँचाई अचानक बढ़ जाती है, तो ये तूफान महोर्मि कहलाती हैं। तूफान महोर्मि समुद्र पर चक्रवात के केन्द्र में वायुदाब गिरने व हवाओं की गति बढ़ने के कारण उत्पन्न होती हैं।

(ग) पुनर्महोर्मि (Resurgences)—तूफान महोर्मि के बाद समुद्र की सतह अपनी सामान्य अवस्था में आ जाता है। परन्तु इस अवस्था में स्थलाकृतियों आदि के प्रभाव में विभिन्न प्रकार के दोलन उत्पन्न हो जाते हैं। कभी-कभी ये दो-तीन दिन तक चलते रहते हैं।

(घ) ज्वार-भाटा (Tides)—चन्द्रमा की गुरुत्वाकर्षण शक्ति के कारण समुद्र की सतह का उतार-चढ़ाव ज्वार-भाटे का रूप धारण कर लेता है। मौसम की विशेष परिस्थितियों में ज्वार-भाटे का सामान्य आकार बढ़

जाता है। इन्हें तूफानी अथवा हरीकेन ज्वार-भाटा कहते हैं।

पूर्वसूचक तरंगों के कारण सैकड़ों किलोमीटर लम्बे समुद्री तट के सहारे जलस्तर में वृद्धि हो जाती है। चक्रवात के दाईं ओर ऊँची-ऊँची समुद्री तरंगें विकसित हो जाती हैं। इनकी ऊँचाई निम्नलिखित घटकों पर निर्भर करती हैं :

(क) समुद्री तट का आकार,
(ख) महाद्वीपीय स्थिति,
(ग) पवन-चालित लहरों का अभिसरण,
(घ) तटरेखा पर चक्रवात-पथ द्वारा निर्मित कोण,
(च) लघु आवर्त तरंगें और महातरंगें, और
(छ) ज्वारीय तरंग की अवस्था।

समुद्री तरंगों से होनेवाली विनाशलीला के अनेकानेक उदाहरण मौजूद हैं। 7 अक्टूबर, 1737 को बंगाल की खाड़ी में हुगली नदी के मुहाने पर लगभग 11 मीटर ऊँची समुद्री तरंगों ने 20 हजार छोटे-बड़े जलयानों को तहस-नहस कर दिया था। लगभग 3000 लोग मौत के शिकार हो गए।

दिसम्बर 1789 में बंगाल की खाड़ी में एक भीषण चक्रवात मौत का तांडव-नृत्य करता हुआ कोरिंगा की ओर बढ़ा। एक के बाद एक लगातार तीन दैत्याकार समुद्री महातरंगें समुद्र से उठती हुई तट की ओर बढ़ीं और मार्ग में आने वाले प्रत्येक स्थान, मकान, खेत-खलिहान, मनुष्य और मवेशियों को निगलती हुई चली गईं। 31 अक्टूबर, 1876 को भारत में बाखरगंज चक्रवात कलकत्ता और चटगाँव के मध्य होता हुआ बंगाल के स्थल क्षेत्र में प्रवेश कर गया था। उस चक्रवात के कारण एक विनाशकारी 'जलदीवार' बन गई थी जिसने आगे बढ़ते हुए कई द्वीपों और तटवर्ती क्षेत्रों को जलमग्न कर दिया था। इसके कारण लगभग एक लाख लोग काल के विकराल गाल में समा गए थे। 13 नवम्बर, 1970 को बांग्लादेश में आए भीषण चक्रवात में 9 मीटर से अधिक ऊँची तूफान महोर्मियों से जान और माल की अपार हानि हुई।

(2) बाढ़

समुद्री महातरंगों के कारण होनेवाली जान-माल की क्षति विशेषकर बन्दरगाहों, तटवर्ती क्षेत्रों और समुद्र में खड़े जलयानों तक ही सीमित रहती है। परन्तु चक्रवात में होनेवाली मूसलाधार वर्षा के कारण समुद्रतट पर बसे गाँवों एवं शहरों में भीषण बाढ़ आ जाती है और पलक झपकते ही विस्तृत क्षेत्र जलमग्न हो जाते हैं। समतल क्षेत्र में बाढ़ का जल काफी समय तक खड़ा रहता है जिसके कारण कच्चे-पक्के मकानों को काफी नुकसान पहुँचता है। ऐसी अवस्था में मकान ढहकर गिर जाते हैं। जमीन के अन्दर बिछे हुए संचार तारों को हानि पहुँचती है। राजमार्ग, सड़कें आदि पानी में डूब जाते हैं, जिसके कारण यातायात अवरुद्ध हो जाता है। लोगों

को असुविधा का सामना करना पड़ता है।

पहाड़ी क्षेत्र में बाढ़ का जल कम समय में ही बड़ी तेजी से एकत्रित हो जाता है। धरातल के ढलान के कारण बाढ़ की जलराशि बड़े वेग से अग्रसर होती हुई मार्ग में आनेवाले स्थानों को अपार क्षति पहुँचाती है। पहाड़ी क्षेत्र में अचानक आनेवाली बाढ़ अत्यन्त विनाशकारी होती है। बाढ़ की भीषणता निम्न बातों पर निर्भर करती है :

—जल निकास क्षेत्र के भौतिक लक्षण।
—वर्षा की तीव्रता की दर और वर्षा जल का संग्रहण।
—वर्षा के समय नहरों का जल स्तर।

बाढ़ की चपेट में आनेवाले स्थान जब लम्बे समय तक जल में डूबे रहते हैं तो अनेक प्रकार की कठिनाइयाँ उत्पन्न हो जाती हैं। यातायात लगभग पूरी तरह ठप्प हो जाता है। दूरसंचार व्यवस्था टूट जाती है। इतना ही नहीं, बाढ़ का जल उतरने के बाद अनेक प्रकार की व्याधियाँ फैल जाती हैं।

बाढ़ की तीव्रता और भीषणता उस समय और बढ़ जाती है जब आसपास कोई नदी, नहर या बाँध का स्वतन्त्र जल-क्षेत्र होता है। इन जलागारों का स्तर अप्रत्याशित रूप से बढ़ जाता है। उस समय बाँधों को खतरा उत्पन्न हो जाता है तथा दुर्भाग्यपूर्ण परिस्थितियों में बाँध टूटने के कारण अथाह जलराशि अनियन्त्रित रूप से द्रुत वेग से निकल पड़ती है और मार्ग में आनेवाले प्रत्येक स्थान को निगल जाती है।

(3) तूफानी हवाएँ

चक्रवात की भीषणता तूफानी हवाओं की गति पर भी निर्भर करती है। जैसे-जैसे चक्रवात केन्द्र में वायुदाब कम होता है, घड़ी की सूई की विपरीत दिशा में तेजी से चक्रवात केन्द्र की ओर घूमती हुई, निम्नतलीय हवाएँ सायँ-सायँ करती हुई वातावरण को भयावह बना देती हैं। चक्रवात केन्द्र के बाहर सैकड़ों किलोमीटर की दूरी तक तूफानी हवाएँ चलती हैं जिनकी गति 70 से 200 कि.मी./घंटा से अधिक हो सकती है। तीव्रतम हवाओं का क्षेत्र 100 से 200 कि.मी. तक फैला होता है। विनाशकारी हवाओं के वेग से पवन मापनेवाले उपकरण भी टूट जाते हैं। अतः भीषण चक्रवात की अधिकतम पवन गति के सही प्रेक्षण ग्रहण करना भी एक कठिन कार्य है। इसके लिए आजकल विशेष प्रकार के यन्त्र बनाए गए हैं। अटलांटिक हरीकेनों में अधिकतम पवन गति 400 कि.मी. प्रति घंटा पाई गई है।

अतः केन्द्रीय वायुदाब की मदद से चक्रवात की अधिकतम पवन गति ज्ञात करने के लिए प्रयास किए गए हैं। फ्लैचर (1955) ने अधिकतम पवन गति ज्ञात

करने के लिए निम्न सूत्र का सुझाव दिया है :

$$V\,max = K\sqrt{Pn - Pc}$$

जहाँ कि,

V max = अधिकतम पवन गति।

Pn = अप्रभावित आस-पास के क्षेत्र का वायुदाव।

Pc = चक्रवात केन्द्र का वायुदाब, और

K = स्थिरांक।

डी.के. मिश्रा और जी.आर. गुप्ता (1976) ने 1961 से 1973 के दौरान आए 35 चक्रवातों के आँकड़ों के आधार पर, बंगाल की खाड़ी और अरब सागर क्षेत्र के लिए निम्न सूत्र दिया है :

$$V\,max = 14.2\sqrt{Pn - Pc}$$

तूफानी हवाओं से होनेवाले विनाश के मुख्य कारण निम्न प्रकार है :

(क) तूफानी हवाएँ घूमती हुई केन्द्र की परिधि की ओर बढ़ती हैं।

(ख) तूफानी हवाएँ चक्रवात-नेत्र के बाहर घूमती हुई ऊपर उठती हैं।

(ग) चक्रवात एक विशाल भ्रामिल के रूप में तांडव नृत्य करते हुए आगे की ओर बढ़ते हैं।

(घ) तूफानी हवाओं के विनाशकारी बलों का भवनों पर बुरा प्रभाव पड़ता है।

तूफानी हवाएँ अपने मार्ग में आनेवाली प्रत्येक वस्तु को उड़ा ले जाने की क्षमता रखती हैं। बिजली के खम्भे टेढ़े हो जाते हैं। वृक्ष टूटकर गिर जाते हैं। तूफानी हवाओं के कारण समुद्र में जलयान डाँवाँडोल हो जाते हैं। जल-नौकाएँ उलट जाती हैं। छोटी-बड़ी एवं नुकीली वस्तुएँ हवा में उड़ती हुई दूर जा गिरती हैं।

तूफानी हवाओं के बलों का भवनों पर दोहरा प्रभाव पड़ता है। ये बल विपरीत दिशाओं में सक्रिय रहते हैं। इनके कारण तीव्र हवाएँ जहाँ भवनों को धकेलती हुई अन्दर प्रवेश करती हैं, दूसरी ओर बन्द मकानों और बाहरी वायुमंडल के मध्य वायुदाब में अन्तर की अधिकता के कारण भवनों के अन्दर से वेगमय हवाएँ बाहर की ओर निकलती हैं। इससे एक प्रकार की विस्फोटक स्थिति उत्पन्न हो जाती है, क्योंकि बन्द कमरे में बाहरी वातावरण की तुलना में वायुदाब अधिक होता है।

चक्रवाती हवाओं का बल उनकी गति पर निर्भर करता है तथा हवा की गति बढ़ने पर हवा का बल कई गुणा बढ़ जाता है। किसी स्थान का वायुदाब ज्ञात करने के लिए निम्न सूत्र का प्रयोग किया जाता है :

$$P = KV^2$$

जहाँ कि,

P = हवा के द्वारा लगाया गया बल

V = हवा का गति, और

K = स्थिरांक

उपरोक्त सूत्र के अनुसार चक्रवात के समय हवाओं की गति बढ़ने के साथ-साथ हवा का बल अप्रत्याशित रूप से बढ़ जाता है जिसके कारण अपार क्षति होती है।

तालिका 3.2 में सेफिर-सिम्पसन स्केल के अंकों से सम्बन्धित पवन वेग और केन्द्रीय वायुदाब का विवरण दिया गया है। यह मापक्रम हरीकेन के लिए प्रयोग किया जाता है।

तालिका 3.2

सेफिर-सिम्पसन स्केल के अंकों से सम्बन्धित पवन गति और केन्द्रीय वायुदाब (नेशनल वेदर सर्विस, यू.एस.ए., 1976)

स्केल अंक	पवन वेग (कि.मी./घंटा)	केन्द्रीय वायुदाब (हे.पा.)
1.	120-150	980-990
2.	150-175	965-979
3.	175-210	945-964
4.	210-250	920-944
5.	> 250	< 920
6.	90-120	> 990

16 सितम्बर, 1912 को टैटो (फारमोसा) में आए विनाशकारी टाइफून में 107 लोग मारे गए, 293 घायल हो गए तथा 91,400 मकान पूरी तरह धराशायी हो गए और 1,15,700 मकान आंशिक रूप से क्षतिग्रस्त हो गए।

कभी-कभी नुकीले आकार की वस्तुएँ हवा में उड़कर वृक्षों, मकानों आदि से टकराती हैं। प्यूर्टोरिको में 13 सितम्बर, 1928 को आए एक भीषण हरीकेन में लकड़ी का 25 सें.मी. लम्बी, 8 सें.मी. चौड़ा और 2.5 सें.मी. मोटा नुकीला टुकड़ा तूफानी हवाओं में उड़ता हुआ एक खजूर के पेड़ के तने में घुसकर आर-पार हो गया।

भीषण चक्रवात की तूफानी हवाओं के कारण 3 सितम्बर, 1930 को सांटो डोमिनगो नामक पुराने शहर में हृदय-विदारक बरबादी हुई। 28 सितम्बर, 1955 को ब्रिटिश हंडुरास के कोराजल एवं मैक्सिको के चेटमाल शहरों में भीषण चक्रवात के कारण हजारों मकान गिर गए। 1963 में आए 'केमिले' नामक हरीकेन में तूफानी हवा की गति 320 कि.मी. प्रतिघंटा थी।

तालिका 3.3 में हवा के बल के आधार पर पवन गति के आकलन हेतु बफर्ट मापक्रम दिया गया है।

तालिका 3.3

हवा के बल के आधार पर पवनगति हेतु बफर्ट मापक्रम

बफर्ट अंक	विवरण	खुले समतल मैदान के 10 मीटर ऊपर मानक ऊँचाई पर पवन गति के समान				निर्दिष्टीकरण
		नॉट	मीटर प्रति सेकेंड	कि.मी. प्रति घंटा	मील प्रति घंटा	
0	शान्त	0-1	0-0.2	0-1	0-1	शान्त। धुआँ ऊपर उठता है।
1	हलकी हवा	1-3	0.3-1.5	1-5	1-3	धुएँ के बहाव से हवा की दिशा का पता चलता है, परन्तु पवन दिशासूचक से पता नहीं चलता।
2	हलका समीर	4-6	1.6-3.3	6-11	4-7	मुँह पर हवा अनुभव होती है, पत्ते खड़खड़ाते हैं। पवन दिशा सूचक हवा से हिलता है।
3	कोमल समीर	7-10	3.4-5.4	12-19	8-12	पत्ते और छोटी शाखाएँ हिलती हैं। हवा से हलका ध्वज लहराता है।
4	मध्यम हवा	11-16	5.5-7.9	20-28	13-18	धूल उठती है, कागज उड़ते हैं। छोटी शाखाएँ हिलती हैं।
5	ताजी हवा	17-21	8.0-10.7	29-38	19-24	वृक्षों के पत्ते हवा में लहराते हैं। स्थल क्षेत्रों में जल स्रोतों पर तरंगें उत्पन्न होती हैं।

बफर्ट अंक	विवरण	खुले समतल मैदान के 10 मीटर ऊपर मानक ऊँचाई पर पवन गति के समान				निर्दिष्टीकरण
		नॉट	मीटर प्रति सेकेंड	कि.मी. प्रति घंटा	मील प्रति घंटा	
6	तीव्र हवा	22-27	10.8-13.8	39-49	25-31	बड़ी शाखाएँ हिलती हैं, टेलीग्राफ की तारों से सीटी की ध्वनि उत्पन्न होती है। छतरी प्रयोग करने में कठिनाई होती है।
7	लगभग झंझा	28-33	13.9-17.1	50-61	32-38	सभी वृक्ष हिलते हैं, जमीन पर चलने में कठिनाई होती है।
8	झंझा	34-40	17.2-20.7	62-74	39-46	वृक्षों की शाखाएँ टूट जाती हैं, पैदल नहीं चला जा सकता।
9	तीव्र झंझा	41-47	20.8-24.4	75-88	47-54	मकानों को थोड़ी क्षति पहुँचंती है।
10	तूफान	48-55	24.5-28.4	89-102	55-63	वृक्ष उखड़ जाते हैं। काफी क्षति पहुँचती है।
11	प्रचंड तूफान	56-63	28.5-32.6	103-117	64-72	चहुँ ओर क्षति पहुँचती है।
12	हरीकेन	64 और अधिक	32.7 और अधिक	118 और अधिक	73 और अधिक	विनाश

भारतवर्ष में पिछले कुछ वर्षों में आए विनाशकारी चक्रवातों का विवरण नीचे दिया गया है।

बालासोर का भीषण चक्रवात (हरीकेन), 23-27 मई, 1989

23 मई, 1989 को प्रातः के समय पूर्वी-मध्य बंगाल की खाड़ी और आसपास के क्षेत्रों पर एक अवदाब के विकसित होने पर इस चक्रवात की उत्पत्ति हुई। यह 26 मई को प्रातः हरीकेन हवाओं के क्रोड वाला भीषण चक्रवात बन गया। इसने 1500 यू.टी.सी. पर बालासोर से लगभग 40 कि.मी. दूर उत्तरी उड़ीसा तथा पश्चिमी बंगाल के तट को पार किया। तूफ़ानी हवाओं की गति बालासोर में 60 नॉट (1500-1700 यू.टी.सी.) थी। बस्ता में अनुमानित पवनगति 65-75 नॉट (1800 यू.टी.सी.) थी। दीघा में न्यूनतम वायुदाब 970.4 हे.पा. रिकॉर्ड किया गया। सर्वाधिक वर्षा (26 सें.मी.) 27 मई को बालासोर में हुई। उपग्रह द्वारा 26 मई को लिये गए चित्र में चक्रवात का विकृत 'नेत्र' दिखाई दिया जबकि परादीप में चक्रवात संसूचना रेडार द्वारा 0300 यू.टी.सी. पर लिये गए चित्र में चक्रवात का स्पष्ट 'नेत्र' दिखाई दिया। 26 मई को 0300 यू.टी.सी. पर चक्रवात की अधिकतम तीव्रता टी 4.0 थी।

इस हरीकेन से ऊँची-ऊँची समुद्री तरंगें उत्पन्न हुईं। बालासोर, मिदनापुर और चौबीस-परगना के जिलों में 3 से 6 मी. ऊँची समुद्री तरंगें देखी गईं। चक्रवात से उड़ीसा के कटक और बालासोर जिले तथा पश्चिम बंगाल के मिदनापुर, चौबीस-परगना और हुगली जिले सर्वाधिक प्रभावित हुए। बालासोर जिले में समुद्र का पानी निचले इलाकों में प्रवेश कर गया। सागर द्वीप के दक्षिणी छोर पर अधिकतम 5.72 मी. ऊँची समुद्री तरंगें देखी गईं। इस हरीकेन ने उड़ीसा में 24 और पश्चिम बंगाल में 37 व्यक्तियों की जानें ली तथा लगभग 69 लाख लोगों को प्रभावित किया। लगभग 53,160 मकान आंशिक अथवा पूर्ण रूप से क्षतिग्रस्त हो गए और 1000 मवेशी मर गए। उड़ीसा में लगभग 92,000 मकान आंशिक अथवी पूरी तरह ढह गए, 1625 मवेशी मारे गए तथा 37 लाख लोग बुरी तरह प्रभावित हुए।

कावेली का भीषण चक्रवात (हरीकेन), 1-9 नवम्बर, 1989

इस हरीकेन का विकास 3 नवम्बर, 1989 को थाईलैंड की खाड़ी में हुआ। प्रारम्भ में, एक दिन तक यह उत्तर-पश्चिम दिशा की ओर अग्रसर हुआ और फिर थाईलैंड-दक्षिणी बर्मा के पार पश्चिम दिशा में बढ़ता हुआ अण्डमान सागर में प्रवेश कर गया। तत्पश्चात् यह पश्चिम-उत्तर-पश्चिम से पश्चिम दिशा में मुड़ गया। अण्डमान द्वीप समूह को पार करते हुए, 8 नवम्बर को प्रातः यह कावेली के पास दक्षिणी आन्ध्रप्रदेश तट से टकरा गया। यह एक विलक्षण चक्रवात था जो कि

पिछले 100 वर्षों में आए उन चक्रवातों में केवल दूसरा था जिन्होंने स्याम की खाड़ी और आसपास के क्षेत्र से चलते हुए भारतीय समुद्रों में प्रवेश किया। साथ ही पिछले 100 वर्षों में यह अकेला ऐसा चक्रवात था जिसने पश्चिम से पश्चिम-उत्तर दिशा की ओर बढ़ते हुए सर्वाधिक 2600 कि.मी. लम्बी समुद्री यात्रा तय की। चित्र 3.2 में 7 नवम्बर 1989 के मौसम मानचित्र पर इस चक्रवात को दिखाया गया है।

इस चक्रवात की तूफानी हवाओं ने काफी नुकसान पहुँचाया। मायाबन्दर में उत्तर-पूर्व दिशा से लगभग 45-50 नॉट की गति से तूफानी हवाएँ चलीं। परन्तु कावेली और उसके चारों ओर 10 कि.मी. के घेरे में विनाश से यह अनुमान लगाया गया कि वहाँ तूफानी हवाओं की गति 100-120 नॉट रही होगी। चक्रवात केन्द्र में, न्यूनतम वायुदाब 8 नवम्बर को 1200 यू.टी.सी. पर 942 हे.पा. रिकॉर्ड किया गया। सर्वाधिक वर्षा (18 सें.मी.) 9 नवम्बर को पैराचुर में हुई। उपग्रह द्वारा 3 नवम्बर (0430 यू.टी.सी.) को लिये गए चित्र में सर्वप्रथम चक्रवात 'नेत्र' दिखाई दिया जबकि ड्वोरक पैमाने पर उसकी तीव्रता टी 4.0 थी। तत्पश्चात् चक्रवात की तीव्रता बढ़ती रही और 8 नवम्बर (0900 यू.टी.सी.) को सर्वाधिक तीव्रता टी 6.5 थी। चित्र 3.3 में इनसैट 1-बी द्वारा 8 नवम्बर, 1989 को 0700 यू.टी.सी. पर चक्रवात के बादलों का लिया गया चित्र दिखाया गया है। चित्र में चक्रवात नेत्र स्पष्ट है।

कावेली चक्रवात से व्यापक क्षति हुई। आन्ध्रप्रदेश के नेल्लौर और प्रकाशम् जिलों में 839 गाँवों में 4 लाख से अधिक लोग प्रभावित हुए। कावेली के चारों ओर 17 कि.मी. के घेरे में हरीकेन से सर्वाधिक विनाश हुआ। 69 व्यक्तियों और 7100 मवेशियों की मृत्यु हो गई। लगभग 1.5 लाख पक्के मकान और झुग्गियाँ क्षतिग्रस्त हुईं तथा लगभग 34,000 पॉल्ट्री पक्षियों की जानें गईं। यद्यपि चक्रवात न्यून ज्वार-भाटे के समय समुद्रतट से टकराया था, परन्तु फिर भी उससे उत्पन्न 4 मी. ऊँची समुद्री तरंगों ने 40 कि.मी. तटीय क्षेत्र को अपनी चपेट में ले लिया। यहाँ तक कि कावेली के पश्चिम में 11 कि.मी. की दूरी पर स्थित जलडंकी और हरिजनवाड़ा गाँव मिट्टी में मिल गए। 8 नवम्बर को आधी रात के समय, मद्रास और विजयवाड़ा के मध्य रेल सेवाएँ ठप्प हो गईं। नेल्लौर और प्रकाशम् जिलों में हजारों एकड़ क्षेत्र में खड़ी फसलें नष्ट हो गईं। अण्डमान द्वीप समूह को पार करते समय चक्रवात ने एक व्यक्ति की जाल ले ली और लगभग 709 मकानों को क्षतिग्रस्त कर दिया। इन द्वीपों में तूफानी हवाओं के कारण बिजली के लगभग 80 खम्भे गिर गए जिसके फलस्वरूप बिजली की आपूर्ति बिलकुल ठप्प हो गई। द्वीप में कुल मिलाकर लगभग 1000 पेड़ धराशायी हो गए।

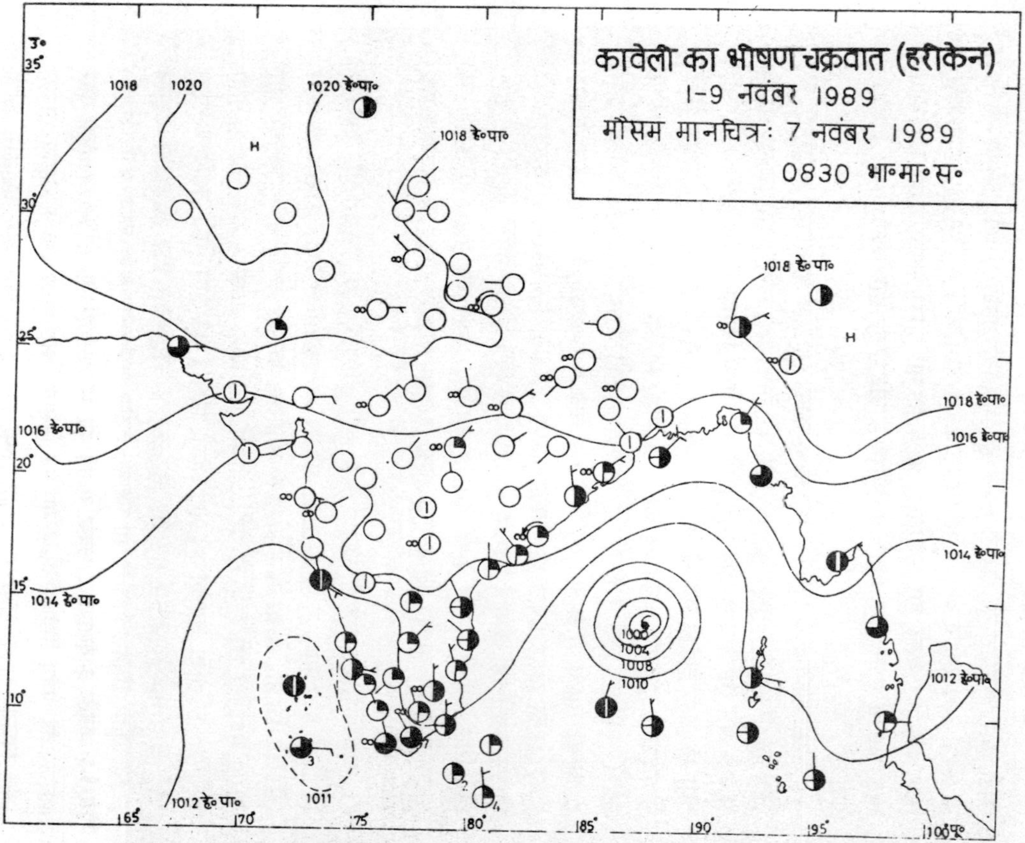

चित्र 3.2 मौसम मानचित्र पर 7 नवंबर 1989 को कावेली के भीषण चक्रवात की स्थिति

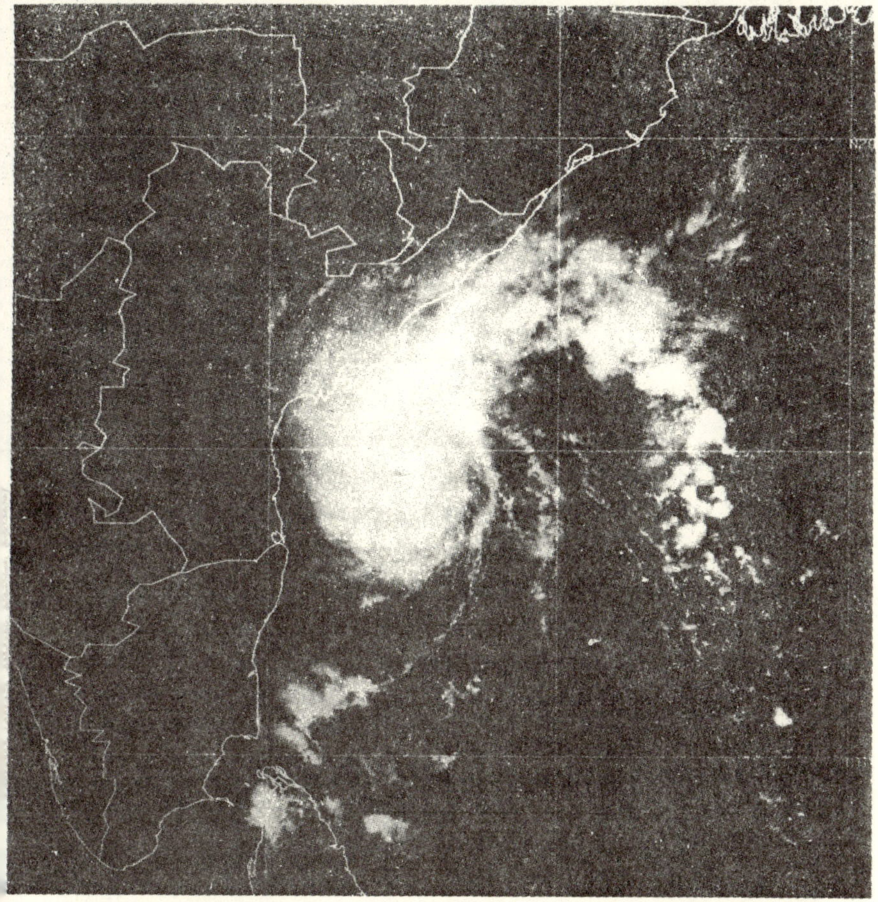

चित्र 3.3 इनसैट 1 बा द्वारा 8 नवंबर 1989 को 0700 यू.टी.सी. पर लिया गया कावेली के भीषण चक्रवात का उपग्रह चित्र (साभार–भारत मौसम विज्ञान विभाग)

मछलीपटनम् का भीषण चक्रवात (हरीकेन), 5-11 मई, 1990

इस चक्रवात की उत्पत्ति 3 मई को दक्षिण-पूर्वी बंगाल की खाड़ी में एक निम्न स्तरीय परिसंचरण से हुई। यह 5 मई को गहरा अवदाब बन गया। पश्चिम-उत्तर-पश्चिम दिशा में बढ़ते हुए 6 मई को यह हरीकेन हवाओं के क्रोड वाला भीषण चक्रवात बन गया। तत्पश्चात्, अगले दिन प्रातःकाल के बाद यह उत्तर की ओर अग्रसर हुआ और 9 मई को 1330 यू.टी.सी. पर, मछलीपटनम् के दक्षिण-पश्चिम में 40 कि.मी. दूर आन्ध्र तट को पार कर गया। अनुमान लगाया गया है कि इस समय इस भीषण चक्रवात की तूफानी हवाओं की गति 200-250 कि.मी. प्रति घंटा रही होगी। समुद्र पर चक्रवात की तूफानी हवाएँ (34 नॉट या अधिक) 200 कि.मी. की दूरी तक सीमित रहीं। जबकि समुद्र तट को पार करते ही अनुमानित तूफानी हवाओं की गति चक्रवात केन्द्र के दोनों ओर 15-25 कि.मी. की दूरी पर लगभग 200 कि.मी. प्रति घंटा थी। चक्रवात के दाईं ओर लगभग 115 कि.मी. की दूरी तक 100 कि.मी. प्रति घंटा की गति से तूफानी हवाएँ चलीं। मछलीपटनम् द्वारा 9 मई को 1400 यू.टी.सी. पर 70 नॉट पवनगति रिपोर्ट की गई। 'विश्वमोहिनी' नामक समुद्री जहाज, 8 मई को सिंगापुर से मद्रास जाते हुए चक्रवात के केन्द्र के अन्दर से गुजरा और इसने 1130 यू.टी.सी. पर न्यूनतम वायुदाब 912 हे. पा. रिकॉर्ड किया। सर्वाधिक वर्षा (53 सें.मी.) 9 मई को येलेश्वरम् में हुई। मौसम मानचित्र पर 9 मई, 1990 को इस चक्रवात की स्थिति चित्र 3.4 में दिखाई गई है।

7 मई (0600 यू.टी.सी.) को उपग्रह द्वारा लिये गए चित्र से स्पष्ट चक्रवात 'नेत्र' दिखाई दिया जबकि चक्रवात की तीव्रता टी 5.0 थी। चक्रवात 'नेत्र' 8 मई (1500 यू.टी.सी.) तक स्पष्ट रूप से दिखाई दिया। अधिकतम तीव्रता 7 मई (2100 यू.टी.सी.) को टी 6.5 थी। चित्र 3.5 में इनसेट 1-बी द्वारा 7 मई, 1990 को 0600 यू.टी.सी. पर चक्रवात के बादलों का लिया गया चित्र दिखाया गया है। चित्र में चक्रवात नेत्र स्पष्ट है।

चक्रवात के समुद्रतट से टकराने के समय समुद्री तरंगों की ऊँचाई सामान्य से 3-4 मी. अधिक थी। नाग्यलंका लाइट हाउस के निकट 9 मई को 5 मी. ऊँची समुद्री तरंगें पाई गईं। हरीकेन के गुजरते समय समुद्र की सतह ज्वार-भाटे के सामान्य स्तर से 12-15 फुट ऊँची उठ गई थी। कृष्णा नदी का जलस्तर लगभग 10 फुट ऊँचा हो गया। समाचार स्रोतों के अनुसार लगभग 54,000 हैक्टेयर कृषि क्षेत्र जलमग्न हो गया।

इस भीषण चक्रवात से होनेवाली अधिकतम क्षति मूसलाधार वर्षा और इससे सम्बन्धित बाढ़ के कारण हुई। सौभाग्यवश उचित समय पर चक्रवात चेतावनी के फलस्वरूप राज्य सरकार द्वारा उठाए गए सुरक्षा और राहत कार्यों की वजह से

बहुत अधिक लोगों की जानें नहीं गईं। लगभग 6.5 लाख लोगों को सुरक्षित स्थानों पर भेज दिया गया, फिर भी 967 लोगों की मृत्यु हो गई। बाढ़ के कारण मछलीपटनम् नगर 3 से 6 फुट गहरे पानी में डूब गया था। तूफानी हवाओं ने केले और आम की फसलों को नष्ट कर दिया। कृष्णा जिले में नारियल के पेड़ धराशायी हो गए। चक्रवात के कारण अधिकतम विनाश मछलीपटनम् से वियजवाड़ा तक 74 कि.मी. के क्षेत्र में हुआ। इस भीषण चक्रवात ने आन्ध्रप्रदेश के 5160 गाँवों के लगभग 78 लाख लोगों को बुरी तरह प्रभावित किया। राज्य के 10 जिलों में लगभग 16 लाख मकान आंशिक अथवा पूर्ण रूप से क्षतिग्रस्त हो गए। लगभग 36 लाख मवेशी काल के विकराल गाल में समा गए और लगभग 3.08 लाख हैक्टेयर क्षेत्र में फसलों को नुकसान पहुँचा। बापटला वेधशाला क्षतिग्रस्त हो गई तथा मछलीपटनम् में मल्टीमेट रेडार का एंटीना और एनीमोमीटर के प्याले तूफानी हवाओं के कारण उखड़ गए। उत्तरी तटीय तमिलनाडु में भी भीषण चक्रवात के कारण काफी नुकसान हुआ। एनोन में काशी-विश्वनाथ का मन्दिर समुद्री तरंगों के थपेड़ों से क्षतिग्रस्त हो गया। पुलीकाट में मछुवारों की कुछ बस्तियाँ बाढ़ के पानी में डूब गईं। आन्ध्रप्रदेश की राज्य सरकार के अनुमान के अनुसार जान-माल की लगभग 2289 करोड़ रुपए की हानि हुई।

वास्तव में मछलीपटनम् चक्रवात बंगाल की खाड़ी में आए भीषणतम चक्रवातों में से एक था। नवम्बर 1977 में चिराला के निकट आन्ध्र तट इसी प्रकार के भीषण चक्रवात से प्रभावित हुआ था। द्वोरक पैमाने पर चिराला की तीव्रता टी 7.0 थी। चिराला चक्रवात ने 10,000 व्यक्तियों की जानें लीं। जबकि सम्पत्ति और फसलों को लगभग उतना ही नुकसान पहुँचा था जितना कि मछलीपटनम् चक्रवात से हुआ।

कराईकल का चक्रवात, 11-15 नवम्बर, 1991

यह चक्रवात 'थेलमा' नामक उष्णकटिबन्धीय चक्रवात से ही उत्पन्न हुआ। 'थेलमा' का विकास उत्तर-पश्चिमी प्रशान्त महासागर में हुआ। फिलिपीन को पार करते हुए 10 नवम्बर को यह अण्डमान सागर में प्रवेश कर गया। दक्षिण-पूर्व बंगाल की खाड़ी में पश्चिम की ओर गतिशील होते हुए, 11 नवम्बर को इसने अवदाब का रूप धारण कर लिया तथा 13 नवम्बर को दक्षिण-पश्चिम बंगाल की खाड़ी का चक्रवात बन गया। यह अनुमान लगाया कि थल क्षेत्र में प्रवेश करते समय इसके केन्द्र का वायुदाब 990 हे.पा. था। अधिकतम पवन गति 14 नवम्बर को 2200 यू.टी.सी. पर नागापट्टिनम् में 48 नॉट रिपोर्ट की गई। इनसेट उपग्रह से प्राप्त चित्रों के आधार पर चक्रवात की अधिकतम तीव्रता 14 नवम्बर को 1200 यू.टी.सी. पर टी 3.0 (83 कि.मी. प्रति घंटा) थी। अधिकतम वर्षा (48 सें.मी.) 15 नवम्बर को कराईकल और वेंकटगिरि में हुई।

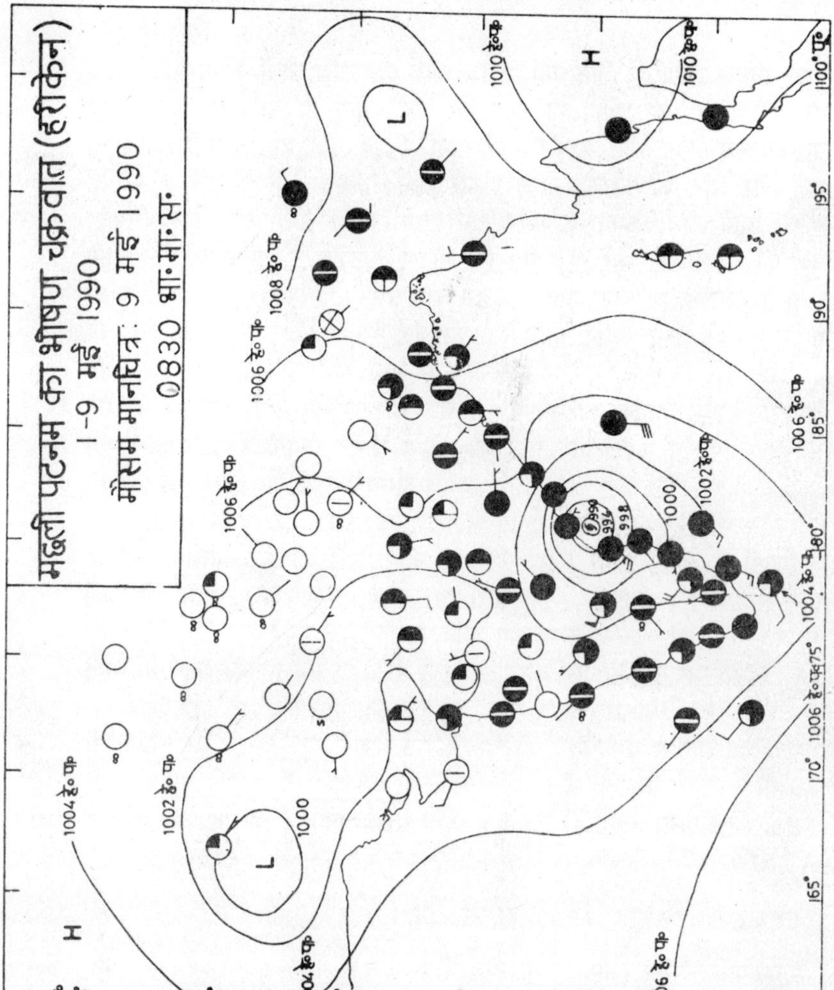

चित्र 3.4 मौसम मानचित्र पर 5-11 मई, 1990 का मछलीपटनम के भीषण चक्रवात की

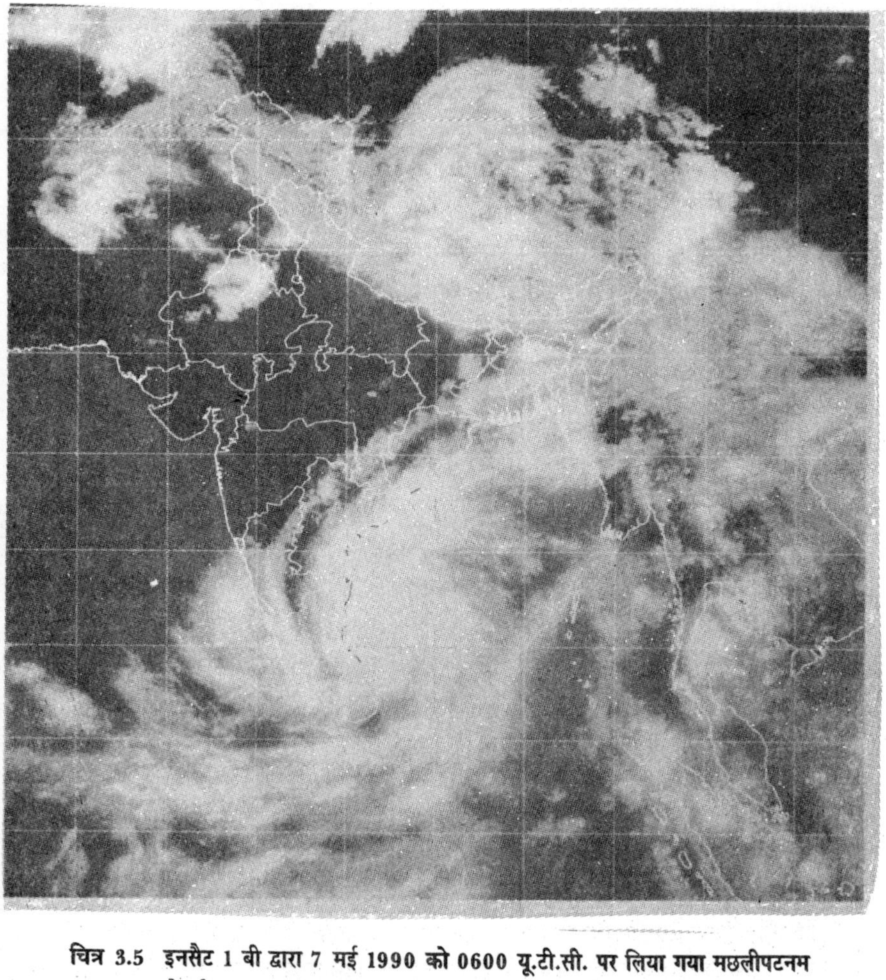

चित्र 3.5 इनसैट 1 बी द्वारा 7 मई 1990 को 0600 यू.टी.सी. पर लिया गया मछलीपटनम के भीषण चक्रवात का उपग्रह चित्र (साभार–भारत मौसम विज्ञान विभाग)

चक्रवात के थल क्षेत्र में प्रवेश स्थान के निकट समुद्र का पानी 200-250 मी. अन्दर घुस गया। समुद्र का पानी और भारी वर्षा के कारण तमिलनाडु के तटीय क्षेत्रों में फसलों और सम्पत्ति को भारी क्षति पहुँची। तमिलनाडु में 185 व्यक्तियों की मृत्यु हो गई और 540 मवेशी मर गए। अनुमान लगाया गया कि तमिलनाडु में लगभग 17 अरब रुपए की फसलों और 15 अरब रुपए के भवनों तथा लोक निर्माण कार्यों का नुकसान हुआ।

टुटीकोरिन का भीषण चक्रवात, 11-17 नवम्बर, 1992

10 नवम्बर, 1992 को दक्षिण-पूर्वी बंगाल की खाड़ी और उसके आसपास एक स्पष्ट निम्नदाब का क्षेत्र बन गया। यह तीव्र गति से, 11 नवम्बर को 0300 यू.टी.सी. पर चक्रवात के रूप में विकसित हो गया। पश्चिम की ओर बढ़ते हुए, श्रीलंका को पार करके 13 नवम्बर को यह चक्रवात मन्नार और उत्तर-पश्चिम की ओर चलते हुए 13 नवम्बर को सायंकाल टुटीकोरिन के निकट दक्षिण तमिलनाडु तट को पार कर गया।

इस चक्रवात में न्यूनतम वायुदाब 995.6 हे.पा. रिकॉर्ड किया गया। तूफानी हवाओं की अधिकतम गति टुटीकोरिन में 13 नवम्बर को 1610 (भा.मा.स.) पर 113 कि.मी. प्रति घंटा पाई गई। इनसैट उपग्रह द्वारा लिये चित्रों से चक्रवात की अधिकतम तीव्रता 13 नवम्बर को 0900 और 1000 यू.टी.सी. पर टी 4.0 ज्ञात की गई।

चक्रवात के कारण भारी वर्षा हुई, भू-स्खलन और बाढ़ से लगभग 2300 लोगों की मृत्यु हो गई। तमिलनाडु और केरल में लगभग 160 लोग लापता हो गए। लगभग 2 लाख झुग्गियाँ नष्ट हो गईं, 51,000 हैक्टेयर से अधिक क्षेत्र में खड़ी धान की फसल बरबाद हो गई और 2000 मछली पकड़नेवाली नावें भी नष्ट हो गईं। केले की फसल पूरी तरह नष्ट हो गई। सैकड़ों मवेशी और पॉल्ट्री पक्षी मारे गए। 11 से 17 नवम्बर के दौरान मूसलाधार वर्षा के कारण भीषण बाढ़ ने तबाही मचा दी तथा तूफानी हवाओं ने तो विनाश की ज्वाला को और भड़का दिया।

पिछले 10 वर्षों में बंगाल की खाड़ी में आए विनाशकारी चक्रवातों का विवरण तालिका 3.4 में दिया गया है। चित्र 3.6 में उपरोक्त विनाशकारी चक्रवातों के पथ दिखाए गए हैं।

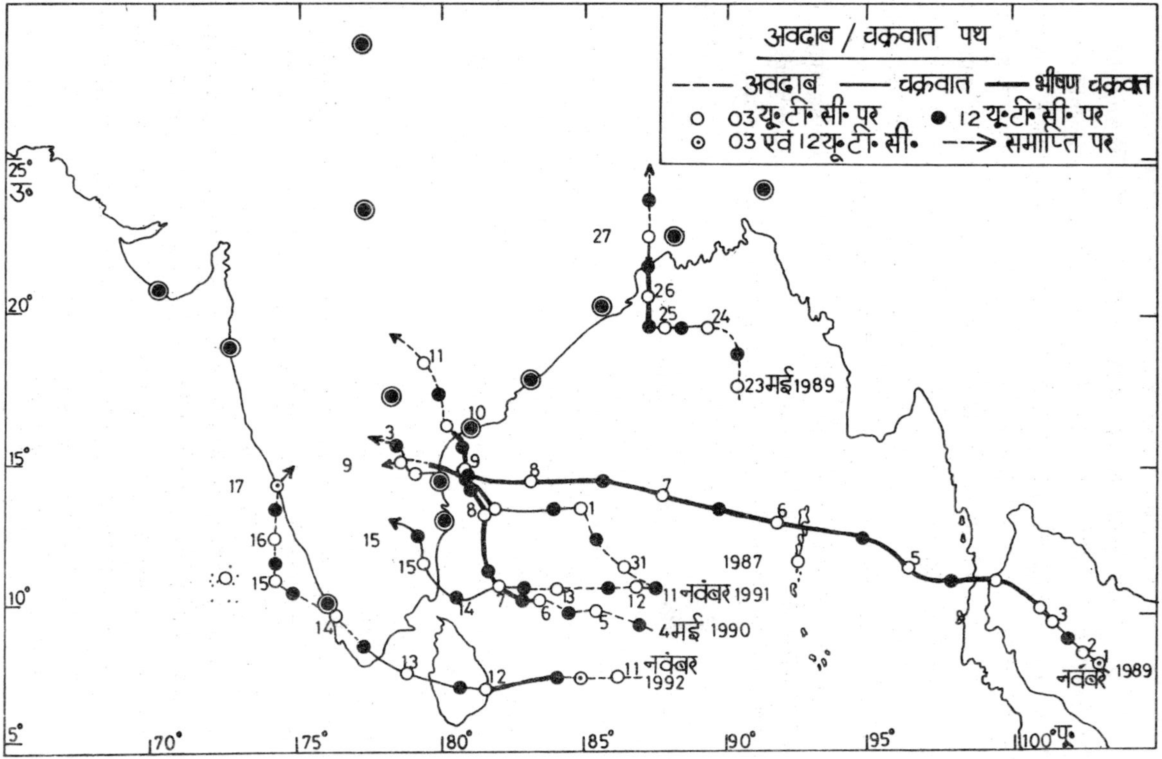

चित्र 3.6 पिछले दस वर्षों में बंगाल की खाड़ी में आए विनाशकारी चक्रवातों के पथ
(साभार—भारत मौसम विज्ञान विभाग)

तालिका 3.4

पिछले 10 वर्षों में बंगाल की खाड़ी में आए विनाशकारी चक्रवातों का विवरण

क्रम सं.	अवधि	चक्रवात उत्पत्ति क्षेत्र	प्रवेश स्थल	अधिकतम तीव्रता टी-नम्बर	न्यूनतम वायुदाब हे.पा.	अधिकतम पवनगति नॉट	अधिकतम वर्षा (सें.मी.)	तूफान महोर्मि की ऊँचाई (मी.)
1.	31 अक्टूबर-3 नवम्बर, 1987	दक्षिण-पश्चिम बंगाल की खाड़ी	नेल्लौर	3.5	984.3	50	52	—
2.	23-27, मई 1989	मध्य बंगाल की खाड़ी	बालासोर	4.0	970.4	60	26	3-6
3.	1-9 नवम्बर, 1989	बंगाल की खाड़ी में अण्डमान द्वीप का उत्तरी भाग	कावेली	6.5	942.0	46	18	5
4.	5-11 मई 1990	दक्षिण-पश्चिम बंगाल की खाड़ी	मछलीपटनम्	6.5	912.0	70	53	5
5.	11-15 नवम्बर, 1991	दक्षिण-पूर्व बंगाल की खाड़ी	कराईकल	3.0	990.0	48	48	—
6.	11-17 नवम्बर, 1992	बंगाल की खाड़ी	टुटीकोरिन	4.0	995.6	113	—	—

भौगोलिक स्थितियाँ

चक्रवात हमेशा समुद्र के गर्म जल पर ही बनते हैं। समुद्र की सतह का तापमान 27 सेल्सियस से अधिक होना आवश्यक है। उष्ण कटिबन्धीय चक्रवात विषुवतीय रेखा के दोनों ओर 5° से 30° अक्षांश रेखाओं के मध्य घिरे समुद्री क्षेत्रों पर बनते हैं। केवल दक्षिणी अटलांटिक और दक्षिण-पूर्वी प्रशान्त महासागर में 140° पश्चिम के पूर्व की ओर चक्रवात नहीं बनते। इसके दो कारण हो सकते हैं : (क) दक्षिणी गोलार्ध की ग्रीष्म ऋतु में अन्तोष्ण कटिबन्धीय अभिसरण क्षेत्र (Intra Tropical Convergence Zone, ITCZ) का विषुवत रेखा के दक्षिण में केवल 1° या 2° तक स्थानान्तरित होना, और (ख) समुद्र की सतही तापमान का कम होना।

चक्रवात मुख्यतः निम्न क्षेत्रों में बनते हैं :

1. पूर्वी तरंगें (Easterly Waves)।
2. अन्तोष्ण कटिबन्धीय अभिसरण क्षेत्र (ITCZ), तथा
3. ध्रुवीय द्रोणियों के दक्षिणी भाग (Southern portions of Polar Troughs)।

हरीकेन उत्पत्ति को समझने के लिए संवहन संकल्पना का अनेक वर्षों पहले प्रतिपादन किया गया था और 1930 तक इसे आम तौर पर स्वीकार कर लिया गया। इसके अनुसार डोलड्रम्स अथवा अन्तोष्ण कटिबन्धीय अभिसरण क्षेत्र का शान्त और नम वायु संवहन के लिए उपयुक्त है क्योंकि वहाँ वायु अत्यधिक गर्म होता है। गर्म और नर्म वायु के ऊपर उठने पर निम्न तल में कमदाब का क्षेत्र बन जाता है। वायुमंडल में कपासी वर्षी बादलों का निर्माण होता है। व्यापक झंझावत बनते हैं और मूसलाधार वर्षा होती है। तूफानी हवाएँ चलती हैं। परन्तु संवहन संकल्पना हरीकेन उत्पत्ति सम्बन्धी अनेक पहलुओं को सफलतापूर्वक स्पष्ट नहीं कर पाई। अतः हरीकेन विकास के लिए उत्तरदायी अन्य कारणों की खोज हुई। मोटे तौर पर निम्न दशाएँ हरीकेन उत्पत्ति के सम्बन्ध में महत्त्वपूर्ण भूमिका निभाती हैं :

(क) निम्न अक्षांशों में उपसामान्य और उच्च अक्षांशों में सामान्य से अधिक वायुदाब,

(ख) उष्ण कटिबन्धों में विद्यमान मौसम विक्षोभ,

(ग) सामान्य प्रतिलोमन तल (Inversion Level) के ऊपर ऊँचाई के साथ क्षीण होती हुई पूर्वी हवाएँ,

(घ) 200 हे.पा. पर समवायु प्रवाही रेखा मानचित्र पर धरातल विक्षोभ की स्थिति,

(ङ) विक्षोभ की 20 कि.मी. प्रति घंटा से कम गति, और

(च) उच्च अक्षांशीय पछुवा हवाओं में विद्यमान द्रोणी की ओर पूर्वी तरंग

के बढ़ने से द्रोणी और तरंग दोनों ही सक्रिय हो जाते हैं। सम्भवतः द्रोणी और पूर्वी तरंग के सम्मिलन के कारण ही स्थायी पूर्वी तरंग अस्थिर हो जाती है।

विश्व के विभिन्न चक्रवात-जनन क्षेत्र चित्र 3.7 में दिखाए गए हैं। ये निम्न प्रकार हैं :

(क) उत्तरी गोलार्ध के क्षेत्र :

1. उत्तरी अटलांटिक के दक्षिण की ओर, जिसमें मैक्सिको की खाड़ी एवं केरिबियन सागर सम्मिलित हैं–यहाँ अधिकांश चक्रवात जून से अक्टूबर में बनते हैं। कभी-कभी मई, नवम्बर एवं वर्ष के शेष महीनों में बहुत ही कम चक्रवात बनते हैं। दक्षिण अटलांटिक में शीत ऋतु में कुछ चक्रवात बनते तो हैं, परन्तु इनमें हरीकेन की तीव्रता तक विकसित होनेवाले चक्रवात बहुत कम होते हैं। जनवरी 1951 में प्यूर्टोरिको के निकट एक ऐसा ही चक्रवात विकसित हुआ। फरवरी 1952 में मैक्सिको की खाड़ी के पश्चिमी भाग में भी इसी प्रकार का चक्रवात बना और मियामी के निकट फ्लोरिडा को पार करता हुआ आगे बढ़ गया।
2. मैक्सिको अथवा मध्य अमरीका के दक्षिण की ओर अपतट क्षेत्र–यहाँ प्रति वर्ष लगभग 6 चक्रवात बनते हैं, परन्तु इनमें से केवल आधे ही हरीकेन की तीव्रता ग्रहण कर पाते हैं। ये प्रायः उत्तर-पश्चिम दिशा में चलते हैं तथा मैक्सिको के पश्चिमी तटीय नगरों में प्रवेश करते हुए तबाही मचाते हैं। एकाध चक्रवात लम्बे समय बाद केलिफोर्निया के दक्षिणी तट के बहुत समीप तक पहुँचकर तूफानी हवाओं से उस क्षेत्र को प्रभावित करते हैं।
3. भारत के पश्चिम में अरब सागर और पूर्व में बंगाल की खाड़ी के क्षेत्र–यहाँ बननेवाले चक्रवात अन्तोष्ण कटिबन्धीय क्षेत्र में उत्पन्न होनेवाले सतही परिसंचरणों अथवा हवा के कमदाब के कारण विकसित होते हैं। प्रारम्भिक अवस्था में समुद्री क्षेत्र पर कमदाब स्थापित हो जाता है। तीक्ष्ण सौर विकिरण के कारण इस क्षेत्र में वायु गर्म होकर ऊपर उठती रहती है और उच्च तलों में फैल जाती है। सतही वायुदाब गिरता जाता है। इसके फलस्वरूप चक्रवाती परिसंचरण विकसित हो जाता है। यह समुद्रतल से लगभग 15 कि.मी. की ऊँचाई तक एक विशाल भ्रामिल का रूप धारण कर लेता है। इसमें तूफानी हवाएँ और घनघोर वर्षा उत्पन्न होती है।

अरब सागर की अपेक्षा बंगाल की खाड़ी में अधिक चक्रवात बनते हैं। अरब सागर में मुख्यतः अप्रैल-जून तथा अक्टूबर-दिसम्बर के दौरान चक्रवात बनते

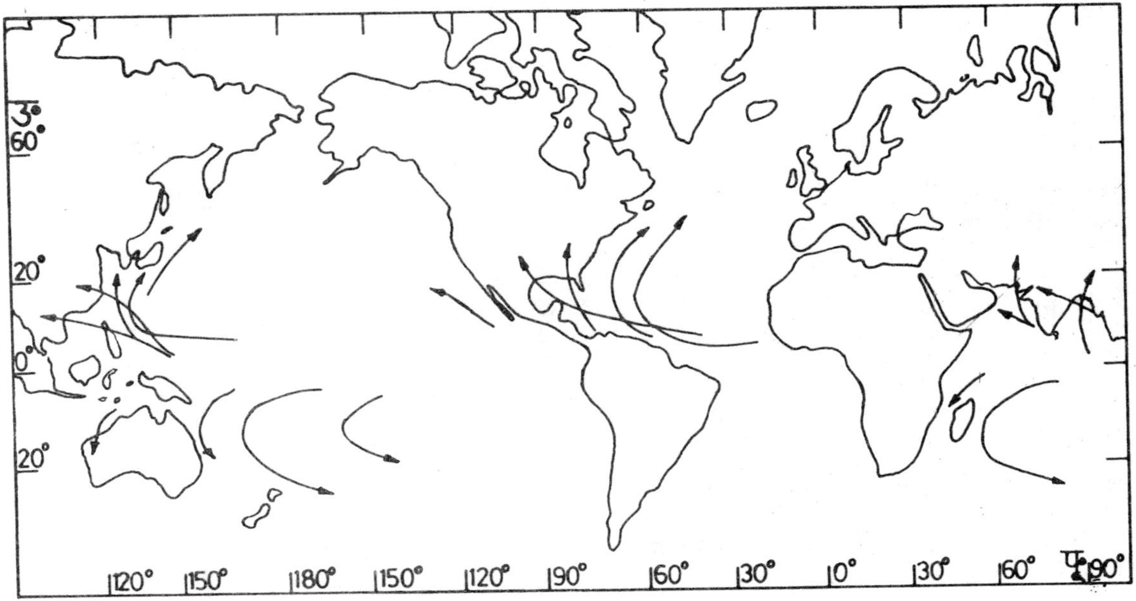

चित्र 3.7 विश्व के विभिन्न चक्रवात जननक्षेत्र

हैं। मई, जून, अक्टूबर एवं नवम्बर में लगभग 79% चक्रवात तथा 89% भीषण चक्रवात बनते हैं। अप्रैल, जुलाई से सितम्बर और दिसम्बर के दौरान बहुत कम चक्रवात बनते हैं। आम तौर पर, जनवरी से मार्च के दौरान चक्रवात नहीं बनते। औसत रूप में अरब सागर में प्रतिवर्ष एक चक्रवात बनता है, जबकि बंगाल की खाड़ी में प्रत्येक वर्ष लगभग 5 चक्रवात बनते हैं। बंगाल की खाड़ी के शीर्ष में, ग्रीष्मकालीन मानसून के दौरान अधिकांश चक्रवात विकसित होते हैं। नवम्बर में लगभग 40% चक्रवात तथा 52% भीषण चक्रवात बनते हैं। इस महीने में अधिकतर चक्रवात 13.5° उ. अक्षांश के दक्षिण की ओर बनते हैं तथा ये पश्चिम दिशा में अग्रसर होते हैं। तालिका 3.5 में अरब सागर और बंगाल की खाड़ी में बननेवाले अवदाब, चक्रवात एवं भीषण चक्रवात की मासिक बारम्बारता (1891-1990) दिखाई गई है (यू.एस. डे एवं करुणा जोशी, 1995)।

उत्तरी गोलार्ध में प्रायः मई से सितम्बर के दौरान अधिकांश चक्रवात बनते हैं।

तालिका 3.5

अरब सागर और बंगाल की खाड़ी में अवदाब, चक्रवात एवं भीषण चक्रवातों की मासिक बारम्बारता (1891-1990)

माह	अवदाब	चक्रवात	भीषण चक्रवात	कुल	संख्या
जनवरी	9	5	2	16	(7)
फरवरी	3	—	1	4	(1)
मार्च	1	2	2	5	(4)
अप्रैल	10	13	14	37	(27)
मई	29	20	50	99	(70)
जून	86	41	17	144	(58)
जुलाई	131	37	8	176	(45)
अगस्त	173	28	3	204	(31)
सितम्बर	144	30	17	191	(47)
अक्टूबर	99	54	45	198	(99)
नवम्बर	53	46	68	167	(114)
दिसम्बर	31	25	21	77	(46)
कुल संख्या	769	301	248	1318	(549)

सन्दर्भ—डे और जोशी, 1995

चक्रवातों के अभिलेख

चक्रवात के विकास, तीव्रता तथा संरचना को ज्ञात करने के लिए चक्रवात सम्बन्धी प्रेक्षण एवं अभिलेख ग्रहण करना अत्यन्त अनिवार्य और महत्त्वपूर्ण है। चक्रवात सम्बन्धी प्रेक्षण ज्ञात करने के लिए मुख्यतः निम्न विधियों का प्रयोग किया जाता है :

1. मौसम प्रेक्षणों का विश्लेषण,
2. उपग्रह मेघ चित्रों का विश्लेषण,
3. रेडार मेघ चित्रों का विश्लेषण,
4. वायुयान सर्वेक्षण, और
5. जलयान प्रेक्षण।

(1) **मौसम प्रेक्षण** (Meteorological Observation)

विश्व के विभिन्न भागों में मौसम प्रेक्षण करने के लिए मौसम वेधशालाओं का संजाल फैला हुआ है। मौसम के मुख्य प्रेक्षणों जैसे, तापमान, वायुदाब, पवनगति एवं दिशा, मेघ प्रकार, वर्षा आदि को मौसम मानचित्रों पर अंकित किया जाता है और उन पर समदाब और समवायु-प्रवाही आदि रेखाएँ खींची जाती हैं। इनसे कमदाब, उच्चदाब आदि क्षेत्रों का पता चलता है। भारत में मौसम मानचित्रों पर 2 हेक्टो पास्कल (हे.पा.) के अन्तराल पर समदाब रेखाएँ खींची जाती हैं। एक बन्द समदाब रेखा से कमदाब तथा दो बन्द समकेन्द्रीय समदाब रेखाओं से अवदाब का पता चलता है। दो से अधिक बन्द समदाब रेखाएँ चक्रवात, भीषण चक्रवात को दर्शाती हैं। विभिन्न मानक समय पर तैयार किए गए मौसम मानचित्रों से चक्रवात के जनन क्षेत्र, विकास, क्षैतिज एवं ऊर्ध्वाधर संरचना का पता चलता है।

मौसम मानचित्र पर विभिन्न प्रकार की मौसम प्रणालियों को पहचानने के लिए मौसम प्रेक्षणों का शुद्ध और विश्वसनीय होना बहुत आवश्यक है। इनसे मौसम विश्लेषण भी शुद्ध और यथार्थ होता है।

धरातलीय मौसम मानचित्र के अतिरिक्त उपरितन वायु प्रेक्षणों पर आधारित मानचित्र भी तैयार किए जाते हैं। इनसे वायुमंडल के विभिन्न तलों पर वायु के प्रवाह, गति एवं तापमान आदि का पता चलता है। धरातलीय एवं उपरितन वायु मानचित्र मिल-जुलकर चक्रवात की त्रि-आयामी संरचना प्रस्तुत करते हैं। इन मानचित्रों को तैयार करने के लिए धरातलीय, समुद्री एवं उपरितन मौसम प्रेक्षणों का प्रयोग किया जाता है।

(2) **उपग्रह मेघ चित्र** (Satellite Cloud Picture)

1अप्रैल, 1960 को अमरीका द्वारा टाइरॉस नामक कृत्रिम मौसम उपग्रह का अन्तरिक्ष

में छोड़ा जाना मौसम विज्ञान के क्षेत्र में एक क्रान्तिकारी घटना थी। इस शृंखला के अन्तर्गत अनेक मौसम उपग्रह छोड़े गए और इनसे उत्तरी गोलार्ध के ऊपर छाए हुए बादलों के चित्र लिये गए। इन मेघ चित्रों को कई देशों द्वारा ग्रहण किया गया तथा इनसे चक्रवाती परिघटनाओं की उत्पत्ति और विकास के बारे में अत्यन्त महत्त्वपूर्ण जानकारी प्राप्त की गई।

मौसम प्रेक्षणों के लिए मुख्यतः भू-स्थिर (Geo-stationary) उपग्रहों का प्रयोग किया जाता है। वास्तव में ये उपग्रह पृथ्वी के चारों ओर घूमते हैं। परन्तु इनकी गति इस प्रकार नियन्त्रित की जाती है कि ये पृथ्वी के एक बिन्दु के ऊपर स्थिर प्रतीत होते हैं। सन् 1966 तक अन्तरिक्ष में पृथ्वी के ऊपर लगभग 35,000 कि.मी. की ऊँचाई पर भू-स्थिर उपग्रह छोड़े जाने लगे। मौसम प्रेक्षणों के लिए 1975 में गोज़ (GOES) नामक भू-स्थिर उपग्रह अन्तरिक्ष में छोड़ा गया।

भारत ने इनसैट (INSAT) नामक बहुउद्देशीय भारतीय राष्ट्रीय उपग्रह प्रणाली के अन्तर्गत 10 अप्रैल, 1982 को सबसे पहला भू-स्थिर उपग्रह इनसैट-I-ए अन्तरिक्ष में छोड़ा। फिर 30 अगस्त, 1983 को इस शृंखला का दूसरा उपग्रह इनसैट-II-बी अन्तरिक्ष में पृथ्वी की 74° पूर्व देशान्तर रेखा के ऊपर लगभग 35,800 कि.मी. की ऊँचाई पर छोड़ा गया। तत्पश्चात् 12 जून, 1990 को इनसैट I-डी नामक उपग्रह 83° पूर्व देशान्तर पर पृथ्वी से लगभग 36,000 कि.मी. की ऊँचाई पर छोड़ा गया। इनसैट-Iसी उपग्रह, जो 22 जुलाई 1988 को छोड़ा गया था, लगभग एक वर्ष बाद असफल हो गया। इनसैट-Iडी कार्य कर रहा है।

इनसैट-II शृंखला के अन्तर्गत, भू-स्थिर उपग्रहों में आवश्यक सुधार करके इन्हें अन्तरिक्ष में छोड़ने की योजना है। इस शृंखला का सबसे पहला और पूर्णतः भारत में बना इनसैट-II-ए उपग्रह 10 जुलाई, 1992 को सफलतापूर्वक अन्तरिक्ष में छोड़ा गया। यह पृथ्वी के ऊपर 35,000 कि.मी. की ऊँचाई पर 74° पूर्व देशान्तर रेखा पर स्थित है। तत्पश्चात् 22 जुलाई, 1993 को इनसैट-II-बी उपग्रह छोड़ा गया जो कि 93° पूर्व देशान्तर रेखा के ऊपर स्थित है। ये दोनों उपग्रह कार्य कर रहे हैं।

इनसैट उपग्रह दूरसंचार, दूरदर्शन, प्रसारण एवं मौसम विज्ञान के क्षेत्र में महत्त्वपूर्ण योगदान देते हैं। ये भारत के दूर-दराज क्षेत्रों में संस्थापित लगभग 100 मानवरहित आँकड़ा संग्रहण मंचों (Data Collection Platforms) से मौसम प्रेक्षण ग्रहण करके उन्हें एक मौसम प्रेक्षण केन्द्र में भेजते हैं। इनसैट उपग्रह, पृथ्वी के ऊपर विभिन्न ऊँचाइयों पर छाए हुए बादलों के चित्र भी प्रेषित करते हैं। इनसैट-II-ए से रंगीन मेघ चित्र ग्रहण किए जाते हैं। बादलों के शिखर की ऊँचाई, तापमान, पवनगति आदि के आँकड़े भी ग्रहण किए जाते हैं। समय-समय पर लिये गए मेघ चित्रों की मदद से समुद्र पर बननेवाले चक्रवात के केन्द्र, विकास, गति आदि पर निगरानी रखी जाती है। ये मेघ चित्र विनाशकारी चक्रवातों की तीव्रता ज्ञात करने

के लिए भी इस्तेमाल किए जाते हैं। द्वोरक (Dvorak) तकनीक के अन्तर्गत उपग्रह द्वारा लिये गए चक्रवात के मेघ चित्रों से चक्रवात की तीव्रता का आकलन किया जाता है। इस मापक्रम में T 1 से T 8 तक आठ तीव्रता अंक होते हैं। ये तीव्रता अंक बादलों के केन्द्रीय तथा बाहरी भाग में उनके लक्षणों या स्वरूप पर निर्भर करते हैं। इस तकनीक से चक्रवात की विभिन्न दशाओं/चरणों के मेघ चित्रों का एक संकलन तैयार किया गया है। जब कोई चक्रवात या टाइफून बनता है तब संकलित मेघ चित्रों के साथ उस चक्रवात के मेघ चित्रों की तुलना की जाती है और उसकी तीव्रता का आकलन किया जाता है। एक सुविकसित एवं स्पष्ट चक्रवात नेत्र एक बिन्दु की तरह दिखाई देता है।

तालिका 3.6

टी-अंक, अधिकतम पवन गति एवं न्यूनतम वायुदाब के बीच आनुभविक सम्बन्ध

(बरनॉन एफ. द्वोरक, 1973)

टी-अंक	अधिकतम पवनगति (कि.मी. प्रति घंटा)	न्यूनतम वायुदाब अटलांटिक (हे.पा.)	न्यूनतम वायुदाब उ.-प. प्रशान्त महासागर (हे.पा.)
1	46	1013	1007
1.5	46	1012	1006
2	56	1009	1003
2.5	65	1005	999
3	83	1000	994
3.5	102	994	988
4	120	987	981
4.5	143	979	973
5	167	970	964
5.5	189	960	954
6	213	948	942
6.5	235	935	929
7	259	921	915
7.5	287	906	900
8	315	890	884

उपरोक्त तकनीक से चक्रवात की तीव्रता के अतिरिक्त अधिकतम पवन गति

तथा चक्रवात केन्द्र में न्यूनतम वायुदाब भी ज्ञात किया जा सकता है। यदि चक्रवात का टी-अंक कम है तो चक्रवात में हवा की गति कम तथा वायुदाब अपेक्षाकृत अधिक होने की सम्भावना का पता चलता है। तालिका 3.6 में टी-अंक अधिकतम पवनगति एवं न्यूनतम वायुदाब अटलांटिक और प्रशान्त महासागरीय क्षेत्रों के लिए दिए गए हैं।

(3) रेडार मेघ चित्र (Radar Cloud Picture)

द्वितीय विश्वयुद्ध के दौरान रेडार उपकरणों का उपयोग मुख्य रूप से शत्रु के बम-वर्षक विमानों का पता लगाने के लिए किया जाता था। तत्पश्चात् रेडार की मदद से विशेष प्रकार के बादलों की पहचान की जाने लगी। इस प्रकार रेडार मौसम की विषम परिघटनाओं का पता लगाने हेतु एक अत्यन्त शक्तिशाली और महत्त्वपूर्ण माध्यम बन गया।

रेडार का शाब्दिक अर्थ है रेडियो डिटेक्टिंग एंड रेंजिंग (Radio Detecting And Ranging)। रेडार विद्युत-चुम्बकीय तरंगों को वायुमंडल में चहुँ ओर प्रसारित करता है। ये तरंगें प्रकाश की गति (3×10^8 मी./सेकंड) से यात्रा करती हैं। इन्हें रेडियो तरंगें भी कहते हैं। ये तरंगें वायुमंडल में विद्यमान अवरोधों, जैसे, वायुयान, बादलों आदि से टकराती हैं और परावर्तित होकर अभिग्राही उपकरण द्वारा ग्रहण की जाती हैं। रेडार पटल पर अवरोध की आकृति एक प्रकाश पिंड के रूप में दिखाई देती है। इसे ईको (Echo) कहते हैं। चक्रवात, झंझावात, बवंडर आदि से सम्बन्धित बादलों की जलबूँदों से परावर्तित होनेवाली रेडयो तरंगें रेडार पटल पर घुमावदार प्रकाश पिंडों के रूप में दिखाई देती हैं। कैमरे की मदद से इनके चित्र भी लिये जा सकते हैं।

भारत में परिघटनाओं की पहचान के लिए मुख्यतः दो प्रकार के रेडारों का प्रयोग किया जाता है : (1) झंझावात संसूचना रेडार (Storm Detection Radar) और (2) चक्रवात संसूचना रेडार (Cyclone Detection Radar)। पहली प्रकार के रेडार (SDR) 3 सें.मी. तरंग दैर्घ्यवाले होते हैं और झंझावाती बादलों का पता लगाने के लिए उपयुक्त होते हैं। दूसरी प्रकार के रेडार (CDR) 10 सें.मी. तरंग दैर्घ्यवाले होते हैं। ये 400 कि.मी. की परिधि में बननेवाले चक्रवातों के चित्र ले सकते हैं। हमारे देश में समुद्रतटीय क्षेत्रों में 10 चक्रवात संसूचना रेडार लगाए गए हैं (चित्र 3.8)। कुछ विशेष स्थानों पर 16 झंझावात संसूचना रेडार संस्थापित किए गए हैं। ये रेडार मौसम की विषम परिघटनाओं पर निरन्तर निगरानी रखते हैं।

रेडार द्वारा लिये गये मेघ चित्रों की मदद से मौसम की विनाशकारी परिघटनाओं की पहचान की जाती है तथा उनके विकास, तीव्रीकरण, गति एवं दिशा आदि के बारे में महत्त्वपूर्ण जानकारी ज्ञात की जाती है और उनके बारे में पूर्वसूचना एवं चेतावनी देकर जान-माल की रक्षा की जाती है।

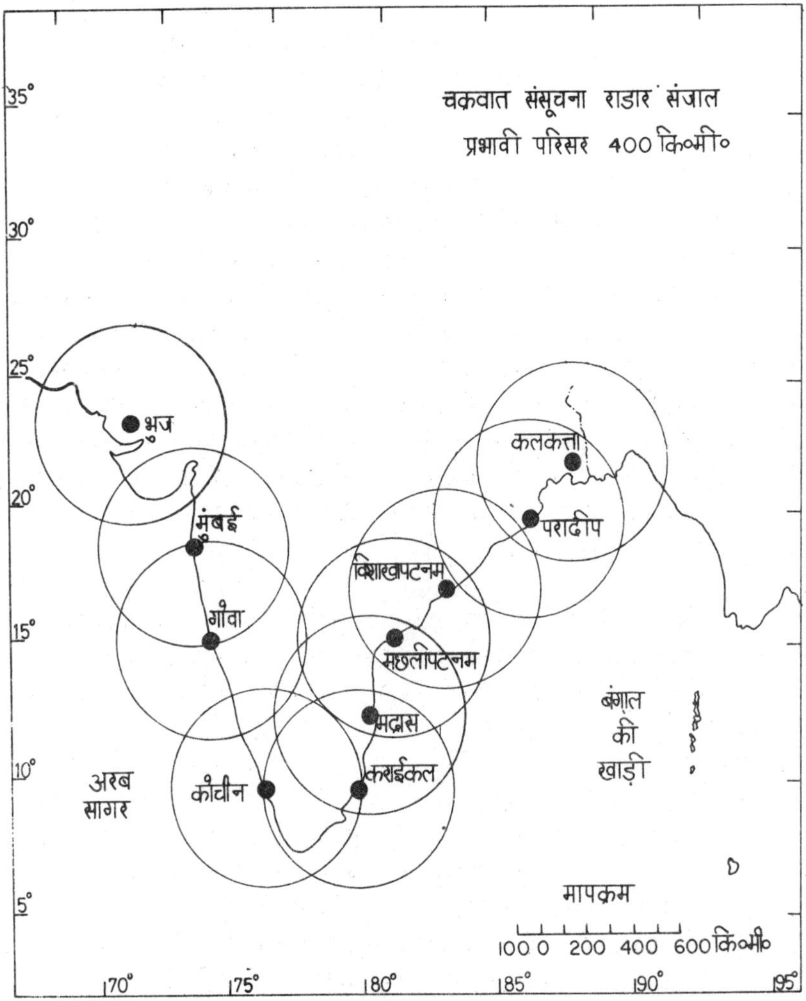

चित्र 3.8 भारत के तटीय क्षेत्रों में चक्रवात संसूचना रेडारों की स्थिति (साभार–भारत मौसम विज्ञान विभाग)

(4) वायुयान सर्वेक्षण (Aircraft Reconnaisance)

वायुयान सर्वेक्षण द्वारा वायुमंडल के विभिन्न तलों पर चक्रवात सम्बन्धी मौसम के महत्त्वपूर्ण आँकड़े ग्रहण किए जाते हैं। जैसे, हवा की गति, वायुदाब, तापंमान आदि। वास्तव में वायुयान सर्वेक्षण उन क्षेत्रों पर अधिक लाभकारी होता है जहाँ मौसम प्रेक्षण ग्रहण करने की सुविधा नहीं होती। उदाहरणार्थ, समुद्री क्षेत्रों पर, जहाँ कि मौसम प्रेक्षण प्राप्त करने के लिए जलयानों की कमी होती है। चक्रवातों की विनाशकारी प्रकृति एवं तीव्रता का आकलन करने के लिए साहसिक, रोमांचकारी और खतरनाक हवाई उड़ानों के प्रयास रोंगटे खड़े करनेवाले होते हैं। विमान चालक को तूफानी हवाओं और झंझावाती बादलों में फँसकर मौत का सामना तक करना पड़ सकता है।

चक्रवात सम्बन्धी प्रेक्षण ग्रहण करने के लिए वायुयान में अत्याधुनिक मौसम उपकरण एवं यन्त्र लगे होते हैं। इनकी मदद से वायुदाब, हवा की गति व दिशा, तापमान, आर्द्रता तथा बादलों से सम्बन्धित उपयोगी आँकड़े ग्रहण किए जाते हैं। वायुयान सर्वेक्षण दल में मौसमविज्ञानी एक अत्यन्त महत्त्वपूर्ण कार्य करता है। वह साक्षात् मौसम की विभिन्न अवस्थाओं, बादलों, दृश्यता एवं नीचे फैले विस्तृत समुद्रों पर निगरानी रखता है तथा मौसम की विशिष्ट परिघटनाओं को पहचानने का प्रयास करता है। मौसम के विभिन्न प्रेक्षणों के आधार पर हरीकेन तीव्रता की हवाओं के विस्तार और चक्रवात केन्द्र के चारों ओर मौसम प्राचलों के बंटन का पता लगाया जाता है। यह सूचना हरीकेन की गति और दिशा ज्ञात करने में महत्त्वपूर्ण भूमिका निभाती है।

वायुयान सर्वेक्षण केवल दिन के समय ही नहीं अपितु चक्रवात विकसित होने की आशंका के समय रात्रि में भी किया जाता है। परन्तु रात्रि के समय वायुयान की उड़ान सदैव उच्च तलों में ही की जाती है तथा चक्रवात के केन्द्र को भेदने का जोखिम नहीं उठाया जाता। हरीकेन की परीधि में उड़ान भरता हुआ वायुयान रेडार की मदद से हरीकेन पर निरन्तर निगरानी रखता है।

(5) जलयान प्रेक्षण (Ship Observations)

चक्रवात अपना अधिकांश जीवनकाल समुद्र की सतह पर व्यतीत करते हैं। अतः चक्रवातों की उत्पत्ति एवं उनके विकास सम्बन्धी महत्त्वपूर्ण जानकारी ग्रहण करने के लिए समुद्री क्षेत्र के मौसम प्रेक्षण प्राप्त करना अत्यन्त अनिवार्य है।

चक्रवात के समय, विषम परिस्थितियों में, तूफानी हवाओं और समुद्री महातरंगों से घिरा जलयान अत्याधुनिक मौसम उपकरणों की मदद से विभिन्न प्रकार के मौसम प्रेक्षण ग्रहण करने का प्रयास करता है।

पूर्वानुमान, चेतावनी और सावधानियाँ

(1) **चक्रवात पूर्वानुमान** (Cyclone Forecasting)

विश्व के विभिन्न भागों में विनाशकारी चक्रवातों से जान-माल की रक्षा करने के लिए पूर्वानुमान और चेतावनी प्रदान करने का कार्य नियमित रूप से किया जाता है। पिछले कुछ दशकों में विज्ञान और प्रौद्योगिकी के क्षेत्र में अभूतपूर्व सफलता और विकास के साथ-साथ प्राकृतिक विनाशकारी परिघटनाओं के बारे में पूर्वसूचना ग्रहण करने के लिए बौद्धिक प्रयास भी हुए हैं। चक्रवात पूर्वानुमान के क्षेत्र में आशातीत सफलता मिली है।

चक्रवात पूर्वानुमान और चेतावनी के लिए अत्याधुनिक श्रेष्ठ उपकरणों एवं साधनों का प्रयोग किया जाता है। पिछले कुछ दशकों में धरातलीय और उपरितन वायु मौसम वेधशालाओं की संख्या में काफी वृद्धि हुई है। इनसे प्राप्त होनेवाले मौसम सम्बन्धी आँकड़े चक्रवात की स्थिति, तूफानी हवाओं की गति व दिशा, समुद्री महातरंगों और वर्षा आदि के बारे में महत्त्वपूर्ण जानकारी ग्रहण करने में मदद करते हैं। अन्तरिक्ष में घूमते कृत्रिम उपग्रहों से प्राप्त बादलों के चित्र चक्रवात की तीव्रता एवं विकास के बारे में उपयोगी सूचना प्रदान करते हैं। इसी प्रकार रेडार उपकरण भी महत्त्वपूर्ण भूमिका निभाते हैं। वायुयान सर्वेक्षण द्वारा हरीकेन का पता लगाना अब एक नियमित प्रेक्षण कार्य बन चुका है। धरातलीय और उपरितन वायु प्रेक्षण प्रणालियाँ, मौसम उपग्रह, रेडार, वायुयान सर्वेक्षण आदि सशक्त साधनों और विकसित तकनीकों की सहायता से चक्रवात पूर्वानुमान और चेतावनी का कार्य चुनौतीपूर्ण होते हुए भी अत्यन्त कुशलता और सफलतापूर्वक किया जा रहा है।

चक्रवात पूर्वानुमान को मुख्यतः दो भागों में बाँटा जा सकता है :

(i) तीव्रता का पूर्वानुमान : चक्रवात की तीव्रता के पूर्वानुमान का कार्य कठिन भी है और महत्त्वपूर्ण भी है। कठिन इसलिए है क्योंकि विद्यमान चक्रवाती परिसंचरण को नियन्त्रित करनेवाले मौसम के विभिन्न घटक और प्रक्रियाएँ परिवर्तनशील होती हैं तथा महत्त्वपूर्ण इसलिए है क्योंकि एक सामान्य एवं दुर्बल परिसंचरण मौसम की विशेष परिस्थितियों में भीषण चक्रवात का रूप धारण कर सकता है।

चक्रवात की तीव्रता के पूर्वानुमान के लिए मौसम मानचित्र, व रेडार मेघ चित्र तथा जलयानों के प्रेक्षण अत्यन्त उपयोगी सिद्ध होते हैं। चक्रवाती परिसंचरण में हवाओं की गति, केन्द्र के वायुदाब और बादलों के आधार पर तीव्रता का आकलन किया जाता है। यद्यपि इस कार्य के लिए मौसम अभिलेखों एवं प्रेक्षणों का प्रयोग किया जाता है, तथापि वैयक्तिक अनुभव, कुशलता एवं निर्णय क्षमता भी महत्त्वपूर्ण भूमिका निभाते हैं।

चक्रवात की तीव्रता का पूर्वानुमान मौसमविज्ञानी द्वारा लिया गया एक

महत्त्वपूर्ण निर्णय होता है क्योंकि इसके आधार पर ही तटीय क्षेत्रों, जलपोतों और मछुवारों आदि को चक्रवात के विषय में आवश्यक चेतावनी दी जाती है। स्थानीय प्रशासन अधिकारियों द्वारा जनसाधारण के जान-माल की सुरक्षा हेतु किए जानेवाले उपायों की रूप-रेखा तैयार की जाती है।

(ii) दिशा व गति का पूर्वानुमान :

चक्रवात की दिशा का पूर्वानुमान विशेष महत्त्व रखता है क्योंकि इससे चक्रवात द्वारा प्रभावित होनेवाले सम्भावित क्षेत्रों का पता चलता है। इसी प्रकार चक्रवात की गति का पूर्वानुमान उसकी भीषणता/तीव्रता को बताता है। चक्रवात की दिशा व गति का पूर्वानुमान चक्रवात चेतावनी का मुख्य अंग है।

चक्रवात की दिशा व गति के पूर्वानुमान की वर्तमान विधियाँ जलवायु विज्ञान, चक्रवात की विगत गति के बहिर्वेशन, मूल प्रवाही लहर के मूल्यांकन एवं दीर्घ तरंगीय प्रणालियों के कारण इस लहर में होनेवाले अनुप्रयोग हेतु अनेक प्रकार की तकनीक विकसित की गई है, जिनका उल्लेख निम्न प्रकार है :

(क) जलवायु विज्ञान (Climatology) : एक निर्धारित क्षेत्र के लिए चक्रवात की दिशा के लम्बी अवधि के आँकड़ों से औसत मान ज्ञात किए जाते हैं। ये औसत मान चक्रवातों के निश्चित दिशाओं में गतिशील होने अथवा मुड़ने की सम्भावना प्रकट करते हैं। चक्रवात बनने की अवस्था में उस क्षेत्र में चक्रवातों की गति के औसम मानों का अध्ययन किया जाता है। यह विभिन्न स्थानों व ऋतुओं में भिन्न-भिन्न होते हैं तथा चक्रवात की स्थिति, धरातलीय एवं उपरितन वायु प्रवाह और वायुदाब प्रणालियों पर निर्भर करते हैं।

चक्रवात प्रायः एक निश्चित दिशा में चलते हुए अनायास ही भिन्न-भिन्न दिशाओं में मुड़ जाते हैं। चक्रवात पूर्वानुमान के समय उस बिन्दु का अनुमान लगाना कठिन होता है जिस पर चक्रवात की दिशा का परिवर्तन होता है। यह भी देखा गया है कि प्रायः चक्रवात चलते-चलते एक प्रकार का 'लूप' (Loop) भी बनाते हैं। चित्र 3.9 में इस विलक्षण स्थिति को दिखाया गया है।

हरीकेन पूर्वानुमान सम्बन्धी अध्ययनों से ज्ञात हुआ है कि अन्य महीनों की तुलना में अक्टूबर और नवम्बर महीनों में अधिकांश हरीकेन दक्षिणी अक्षांशों की ओर मुड़ जाते हैं। सम्भवतः यह उपोष्ण कटक (Sub Tropical Ridge) की माध्य स्थिति पर निर्भर करता है। उपोष्ण कटक के दक्षिण की ओर स्थानान्तरित होने के कारण ध्रुवीय पछुवा हवाएँ भी उसी ओर खिसक जाती हैं।

जलवायु सम्बन्धी विशिष्ट लक्षणों और तथ्यों के आधार पर चक्रवातों की गति व दिशा के सार्थक पूर्वानुमान में बहुत सहयोग मिलता है। परन्तु यह ध्यान रखना होगा कि इस प्रकार की सूचना को अन्तिम पूर्वानुमान का मूल आधार नहीं माना जा सकता।

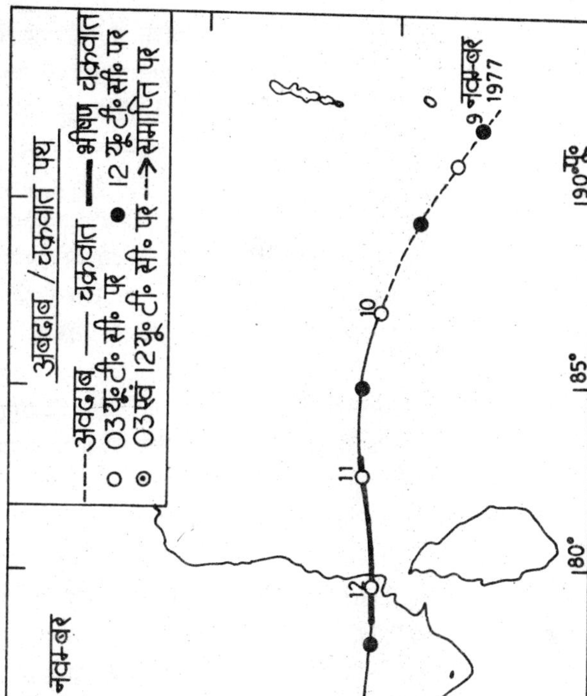

चित्र 3.9 9 नवंबर 1977 के चक्रवात का 'लूप' पथ (साभार—भारत मौसम विज्ञान विभाग)

(ख) अनुलम्बना (Persistence) : सामान्य अवस्थाओं में गतिशील मौसम प्रणालियाँ एक ही दिशा में अग्रसर होती हैं। अतः पिछली गति के आधार पर गति व दिशा का आकलन किया जा सकता है। इस विधि को मौसम पूर्वानुमान की लगभग समस्त शाखाओं में व्यापक पैमाने पर प्रयुक्त किया जा सकता है। अटलांटिक में हरीकेन पूर्वानुमान के लिए इस विधि का प्रयोग किया जाता है। पूर्वी व्यापारिक पवनों (Trade Winds) की पट्टी में आनेवाले चक्रवातों के पूर्वानुमान हेतु, विशेषकर 20° उत्तर अक्षांश के दक्षिण की ओर, उपरोक्त विधि काफी उपयोगी सिद्ध हुई है। परन्तु यह विधि चक्रवातों के मुड़ने की दिशा में विफल हो जाती है। ऐसा प्रतीत होता है कि उक्त अवस्था में चक्रवात पूर्वी या पश्चिमी हवाओं के प्रभाव में आ जाते हैं।

अनुलम्बना के आधार पर चक्रवातों का पूर्वानुमान ज्ञात करने के लिए उन भौतिक एवं गतिक प्रक्रमों की जानकारी होना परम आवश्यक है जो चक्रवातों की गति एवं दिशा को नियन्त्रित और संचालित करते हैं। जब तक यह प्रक्रम और बल परिवर्तित नहीं होते, चक्रवात की विगत गति को उसकी भावी दिशा का संकेत माना जा सकता है।

(ग) संचालन (Steering) : चक्रवाती प्रणालियाँ वायुमंडल की मूलधारा में प्रवाहित होती हैं। अतः उनकी दिशा व गति मूलधारा की दिशा व गति द्वारा प्रभावित होती है। चक्रवात एक ऐसा भ्रामिल है जो किसी एक स्थान पर स्थिर नहीं रहता। इसकी गति व दिशा के पूर्वानुमान के लिए मूलधारा के विषय में जानकारी होना आवश्यक है। चक्रवात के मूलधारा में प्रवाह के विषय में अध्ययन के लिए विभिन्न उपरितन वायुतलों पर समवायु प्रवाही रेखाओं का विश्लेषण महत्त्वपूर्ण भूमिका निभाता है। यह विश्लेषण मौसम पूर्वानुमानी के वैयक्तिक अनुभव, कुशलता एवं निर्णय दक्षता पर निर्भर करता है। उपरोक्त विश्लेषण द्वारा एक ऐसे प्रवाही तल की पहचान की जाती है जो कि विभिन्न उपरितन तलों की माध्य अवस्थाओं को दर्शाता है। उदाहरणार्थ, कुछ मामलों में 200 हे.पा. (12 कि. मी.) को प्रवाही तल के रूप में पहचाना जा सकता है।

यद्यपि उपरोक्त विधि चक्रवातों के पथ का पूर्वानुमान ज्ञात करने के लिए अत्यन्त उपयोगी है, फिर भी इससे प्राप्त पूर्वानुमान के परिणाम सदैव आशाजनक प्रतीत नहीं होते। परन्तु उच्च वायुमंडलीय प्रवाह द्वारा चक्रवातों के संचालन को नकारा नहीं जा सकता।

(घ) दीर्घ तरंगों का प्रभाव (Effect of Long Waves) : जब हरीकेन दीर्घ तरंगों की ओर बढ़ता है तो इसकी गति व दिशा दोनों ही बदल जाते हैं। इसी प्रकार पछुवा हवाओं में मुख्य द्रोणी (Trough) भी चक्रवात को प्रभावित करती है।

निम्न अवस्थाओं में हरीकेन की गति व दिशा दीर्घ तरंगों द्वारा प्रभावित होती है :

- हरीकेन केन्द्र के पश्चिम में निश्चित दूरी के अन्दर स्थित और दक्षिण की ओर बढ़ी हुई बहु-आयामी द्रोणी।
- पछुवा हवाओं में उत्तर की ओर स्पष्ट रूप से विकसित निम्न अक्षांशीय द्रोणी।
- दो भिन्न-भिन्न उपोष्ण कटिबन्धीय प्रतिचक्रवातों के बीच दुर्बल द्रोणी।

(ङ) **संख्यात्मक पूर्वानुमान** (Statistical Forecasting) : द्रुत गतिवाले इलेक्ट्रॉनिक कम्प्यूटरों ने बृहत् मौसम आँकड़ों के संख्यात्मक आकलन का कार्य अत्यन्त सुगम और सहज बना दिया है। जिस कार्य को करने में अत्यधिक लोगों और समय की आवश्यकता पड़ती थी, अब वही कार्य आधुनिक संगणकों द्वारा कुछ मिनटों में सम्पन्न हो जाता है। चक्रवातों का संख्यात्मक पूर्वानुमान संगणकों की मदद से तैयार किया जाता है, जो कि वायुमंडल के त्रि-आयामी मॉडलों की संकल्पना पर आधारित होता है। इनमें मौसम की भौतिक और गतिक प्रक्रियाओं के सरलीकरण हेतु मौसम की विभिन्न अवस्थाओं की कल्पना की जाती है जिसके कारण यदा-कदा संख्यात्मक पूर्वानुमान गलत हो जाते हैं।

संख्यात्मक मॉडलों को अधिक सक्षम और सफल बनाने के लिए इन्हें निरन्तर संशोधित किया जाता है। संख्यात्मक पूर्वानुमान सम्बन्धी मानचित्रों की मदद से भी सफल पूर्वानुमान के प्रयास जारी हैं।

(2) चक्रवात चेतावनी (Cyclone Warning)

गहरे समुद्रों में तैरते-विचरते विभिन्न प्रकार के जलयानों के लाभ के लिए मौसम की सामान्य एवं असामान्य अवस्थाओं के बारे में महत्त्वपूर्ण सूचना प्रसारित की जाती है। मौसम प्रेक्षणों के अतिरिक्त निम्न सूचनाएँ भी प्रदान की जाती हैं :

(क) चक्रवात चेतावनी,
(ख) मौसम की दशाएँ एवं प्रणालियाँ,
(ग) जलयान के निर्धारित समुद्री क्षेत्र के लिए मौसम विश्लेषण, और
(घ) आगामी 24 घंटे के लिए मौसम पूर्वानुमान।

चक्रवात के समय स्थानीय तटीय रेडियो स्टेशन आवश्यक चेतावनी प्रसारित करते हैं। इनसे पहले एक विशेष प्रकार का चेतावनी संकेत प्रेषित किया जाता है। इसे TTT संकेत कहते हैं तथा इसके द्वारा जलयान के रेडियो प्रचालक का ध्यान आकर्षित किया जाता है।

मछुवारों के लिए तटीय क्षेत्रों में स्थित आकाशवाणी केन्द्रों द्वारा प्रादेशिक भाषाओं में, दिन में तीन बार चक्रवात चेतावनियाँ प्रसारित की जाती हैं। साथ ही मात्स्यिकी अधिकारियों को तार द्वारा भी सूचित किया जाता है।

भारत की लम्बी समुद्रतटीय पट्टी पर स्थित बन्दरगाहों को भी चक्रवात सम्बन्धी सूचना एवं चेतावनी प्रदान की जाती है जोकि छोटे समुद्री जहाजों और

नौकाओं को प्रेषित की जाती है। बन्दरगाह पर ऊँचे मस्तूल पर लगे दृश्य संकेतों की मदद से आवश्यक चेतावनियाँ प्रदान की जाती हैं जो कि चक्रवात की तीव्रता पर निर्भर करती हैं। दिन के समय यह संकेत बड़े-बड़े सिलिंडरों और शंकुओं के जोड़ों के रूप में प्रयुक्त किए जाते हैं। रात्रि के समय सफेद और लाल रंगों के बल्बों का प्रयोग किया जाता है।

समुद्रतटीय गाँवों और नगरों के निवासियों, मछुवारों, जलनौकाओं एवं जल पोतों को भीषण चक्रवात के विनाशकारी प्रभाव से बचाने के लिए सामयिक पूर्वसूचना और चेतावनी प्रदान करना राष्ट्रीय मौसम सेवाओं का एक महत्त्वपूर्ण कार्य है।

भारत में समुद्री क्षेत्र पर बननेवाले चक्रवात की पूर्वसूचना और चेतावनी दो चरणों में प्रेषित की जाती है। पहली चेतावनी, 48 घंटे पहले चक्रवात सतर्कता (Cyclone Alert) के रूप में दी जाती है। दूसरे चरण में, अगले 18-24 घंटों के दौरान चक्रवात के द्वारा समुद्री तटों को प्रभावित करने की आशंका/सम्भावना की स्थिति में चक्रवात चेतावनी (Cyclone Warning) प्रेषित की जाती है। ये बुलेटिन; प्रत्येक छह घंटे के अन्तराल पर आकाशवाणी, दूरदर्शन, उच्च प्राथमिकता वाले तारों, दूरभाष सन्देश, टैलेक्स एवं दूरसंचार सम्पर्कों के माध्यम से जारी किए जाते हैं। तटीय क्षेत्रों को समय-समय पर डाक, तार एवं रेडियो स्टेशनों द्वारा चक्रवात चेतावनी प्रसारित की जाती है। चक्रवात चेतावनी बुलेटिनों में चक्रवात की स्थिति, अधिकतम पवनगति, केन्द्रीय वायुदाब तथा सम्भावित मौसम और चक्रवात की गति व दिशा का उल्लेख होता है।

(3) आवश्यक सावधानियाँ

भीषण चक्रवात में तूफानी हवाओं, मूसलाधार वर्षा तथा समुद्री महातरंगों के कारण जान-माल की क्षति को यद्यपि पूर्णतः रोका तो नहीं जा सकता, किन्तु समय पर बरती गई सावधानियों से उस हानि को कम अवश्य ही किया जा सकता है। इन्हें मुख्य रूप से दो भागों में बाँटा जा सकता है :

(क) सार्वजनिक सावधानियाँ

(ख) जलयानों के लिए सावधानियाँ।

(क) सार्वजनिक सावधानियाँ : चक्रवात के समय सार्वजनिक जीवन एवं सम्पत्ति की सुरक्षा एक महत्त्वपूर्ण विषय है। समुद्रतटीय क्षेत्रों के निवासियों को सुदूर और सुरक्षित क्षेत्रों में स्थानान्तरित करना परमावश्यक है। स्थानीय प्रशासन एवं समाजसेवी संस्थाओं द्वारा चक्रवात पीड़ित लोगों के लिए राहत शिविरों, भोजन, चिकित्सा आदि की समुचित व्यवस्था का कार्य प्राथमिक महत्त्व का विषय है। साथ ही राहत शिविरों में रहनेवाले हजारों लोगों की सुरक्षा का प्रश्न भी विचारणीय है।

चक्रवात में घिरे भवनों में रहनेवाले लोगों के लिए विशेष सावधानियों की आवश्यकता होती है। तूफानी हवाओं एवं कमदाब के विनाशकारी प्रभाव से बचने के लिए भवनों की खिड़कियाँ खुली रखना अनिवार्य है। खिड़कियाँ बन्द रखने से भवन के अन्दर वायुदाब अधिक होता है तथा बाहर वायुदाब अपेक्षाकृत बहुत कम होता है। इसके कारण भवन के अन्दर विस्फोटक स्थिति उत्पन्न हो जाती है। बन्द कमरों की छतें उखड़कर दूर जा गिरती हैं। दीवारें ढह जाती हैं। जहाँ भारी वस्तुओं के टूटकर गिरने की सम्भावना अधिक है, वहाँ शरण लेना खतरनाक सिद्ध हो सकता है।

चक्रवात के समय बिजली बन्द होना, पानी की पाइपों का टूट जाना तथा भोजन सामग्री का मलबे के अन्दर दब जाना सामान्य बातें हैं। अतः प्रकाश, पानी और खाद्यसामग्री का समुचित प्रबन्ध परमावश्यक है। इनका चक्रवात-पीड़ित लोगों की पहुँच के अन्दर होना भी अनिवार्य है।

कभी-कभी दुर्भाग्यवश आसपास खड़े भारी-भरकम और लम्बे वृक्ष, बिजली व टेलीफोन के खम्भे तूफानी हवाओं या कमदाब के कारण टूट या मुड़ जाते हैं। चक्रवाती हवाओं में उड़ती लोहे ही चादरें, नुकीली वस्तुएँ कभी-कभी मौत का कारण बन सकती हैं। इसके अलावा मूसलाधार वर्षा और बिजली गिरने की घटनाएँ भी घातक सिद्ध हो सकती हैं।

समुद्री महातरंगों के कारण समुद्रतटीय क्षेत्र जलमग्न हो जाते हैं। तटवर्ती क्षेत्रों में भीषण बाढ़ से जान-माल की काफी हानि होती है। अतः बाढ़ से बचने के लिए ऊँचे स्थानों पर शरण लेना आवश्यक होता है। लोग प्रायः घरों की छतों पर चले जाते हैं। समुद्रतटीय क्षेत्र में भवनों की नींव का मजबूत होना परमावश्यक है ताकि बाढ़ के जल से मकान ढहने की आशंका न रहे। ऊँचे स्थानों पर बाढ़ से बचनेवाले लोगों के लिए प्रकाश, जल व भोजन की व्यवस्था करना भी अनिवार्य है।

चक्रवात-प्रभावित क्षेत्र से मवेशियों को निकालने का कार्य कठिन होता है। मवेशियों को चक्रवात आने से काफी पहले सुरक्षित स्थानों पर ले जाना आवश्यक है। यह स्वाभाविक है कि मनुष्य प्राकृतिक संकट से सर्वप्रथम अपना जीवन बचाने की कोशिश करता है। मूक मवेशी प्रायः काल के विकराल गाल में समा जाते हैं।

(ख) जलयानों के लिए सावधानियाँ : विशाल और गहरे समुद्र के खुले वक्ष पर तांडव नृत्य करता हुआ भीषण चक्रवात अपने मार्ग में आनेवाली प्रत्येक वस्तु को नष्ट करने की अपार क्षमता और शक्ति रखता है। चक्रवात में फँसा हुआ जलयान समुद्री महातरंगों पर कागज की नाव की तरह ऊपर-नीचे झूलता है। जलयान चालक को चक्रवात की सही स्थिति, दिशा, गति एवं तीव्रता की सूचना मौसम मानचित्रों, रेडियो प्रसारणों अथवा बेतार मौसम सन्देशों से प्राप्त होती रहती

है। सामान्यतः वह अपने लम्बे वैयक्तिक अनुभव के आधार पर अनेक महत्त्वपूर्ण बातों के बारे में अनुमान लगा लेता है। यदि सौभाग्यवश चक्रवात जलयान से काफी दूर है तो उसे महत्त्वपूर्ण निर्णय लेने का पर्याप्त समय मिल जाता है। इनमें जलयान को चक्रवात के विनाशकारी प्रभाव क्षेत्र से दूर निकालना और चक्रवात की भावी गति व दिशा का पूर्वानुमान ज्ञात करना मुख्य है। इनके आधार पर ही वह अपनी सुरक्षित जलयात्रा की योजना बनाता है। जलयान को सुरक्षित दिशा की ओर मोड़ते समय सामान्य नियमों का ध्यान रखना आवश्यक है, क्योंकि चक्रवाती परिसंचरणों में फँसे जलयान की गति व दिशा भी प्रभावित होती है। तूफानी हवाएँ और समुद्री महातरंगें जलयान को पथभ्रष्ट करने का प्रयास करती हैं। अतः ऐसे समय जलयान चालक अपनी सूझ-बूझ, सतर्कता एवं कुशलता के आधार पर मौसम की विषमतम अवस्थाओं में जलयान का संचालन करता है।

चक्रवात के समय समुद्र पर तैरते विभिन्न जलयानों का बेतार सम्पर्क बने रहना अत्यन्त अनिवार्य है। विशेषकर ऐसी अवस्था में जब तटवर्ती रेडियो स्टेशन से सम्पर्क सम्भव नहीं होता, समीपस्थ जलयान से आवश्यक सूचनाएँ ग्रहण की जा सकती हैं। यदि दुर्भाग्यवश जलयान पर बेतार सम्पर्क की सुविधा उपलब्ध नहीं है और रेडियो स्टेशन तथा अन्य जलयानों से सम्पर्क सम्भव नहीं है, तब जलयान चालक को अपने वैयक्तिक अनुभव एवं प्रेक्षणों के आधार पर मौसम मानचित्रों का निर्माण करना चाहिए तथा आवश्यक सावधानियाँ लेनी चाहिए।

4

बाढ़

परिचय

अन्य प्राकृतिक आपदाओं की भाँति बाढ़ ने भी अनादिकाल से मानवजाति को भयभीत किया है तथा जान-माल की अपार क्षति पहुँचाई है। परन्तु विडम्बना यह है कि विज्ञान और प्रौद्योगिकी के क्षेत्र में अद्भुत प्रगति के बावजूद मनुष्य प्राकृतिक आपदाओं पर विजय प्राप्त नहीं कर सका है। परन्तु यह सन्तोष की बात है कि अधिकांश विनाशकारी प्राकृतिक आपदाओं के पूर्वानुमान और चेतावनी प्रदान करने के लिए नए-नए तरीके खोज लिये गए हैं और समय पर सावधानियाँ बरतकर इनसे होनेवाली क्षति के परिणाम को कम किया जा सकता है। इस दिशा में समाज के विभिन्न वर्गों के मध्य परस्पर सहयोग और समन्वय विशेष रूप से वांछनीय और महत्त्वपूर्ण है।

बाढ़ एक जटिल परिघटना है क्योंकि यह विभिन्न स्थानों पर भिन्न-भिन्न परिस्थितियों में उत्पन्न होती है तथा अनेक रूपों में लोगों को प्रभावित करती है। बाढ़ की स्थिति और परिमाण अत्यन्त परिवर्ती होने के कारण पर्यावरण विभिन्न रूप से प्रभावित होता है। इसलिए बाढ़ की सर्वमान्य, सार्थक और लोकप्रिय परिभाषा में बाढ़ से प्रभावित क्षेत्रों के क्षतिग्रस्त एवं जलमग्न होने का उल्लेख आवश्यक है।

बाढ़ की तकनीकी परिभाषा को छोड़कर, एक साधारण व्यक्ति के लिए बाढ़ की घटना एक ऐसी परिस्थिति है जब चारों ओर जल-ही-जल दिखाई देता है। शहर, गाँव, खेत-खलिहान, सड़कें आदि जलमग्न हो जाते हैं। मनुष्य, मवेशी, जीव-जन्तु अपने-अपने जीवन की रक्षा के लिए तिनके का सहारा ढूँढ़ते हैं तथा कुछ दुर्भाग्यशाली प्राणी अपने प्राणों से हाथ भी धो बैठते हैं। बाढ़ का जल अपने मार्ग में आनेवाली प्रत्येक वस्तु को निगल जाता है।

समाज के विभिन्न वर्गों पर पड़ने वाले बाढ़ के प्रभाव के कारण बाढ़ की अनेक परिभाषाएँ हो सकती हैं। उदाहरणार्थ, जलविज्ञानी के लिए बाढ़ एक ऐसी स्थिति है जब नदियों के बढ़ते स्तर का पूर्वानुमान दूरदर्शन, समाचारपत्र अथवा रेडियो पर प्रसारण हेतु वर्षा, हिम, हवा एवं धरातल की दशाओं का शीघ्र मापन

आवश्यक हो जाता है। एक किसान के लिए बाढ़ ऐसी हानिकारक स्थिति है जब विशाल जलराशि में उसके लहलहाते खेत डूब जाते हैं, फसलें नष्ट हो जाती हैं, ऊपरी उपजाऊ मिट्टी बह जाती है और काफी समय तक खेत-खलिहानों में पानी खड़ा रहता है। नदी-अभियन्ताओं के लिए बाढ़ एक प्रकार की चुनौती है। वे छोटे-बड़े बाँध, नहर, बाढ़-दीवार और जलागारों के ऐसे नमूने बनाते हैं जो विनाशकारी बाढ़ के दुष्प्रभाव को सहन करने में सक्षम होते हैं। विशेषज्ञों एवं वैज्ञानिकों के लिए बाढ़ एक शोध-अध्ययन का विषय बन जाता है। योजनाकारों और प्रशासकों के लिए बाढ़ एक ऐसी विकट स्थिति है जब उन्हें बाढ़-निवारण, जल-प्रबन्धन आदि योजनाएँ बनानी पड़ती हैं और सहायता तथा राहत कार्यों का संचालन करना पड़ता है।

चाओ, वेन टी (1964) के अनुसार, बाढ़ का अर्थ है 'किसी नदी में उत्पन्न अपेक्षाकृत ऊँचा जलप्रवाह अथवा जल स्तर, जिसके कारण स्वतन्त्र जलप्रवाह के लिए बनाए गए प्राकृतिक नदी क्षेत्र असामान्य रूप से भर जाते हैं।' परन्तु अनेक नदी क्षेत्रों में कृत्रिम रूप से सुधार के कारण उपर्युक्त परिभाषा को थोड़ा संशोधित करना अनिवार्य है। अतः रोस्ट वेट आदि (1968) द्वारा वर्णित निम्न परिभाषा अपेक्षाकृत अधिक उपयुक्त होती है :

'बाढ़ एक ऐसा उच्च जलप्रवाह है जो कि किसी नदी के प्राकृतिक अथवा कृत्रिम तटों को पार कर जाता है।'

'बाढ़ एक ऐसी विशाल जलराशि है जिसमें ऐसे स्थान डूब जाते हैं जो कि सामान्य परिस्थितियों में जलमग्न नहीं होते।'

बाढ़ की सामान्य परिभाषा के अनुसार यह एक ऐसी स्थिति है जब नदियों में जलप्रवाह इतना अधिक बढ़ जाता है कि यह तटों को पार करता हुआ, अनियन्त्रित होकर, चारों ओर बहने लगता है। अर्थात् बाढ़ के समय विशाल जलराशि ऊपर-नीचे हिलती हुई आसपास के स्थल क्षेत्र पर फैल जाती है और अपने मार्ग में आनेवाले प्रत्येक स्थान, वस्तु और प्राणी को क्रूरतापूर्वक निगल जाती है। नदियों में प्रायः कुछ निश्चित दूरियों पर बाढ़सूचक खम्भे गाढ़ दिए जाते हैं जिन पर जल स्तर को प्रदर्शित करनेवाले चिह्न लगे रहते हैं। इन पर बाढ़ के खतरे का चिह्न भी अंकित होता है जिससे बाढ़ की चेतावनी में मदद मिलती है।

बाढ़ के कारण

बाढ़ के कारणों को मुख्य रूप से निम्न भागों में बाँटा जा सकता है :

(क) मूसलाधार वर्षा,

(ख) हिम पिघलना,

(ग) तूफान महोर्मि, और

(घ) अन्य कारण, जैसे—बाँध टूटना, भूस्खलन, भूकम्प, छोटी-छोटी सहयोगी

नदियों के जल का एक स्थान पर एकत्रित होना आदि।

(क) मूसलाधार वर्षा : अधिकांश परिस्थितियों में लम्बे समय तक होनेवाली मूसलाधार वर्षा बाढ़ के लिए उत्तरदायी होती है। कभी-कभी थोड़े समय तक होनेवाली घनघोर वर्षा के कारण भी बाढ़ की स्थिति उत्पन्न हो जाती है।

बाढ़ के लिए उत्तरदायी मौसम प्रणाली को वर्षा झंझा (Rain Storm) कहते हैं। इनमें चक्रवात, झंझावात, अवदाब आदि उल्लेखनीय हैं।

बहिरुष्ण कटिबन्धों में भिन्न-भिन्न भौतिक गुणों की ठंडी व गर्म वायुराशियों के टकराव से चक्रवात के फलस्वरूप मूसलाधार वर्षा से बाढ़ आ सकती है। इसी प्रकार तीन चरणों में विकसित होनेवाले झंझावातों से घनघोर वर्षा के कारण बाढ़ आती है। चक्रवातों से होनेवाली मूसलाधार वर्षा भी भीषण बाढ़ का रूप धारण कर लेती है।

मेघ-स्फुटन (cloud burst) के कारण इतनी तीव्र और मूसलाधार वर्षा होती है कि कुछ ही समय में भीषण बाढ़ आ जाती है। विश्व के विभिन्न भागों में मेघ-स्फुटन के कारण उत्पन्न बाढ़ की घटनाएँ देखने को मिलती हैं।

अधिकांश क्षेत्रों में वर्ष के कुछ निश्चित समय पर बाढ़ का प्रकोप और विनाशकारी प्रभाव दिखाई देता है। उदाहरणार्थ, लगभग प्रत्येक वर्ष, भारत के पूर्वी भाग में विनाशकारी बाढ़ से जान-माल की अपार क्षति होती है। तालिका 4.1 में भारत की प्रमुख नदियों में आनेवाली बाढ़ के लिए उत्तरदायी मौसम की मुख्य परिघटनाएँ दी गई हैं।

तालिका 4.1

भारत की प्रमुख नदियों में आनेवाली बाढ़ के लिए उत्तरदायी मौसम की मुख्य परिघटनाएँ

क्रम	प्रमुख नदियाँ	बाढ़ के लिए उत्तरदायी मौसम की मुख्य परिघटनाएँ
1. (क) पंजाब	जेहलम, चिनाब, रावी, व्यास	बंगाल की खाड़ी में बननेवाले अवदाबों का पंजाब एवं उत्तर प्रदेश में प्रवेश करना। कुछ अवसरों पर ये अवदाब पूर्व की ओर अग्रसर होनेवाले पश्चिमी विक्षोभों के साथ मिलकर भारी वर्षा करते हैं।
(ख) उत्तर प्रदेश	यमुना, गंगा, रामगंगा	
2. (क) बिहार	कोसी, कमला, बूढ़ी गंडक, बागमती, गंडक	बंगाल की खाड़ी में बननेवाले मानसून अवदाबों के प्रभाव में

(ख) बंगाल	तीस्ता, महानन्दा, तोरसे	मानसून का अधिक सक्रिय होना। मानसून में रुकावट की स्थिति जब मानूसन द्रोणी हिमालय के पहाड़ी-चरणों में खिसक जाती है।
3. आसाम	ब्रह्मपुत्र	(क) पूर्व मानसून ऋतु (मार्च-मई) में झंझावाती परिघटनाओं में वृद्धि (ख) मानसून में रुकावट।
4. उड़ीसा	महानदी, दामोदर, ब्राह्मणी, वैतरणी	उड़ीसा के पश्चिम और आसपास के क्षेत्रों की ओर गतिशील होने वाले मानसून अवदाब जो बंगाल की खाड़ी में बनते हैं।
5. मध्य भारत और दक्कन के पठार के उत्तरी भाग	(क) नर्मदा, ताप्ती, गोदावरी, कृष्णा	(क) मध्य भारत की ओर धीमी गति से बढ़ते दक्कन के अवदाब।
	(ख) नर्मदा, वैणगंगा, इंद्रावती	(ख) मध्य प्रदेश के केन्द्रीय भाग पर स्थित अवदाबों का उत्तर-पश्चिम दिशा में गतिशील होना।
6. दक्कन के पठार का दक्षिणी भाग	कावेरी, पेन्नार	उत्तर-पूर्व मानसून ऋतु (अक्टूबर-दिसम्बर) में दक्षिणी अथवा मध्य बंगाल की खाड़ी में बननेवाले अवदाब और चक्रवात।

(ख) हिम पिघलना : विश्व के कुछ भागों में हिम पिघलने के कारण भी बाढ़ आती है। अमरीका, कनाडा, ब्रिटेन आदि में इस प्रकार की बाढ़ आना कोई असामान्य घटना नहीं है। हिमाच्छादित प्रदेशों में तापमान में अचानक वृद्धि अथवा वर्षा के कारण तेजी से हिम पिघलने लगता है और भीषण बाढ़ का रूप धारण कर लेता है। अप्रैल 1928 में न्यूयार्क के पश्चिमी एडिरोन्डैक (Adirondack) पर्वतों के हिमाच्छादित क्षेत्रों में काली नदी (Black River) में अचानक हिम पिघलने के कारण, विनाशकारी बाढ़ आ गई थी। इसी प्रकार, 1966 में उत्तरी डकोटा में बर्फीली आंधी के कारण इतनी बर्फ जम गई थी कि जब मार्च-अप्रैल के अन्त में बर्फ पिघली तो विस्तृत क्षेत्र भीषण बाढ़ में डूब गए थे।

(घ) तूफान महोर्मि : निचले समुद्रतटीय क्षेत्र में बहुत कम वायुदाब और तीव्र पवनगति के सामंजस्य से तूफान महोर्मि से सम्बन्धित अत्यधिक ऊँची ज्वारीय तरंगों के कारण भी बाढ़ आ सकती है।

(घ) अन्य कारण : बाँध में दरार पड़ने या बाँध टूटने की स्थिति में जलागार

की विशाल जलराशि अनियन्त्रित होकर दरारों से फूट पड़ती है और देखते-ही-देखते आसपास के क्षेत्रों को निगल जाती है। कभी-कभी एक बड़ी नदी में अनेक सहायक नदियों से होनेवाला तीव्र जलप्रवाह मुख्य नदी में बाढ़ का रूप धारण कर लेता है। यदि बाढ़ से ठीक पहले मुख्य नदी का जल स्तर खतरे के चिह्न के आसपास है तो ऐसी दशा में भीषण बाढ़ की आशंका प्रबल हो जाती है। जल क्षेत्रों में भूस्खलन अथवा भूकम्प के कारण भी बाढ़ आ सकती है।

बाढ़ के प्रकार

वर्षा की विभिन्न दशाओं के आधार पर बाढ़ को अनेक वर्गों में बाँटा गया है। कॉलमैन (1953) ने चार प्रकार की बाढ़ का उल्लेख किया है—दो प्रकार की तात्कालिक बाढ़ (Flash Floods) और दो अन्य प्रकार की दीर्घावधि वर्षा बाढ़ (Long Rain Floods)। तात्कालिक बाढ़ प्रायः झंझावातों (संवहनीय) अथवा उच्च तीव्रता वाले वर्षा पिंडों (Rain Cells) से सम्बन्धित होती है। दीर्घावधि वर्षा बाढ़ कुछ दिनों अथवा सप्ताह तक चलनेवाली कम तीव्रता की वर्षा से सम्बन्धित होती है।

बाढ़ के लक्षणों के आधार पर उन्हें चार वर्गों में बाँटा गया है—तात्कालिक बाढ़ (Flash Flood), एकल घटना बाढ़ (Single Event Flood), बहुल घटना बाढ़ (Multiple Event Flood) और मौसमी बाढ़ (Seasonal Flood)।

अल्पावधि भीषण संवहनीय झंझावातों के कारण तात्कालिक बाढ़ आती है। इन झंझावातों की अवधि घंटों की बजाय मिनटों में होती है। इनसे कुछ लम्बी अवधि तक केवल एक ही परिघटना से होनेवाली वर्षा के कारण भी बाढ़ आती है। कुछ घंटों से दिनों तक होनेवाली वर्षा भी बाढ़ का रूप धारण कर लेती है। बहुल घटना बाढ़ सर्वाधिक भीषण और विनाशकारी सिद्ध हो सकती है। यह एक के बाद एक बाढ़ शीर्षों (Flood Peaks) के कारण विकसित होती है तथा इसकी अवधि कुछ सप्ताहों से महीनों तक हो सकती है। विश्व के अनेक भागों में प्रत्येक वर्ष बहुल घटना बाढ़ की पुनरावृत्ति होती है। इसकी चपेट में हजारों वर्ग किलोमीटर क्षेत्र आ जाता है। भारत में गंगा और ब्रह्मपुत्र नदियों के जल-ग्रहण क्षेत्रों में मानसूनी वर्षा के कारण इस प्रकार की बाढ़ से जान-माल की काफी क्षति होती है। इसी प्रकार हजारों वर्षों से ग्रीष्म ऋतु में नील नदी का जल स्तर अप्रत्याशित रूप से बढ़ जाता है और बाढ़ का रूप धारण का लेता है।

बाढ़ से क्षति

बाढ़ से समाज का प्रत्येक वर्ग प्रभावित होता है। कृषक, व्यापारी, कामगार, मजदूर तथा जनसाधारण सभी को बाढ़ से हानि होती है। बाढ़ के कारण मानव जीवन की विभिन्न गतिविधियाँ निष्क्रिय हो जाती हैं।

बाढ़ की विनाशकारी प्रकृति का मुख्य कारण है बाढ़ की विशाल जलराशि में छिपी अथाह शक्ति। बाढ़ का प्रभाव तत्काल दिखाई देता है। तीव्रता से बहनेवाली जलराशि अपने मार्ग में आनेवाली सभी बाधाओं को तहस-नहस कर देती है। कोई मानव-शक्ति उसे रोक पाने में समर्थ नहीं हो पाती। विस्तृत क्षेत्र पूर्णतः जलमग्न हो जाते हैं।

बाढ़ का प्रभाव मुख्यतः दो रूपों में होता है—प्रत्यक्ष एवं परोक्ष।

प्रत्यक्ष रूप में बाढ़-जल के कारण फसल, भवन, सड़क, संचार साधन, यातायात एवं परिवहन व्यवस्था, घरेलू साज-सामान, बहुमूल्य वस्तुओं और दस्तावेजों को अपूरणीय क्षति पहुँचती है। बाढ़ की चपेट में आनेवाले मनुष्य एवं मवेशी भी काल के विकराल गाल में समा जाते हैं। बाढ़-जल स्वच्छन्दता से प्रत्येक स्थान में प्रवेश कर जाता है। छोटे-बड़े नालों व नालियों का हानिकारक मल भी इसमें समा जाता है जिसके कारण पेयजल दूषित हो जाता है तथा अनेक प्रकार के रोग फैल जाते हैं।

तीव्र वेग से आगे की ओर बढ़ती हुई बाढ़ जलराशि नदी, नहर और नालों के किनारों को निगलती हुई सर्वप्रथम आसपास के खुले क्षेत्र तथा खेत-खलिहानों पर फैल जाती है। खेतों में खड़ी फसलें बाढ़-जल में डूबकर नष्ट हो जाती हैं। फसल बोए जाने के समय बाढ़ के कारण उपजाऊ मिट्टी, उपयोगी खाद और बीज बह जाते हैं। अपरिपक्व अवस्था में कोमल पौधे तीव्र और शक्तिशाली जलप्रवाह को सहन नहीं कर पाते और समूची फसल धराशायी हो जाती है। विस्तृत चरागाह जलमग्न हो जाते हैं। पशुओं के लिए चारे की कमी पैदा हो जाती है। भीषण बाढ़ के जलप्रवाह में पेड़-पौधे बुरी तरह क्षतिग्रस्त हो जाते हैं।

बड़े-बड़े कृषि-फार्मों में बाढ़-जल के कारण अनेक प्रकार की हानि होती है, जैसे—मेड़ टूट जाना, खेती के उपकरणों का खराब हो जाना, फार्म-गृहों में अनाज, खाद, बीज आदि के भंडारों का जलमग्न हो जाना। इस प्रकार विनाशकारी बाढ़ में कृषक की गाढ़े पसीने की कमाई नष्ट हो जाती है।

बाढ़-जल के तीव्र और शक्तिशाली प्रवाह के कारण बिजली, टेलीफोन व तार के खम्भे उखड़कर गिर जाते हैं और दूरसंचार व्यवस्था ठप्प हो जाती है। ऐसी स्थिति में बाढ़ग्रस्त क्षेत्रों से सम्पर्क टूट जाने के कारण राहत एवं सहायता कार्यों को पूरा करने में कठिनाई का सामना करना पड़ता है तथा प्रभावित लोगों को उचित समय पर सहायता नहीं मिल पाती है। परोक्ष रूप में भी बाढ़ के कारण, अनेक प्रकार की समस्याएँ उत्पन्न हो जाती हैं। आसपास के क्षेत्रों से सम्पर्क टूटने के कारण बाढ़ में फँसे लोगों के अन्दर असुरक्षा, चिन्ता और भय की भावनाए पैदा हो जाती हैं तथा उनका मनोबल टूट जाता है। साथ ही बाढ़ग्रस्त क्षेत्रों के निवासियों की कुशलता का समाचार न मिलने से उनके सगे-सम्बन्धी एवं मित्रगण भी चिन्तित हो जाते हैं। इस प्रकार लोगों के अन्दर चिन्ता, पीड़ा, उद्विग्नता और

असुरक्षा की भावनाएँ उत्पन्न हो जाती हैं।

औद्योगिक क्षेत्रों में बाढ़ से होनेवाली क्षति आर्थिक दृष्टिकोण से काफी गम्भीर रूप धारण कर लेती है। उत्पादकता एवं व्यापार बुरी तरह प्रभावित हो जाते हैं जिसके दूरगामी दुष्परिणाम होते हैं। रेल व सड़क मार्ग अवरुद्ध होने के कारण आवश्यक वस्तुओं का आवागमन रुक जाता है। अतः दैनिक प्रयोग की अनेक प्रकार की वस्तुओं की कमी हो जाती है। इसके फलस्वरूप वस्तुओं के मूल्यों में अप्रत्याशित रूप से वृद्धि हो जाती है तथा समाज का कमजोर वर्ग आर्थिक संकट का शिकार हो जाता है। कुछ स्वार्थी लोग प्राकृतिक आपदा के कारण उत्पन्न संकटकारी स्थिति का अनुचित लाभ उठाने का प्रयास करते हैं।

बाढ़ क्षति को प्रभावित करनेवाले घटक

बाढ़ से होनेवाली क्षति बाढ़ की तीव्रता पर निर्भर करती है। बाढ़ की तीव्रता अनेक घटकों पर निर्भर करती है। इनमें सबसे महत्त्वपूर्ण हैं : जमीन का उपयोग, बाढ़-जल के गुणात्मक लक्षण, गहराई, गति, तरंगीय प्रभाव एवं बाढ़ की अवधि। कुछ महत्त्वपूर्ण घटकों का संक्षिप्त उल्लेख निम्न पंक्तियों में किया जा रहा है।

(1) **जमीन का उपयोग (Land use)** : बाढ़-क्षेत्रों में होनेवाले अधिकाधिक भौतिक विकास के कारण बाढ़ से होनेवाला विनाश भीषण रूप धारण कर लेता है। प्राचीन काल से, आधुनिक सभ्यता के युग में सामाजिक प्रवृत्ति के अनुरूप बाढ़-क्षेत्रों में आवासीय एवं औद्योगिक इकाइयों का विकास अप्रत्याशित रूप से बढ़ता जा रहा है। यही कारण है कि इन क्षेत्रों में आनेवाली बाढ़ से जान-माल की बहुत क्षति होती है। इतिहास साक्षी है कि मनुष्य सदियों से विनाशकारी बाढ़ों के प्रकोप का शिकार हुआ है और होता रहेगा। बाढ़-क्षेत्रों का शहरीकरण एवं औद्योगीकरण तथा तेजी से बढ़ती जनसंख्या आदि कुछ महत्त्वपूर्ण घटक हैं जो बाढ़ से होनेवाली क्षति को अधिक भीषण बना देते हैं।

(2) **गहराई-क्षति वक्रारेख (Depth damage curves)** : बाढ़-जल की गहराई में होनेवाली वृद्धि बाढ़ क्षति को बढ़ाने में मदद करती है तथा साथ ही और अधिक विस्तृत क्षेत्र बाढ़ की चपेट में आ जाते हैं। गहराई-क्षति वक्रारेखों द्वारा बाढ़-जल की गहराई के आधार पर भौतिक क्षति का आकलन किया जा सकता है। वास्तव में इस प्रकार के वक्रारेख औद्योगिक एवं व्यापारिक संस्थानों की अपेक्षा आवासीय अचल सम्पत्ति के लिए अधिक सार्थक सिद्ध होते हैं।

(3) **क्षति-बारम्बारता वक्रारेख (Damage frequency curves)** : बाढ़ क्षति और बाढ़ की बारम्बारता के बीच भी वक्रारेख बनाए जा सकते हैं। इन्हें क्षति-बारम्बारता वक्रारेख कहते हैं। किसी भी क्षेत्र में बाढ़ की बारम्बारता में वृद्धि के साथ-साथ बाढ़ क्षति भी बढ़ जाती है।

(4) **बाढ़ की अवधि एवं गति (Flood duration and speed)** : बाढ़ की

अवधि और बाढ़-जल के प्रवाह की गति, दोनों ही बाढ़ से होनेवाली क्षति को बढ़ाने में सहायक होते हैं। बाढ़ की अवधि बढ़ने के साथ-साथ जलराशि भी बढ़ती जाती है। इसके फलस्वरूप बाढ़ जल की गहराई में वृद्धि होती है। तीव्र वेग से चारों ओर फैलती हुई जलराशि अपने साथ छोटे-बड़े पत्थरों एवं कभी-कभी टूटी हुई चट्टानों को भी बहाकर ले जाती है। इनके कारण बड़े पैमाने पर जान-माल की क्षति होती है।

बाढ़ की भीषणता का अनुमान उससे होनेवाले विनाश और क्षति के आधार पर लगाया जा सकता है। यदि दो विभिन्न स्थानों पर आनेवाली समान तीव्रता की बाढ़ की तुलना की जाए तो स्पष्ट होगा कि घनी आबादीवाले बाढ़-क्षेत्र में, निर्जन क्षेत्र की अपेक्षा, जान-माल की अत्यधिक क्षति होती है। अतः बाढ़-क्षेत्र के अधिकाधिक विकास के कारण विनाशकारी बाढ़ का आतंक बना रहता है। प्राचीनतम काल से बाढ़-क्षेत्र मनुष्य की सभ्यता, विकास और आबादी के केन्द्र रहे हैं। इसका प्रमुख कारण है नदियों के किनारे बाढ़ क्षेत्रों की उपजाऊ भूमि। उदाहरणार्थ, उत्तरी भारत गंगा नदी के तटीय क्षेत्र पर विकसित हुआ। इसी प्रकार मिस्र नील नदी के बाढ़-क्षेत्र पर और बेबिलॉन टिगरिस नदी के किनारे पर विकसित हुआ। आज भी, विश्व के अनेक भागों में, प्रमुख नदियों के किनारे बाढ़-क्षेत्र आबाद हो गए हैं। गंगा के मैदानों में भारत की लगभग 40 प्रतिशत जनसंख्या बसी हुई है। चीन में, पीली नदी के किनारे, संसार की सबसे घनी आबादी पाई जाती है। अमरीका में, मिसिसिपी नदी का बाढ़-क्षेत्र लगभग एक हजार किलोमीटर लम्बा और 30-80 किलोमीटर चौड़ा है तथा यह विश्व का घनी आबादीवाला क्षेत्र है।

भारत समेत, संसार के अधिकांश बाढ़-क्षेत्रों में लगभग प्रत्येक वर्ष भीषण बाढ़ से होनेवाली अपार क्षति का एक स्वाभाविक कारण यह है कि इन क्षेत्रों में बाढ़ नियन्त्रण के प्रभावी उपायों का अभाव रहा है।

बाढ़ क्षति का आकलन

मुख्य रूप से दो विधियों द्वारा बाढ़ क्षति का आकलन किया जा सकता है। पहली विधि में बाढ़ से होनेवाली वास्तविक क्षति का आकलन किया जाता है। यह विधि अधिक प्रचलित है। इसका मुख्य लाभ यह है कि इसके द्वारा बाढ़ की भीषणता और क्षति दोनों का पता लग जाता है। परन्तु इसमें कुछ कठिनाइयाँ भी हैं, जैसे, बाढ़ के बाद उससे होनेवाली क्षति का आकलन करते समय जल्दबाजी या लापरवाही के कारण वास्तविक आँकड़े उपलब्ध नहीं हो पाते। साथ ही, बाढ़पीड़ित लोग बाढ़ से होनेवाली क्षति को बढ़ा-चढ़ाकर बताते हैं। बाढ़ समाप्त होने के तुरन्त बाद बाढ़ क्षति आँकड़ों के विश्लेषण के समय इस प्रकार की कठिनाई का सामना करना पड़ता है।

बाढ़ के बाद जैसे-जैसे समय बीतता है, लोगों द्वारा बाढ़ क्षति के बारे में

सही जानकारी देने की प्रवृत्ति कम होती जाती है। इसलिए, समय के साथ बाढ़ क्षति के आँकड़ों की यथार्थता परिवर्तित होती रहती है।

दूसरी विधि, बाढ़ की वास्तविक क्षति पर निर्भर नहीं करती। इसलिए इसे सभी क्षेत्रों के लिए समान रूप से प्रयुक्त किया जा सकता है। इस विधि में निश्चित तीव्रता की बाढ़ से होनेवाली क्षति का अनुमान लगाया जाता है। अतः यह विधि मुख्यतः अनुमानित जल-गहराई और अनुमानित क्षति के बीच सामान्यीकृत सम्बन्धों पर आधारित होती है। इसके अन्तर्गत बाढ़ क्षति को निम्न प्रकार से अनुमानित किया जाता है :

(क) जमीन के उपयोगों की पहचान करना। बाढ़-क्षेत्र की श्रेणी का पता लगाया जाता है, जैसे, व्यापारिक, औद्योगिक, कृषिकीय अथवा अवासीय।

(ख) भवनों के फर्श व छत की ऊँचाई ज्ञात करना।

(ग) विभिन्न तीव्रता की बाढ़ के लिए जलराशि की गहराई ज्ञात करना।

(घ) जमीन के प्रत्येक प्रकार के उपयोग के लिए जल गहराई-क्षति वक्रारेख बनाना तथा बाढ़ से होनेवाली क्षति का अनुमान लगाना।

भौगोलिक स्थितियाँ

विनाशकारी बाढ़ के कारण प्राचीन सभ्यताओं के नष्ट होने के ऐतिहासिक प्रमाण पुरातन अभिलेखों में उपलब्ध हैं। प्राचीन इतिहास में बाढ़ से होनेवाले विनाश का उल्लेख लोकोक्तियों एवं कथाओं में मिलता है। पुरातत्त्ववेत्ता आज भी तुर्की में अरारट पर्वत पर चढ़कर नोआह आर्क (Noah's Ark) के खंडहरों की खोज करते हैं। बाइबिल की एक कथा के अनुसार नोआह ने आर्क (Ark) अथवा नाव का निर्माण करके उसमें अपने परिवार, पशुओं एवं पक्षियों के साथ चढ़ गया और इस प्रकार प्रलयकारी बाढ़ के प्रकोप से सुरक्षित बच गया।

चीन के प्राचीन इतिहास से लेकर वर्तमान युग तक 'ह्वांग हो' नामक पीली नदी (Hwang Ho, yellow river) के विनाश की गाथाएँ भरी पड़ी हैं। इसे 'चीन की वेदना' (China's sorrow) कहा जाता है, क्योंकि इसमें प्रायः विनाशकारी बाढ़ ही नहीं आती, अपितु बाढ़-जल से उफनती-उछलती हुई यह अपने मार्ग से हटकर इधर-उधर मुड़ जाती है तथा इस प्रकार अन्य क्षेत्रों को भी निगल जाती है। इस प्रकार चीन की ह्वांग हो नदी अपने साथ मार्ग में आनेवाले स्थानों की हरियाली व खुशहाली को भी समेटकर ले जाती है। अनुमान है कि 2297 ई.पू. में ह्वांग हो में आई भीषण बाढ़ को अभिलेखित किया गया। यद्यपि उसके तुरन्त बाद यू महान् (Yu The Great) द्वारा चीन की मुख्य नदियों पर अनेकानेक बाँध आदि बनाकर उनके जलप्रवाह को नियन्त्रित किया गया। कुशल राजाओं द्वारा बनाए गए बाँध, अगले 4000 वर्षों में युद्ध, हिंसा और अशान्ति के दौर में टूट-फूट गए तथा उनके

पुनर्निर्माण पर कोई विशेष ध्यान नहीं दिया गया। इसका परिणाम यह हुआ कि उपजाऊ भूमि पर खेती करनेवाले हजारों लोग भीषण बाढ़ में डूबकर मर गए।

बेबिलॉन के प्राचीन इतिहास में इस बात के संकेत मिलते हैं कि प्राचीन सभ्यता विनाशकारी बाढ़ में समाप्त हो गई थी। वहाँ एक प्रचलित कथा के अनुसार एक बार सम्राट् अत्तरा-हासिस (Atra- hasis) को ऐंकी (Enki) नामक देवता ने आदेश दिया कि वह अपने बाँस से बने मकान को तोड़कर एक नाव का निर्माण करे। देवता के आज्ञानुसार नाव बनाई गई तथा उसमें सम्राट् का साज-सामान, परिवार, पशु-पक्षी आदि सब कुछ लाद दिया गया। उसी क्षण एक विनाशकारी बाढ़ आई जिसमें सम्राट्, उसका परिवार एवं साज-सामान आदि को छोड़कर शेष समस्त मानवजाति पलक झपकते काल के विकराल गाल में समा गई। बेबिलॉन में प्रचलित एक मतानुसार उस प्रलयकारी बाढ़ का प्रकोप सात दिन और सात रातों तक रहा।

यूरोप, अमरीका और एशिया के विभिन्न भागों में विनाशकारी बाढ़ का प्रकोप कोई अनहोनी घटना नहीं है। फ्रांस में साइन (Sine) नदी में आनेवाली बाढ़ के आँकड़े 1649 से उपलब्ध हैं। साइन नदी में 1658 ई. में भीषण बाढ़ आई। रोम की टाइबर (Tiber) नदी के लिए सर्वप्रथम 413 ई.पू. में बाढ़-अभिलेख प्राप्त किए गए। वहाँ सन् 1598 में भीषण बाढ़ दृष्टिगोचर हुई। इटली की पो घाटी (Po Valley) में बाढ़ नियन्त्रण के लिए अनेक बाँध बनाए गए। इसलिए वहाँ बाढ़-क्षेत्रों में लोग लगभग निश्चिन्त होकर खेती-बाड़ी के कार्य करते थे। परन्तु नवम्बर 1951 में अकस्मात् मूसलाधार वर्षा के कारण नदियों का जल स्तर अप्रत्याशित रूप से बढ़ गया। फलस्वरूप अनेक बाँध टूट गए और भीषण बाढ़ के कारण हजारों लोग बेघर हो गए तथा हजारों मवेशी बाढ़-जल में बह गए। अमरीका के कैंसास नगर में, जुलाई 1951 में मूसलाधार वर्षा के कारण भीषण बाढ़ आई जिसने मिस्सूरी नदी को भी अथाह जलराशि से भर दिया। इसके फलस्वरूप कई शहर बाढ़ में डूब गए और हजारों लोग बेघर हो गए।

संयुक्त राज्य अमरीका के विभिन्न भागों में भी बाढ़ का प्रकोप दृष्टिगोचर होता है। उत्तर-पूर्वी संयुक्त राज्य में वार्षिक वर्षा का बंटन सामान्यतः एक समान है, जहाँ कि शीत ऋतु में वर्षा हिमपात के रूप में भी होती है। इस क्षेत्र में अधिकांश अवसरों पर बर्फ पिघलने के कारण बाढ़ आती है। ग्रीष्म व पतझड़ ऋतु में भीषण वर्षा झंझाओं (Rain Storms) के कारण बाढ़ आती है। विशेषकर ठंडे वाताग्रों (Cold Fronts) से होनेवाली मूसलाधार वर्षा से सीमित क्षेत्र में स्थानीय परन्तु भीषण बाढ़ का प्रकोप दिखाई देता है। दक्षिण-पूर्वी भाग में फ्लोरिडा में अत्यन्त भीषण वर्षा झंझाओं के कारण आनेवाली बाढ़ लम्बे समय तक रहती है, जबकि उत्तरी विशाल मैदानों (Great Plains) में, मिस्सूरी नदी क्षेत्र में हिमपात भी बाढ़ के लिए उत्तरदायी एक महत्त्वपूर्ण घटक है। एरीजोना और न्यूमैक्सिको में अधिकतर अप्रैल और मई में बर्फ पिघलने के कारण बाढ़ आती है। बड़ी-बड़ी नदियों के

स्तर में भी मौसमी परिवर्तन पाए जाते हैं। उदाहरणार्थ, मिसिसिपी नदी (Mississipi river) का जलस्तर फरवरी से जून के दौरान बढ़ता है। ओहियो नदी (Ohio River) जनवरी से अप्रैल तक दो बार जलप्लावित रहती है। कोलम्बिया नदी (Columbia River) में वर्ष में एक बार बाढ़ का प्रकोप दिखाई देता है।

संयुक्त राज्य अमरीका के विशाल मैदानों के उच्च दक्षिणी छोर से मैक्सिको की खाड़ी काफी नजदीक है और वहाँ बाढ़ उत्पन्न करनेवाले भीषण चक्रवात बनते हैं। शीत ऋतु में पश्चिमी भाग के समस्त पर्वतीय क्षेत्रों में प्रचुर मात्रा में हिमपात होता है। वहाँ वसन्त ऋतु में मुख्यतः बर्फ पिघलने के कारण बाढ़ आती है। इसके अतिरिक्त समूचे पश्चिमी भाग में मेघ-स्फुटन (Cloud burst) की घटनाएँ प्रायः दिखाई देती हैं। निवेदा, एरीजोना, उटाह और न्यूमैक्सिको में मेघ-स्फुटन की घटनाएँ अत्यन्त सामान्य होती हैं। ग्रीष्म ऋतु में विकसित होनेवाली वर्षा झंझाएँ अटलांटिक महासागर, केरिबियन सागर अथवा मैक्सिको की खाड़ी से भरपूर नमी ग्रहण करती हैं।

कनाडा में बाढ़ की लगभग प्रत्येक घटना वसन्त ऋतु में बर्फ पिघलने के कारण दृष्टिगोचर होती है। बाढ़-प्रवृत्त अधिकांश नदियाँ सपाट मैदानों पर बहती हैं तथा इनके किनारों की ऊँचाई कम होती है। परन्तु ये किनारे चौड़े होते हैं जिसके फलस्वरूप अत्यधिक जलराशि बाहर की ओर किनारों पर से बह जाती है। उदाहरणार्थ, लाल नदी केन्द्रीय सपाट मैदानों पर उत्तर की ओर प्रवाहित होती है।

ऐसी विनाशकारी घटनाएँ, जिनसे व्यापक स्तर पर जान-माल की क्षति होती है, हमारे स्मृति-पटल पर शूल की भाँति चुभती रहती हैं। कुछ ऐसी ही विनाशकारी बाढ़-घटनाएँ 1970 से 1974 के दौरान विश्व के अन्यान्य भागों में घटित हुईं। नवम्बर 1970 में जब बांग्लादेश एक नवोदित स्वतन्त्र राष्ट्र के रूप में उभर रहा था, बंगाल की खाड़ी में भीषण चक्रवात से तूफानी हवाओं और तूफान महोर्मियों के कारण विनाशकारी बाढ़ ने बांग्लादेश में तबाही मचा दी। लगभग 3 लाख लोगों की मृत्यु हो गई। उसके बाद 1971 में, भारत में भीषण बाढ़ से व्यापक नुकसान हुआ। जून 1972 में अमरीका के इतिहास में विनाशकारी प्राकृतिक आपदा के रूप में एग्नीस नामक हरीकेन (Hurricane Agnes) ने तबाही मचा दी। अगस्त 1973 में, मैक्सिको में शताब्दी की भीषणतम बाढ़ आई जब ब्रेंडा नामक हरीकेन (Hurricane Brenda) के कारण लगभग 2 लाख लोग बेघर हो गए। अगस्त माह में ही पाकिस्तान के पंजाब और सिन्ध प्रान्तों के विस्तृत क्षेत्र भीषण बाढ़ में डूब गए और लगभग 1500 लोग मौत के शिकार हो गए। जनवरी 1974 में, पूर्वी आस्ट्रेलिया में भीषण चक्रवात से सम्बन्धित ज्वारीय तरंगों के कारण विनाशकारी बाढ़ में हजारों वर्ग किलोमीटर क्षेत्र जलमग्न हो गया। कुछ महीनों बाद ब्राजील में भीषण बाढ़ से 2000 से अधिक लोग मर गए। लगभग इतने ही लोग अगस्त 1974 में बांग्लादेश में आई विनाशकारी बाढ़ में मौत के शिकार हो गए। इस बाढ़

से बांग्लादेश का लगभग आधा भाग विशाल जलराशि में डूब गया और 50 लाख से अधिक लोग बेघर हो गए। सितम्बर 1974 में फाइफी (Fifi) नामक हरीकेन से हंडुरास (Honduras) में लगभग 10 हजार लोग मौत के शिकार हो गए।

जहाँ नदियाँ वहाँ बाढ़, यह एक ऐसा तथ्य है जिसे नकारा नहीं जा सकता। यह बात अलग है कि किसी नदी में बाढ़ लम्बे कालान्तर के बाद आती है तो किसी में बाढ़ की पुनरावृत्ति जल्दी हो जाती है। म्याँमार में सित्तांग, प्युंतसा और येन्वे नदियों में आनेवाली बाढ़ के कारण विस्तृत क्षेत्र जलमग्न हो जाते हैं। मलेशिया में नदियों की दुर्दशा के कारण बाढ़ का प्रकोप बना रहता है, यद्यपि इस दिशा में कुछ सुधार किए गए हैं। आस्ट्रेलिया में अधिकांश बाढ़ मर्रे (Murrary) और उसकी सहायक नदियों में आती हैं तथा मुख्यतः वहाँ तटों के निर्माण द्वारा बाढ़ नियन्त्रण का कार्य किया गया है। अफगानिस्तान की नदियों में अधिकांश विनाशकारी बाढ़ बर्फ पिघलने के कारण आती है।

बाढ़ की रोकथाम के लिए जो प्रयास अत्यावश्यक हैं, उनमें जल-मौसम प्रेक्षणों के संग्रहण का कार्य **अत्यन्त** महत्त्वपूर्ण है। बाढ़ अभिलेखन के अन्तर्गत मुख्य-मुख्य नदियों पर जलप्रवाह के सही प्रेक्षण प्राप्त करना एक आधारभूत आवश्यकता है।

भारत की कुछ नदियों में आनेवाली विनाशकारी बाढ़ों का इतिहास भी काफी पुराना है। रामास्वामी (1987) ने अपने मैटमोनोग्राफ हाइड्रोलोजी सं. 10/1987 में भारत में 1923-1979 के दौरान आनेवाली भीषण और विनाशकारी बाढ़ों के मौसम सम्बन्धी पहलुओं का विस्तृत अध्ययन किया है। तालिका 4.2 में भारत की कुछ प्रमुख नदियों के क्षेत्रफल और माध्य ढाल दिए गए हैं। तालिका 4.3 में कुछ चुने हुए मामलों में बाढ़ की अधिकतम अवधि और शीर्ष पर पहुँचने का समय दिया गया है।

तालिका 4.2

भारत की कुछ प्रमुख नदियों का क्षेत्रफल और माध्य ढलान
(यूनेस्को वर्ल्ड केटालॉग ऑफ वेरी लार्ज फ्लड्स, 1976)

क्रम	नदी	क्षेत्रफल (वर्ग कि.मी.)	माध्य ढलान (%)
1.	महानदी	127000	0.062
2.	तापी	64000	0.092
3.	नर्मदा	87800	0.054
4.	कृष्णा	257000	0.063
5.	गोदावरी	309000	0.046
6.	कोसी	66900	1.03
7.	ब्रह्मपुत्र	404000	0.25
8.	गंगा	935000	0.266

पिछले पाँच वर्षों की अवधि (1991-95) के दौरान भारत के विभिन्न भागों में मौसम की विभिन्न प्रणालियों से सम्बन्धित भीषण बाढ़ों से जान-माल की अत्यधिक क्षति हुई जिसका संक्षिप्त विवरण नीचे दिया जा रहा है।

गहरा अवदाब, 27-31 जुलाई, 1991

27-31 जुलाई, 1991 के दौरान बननेवाले गहरे अवदाब ने 28 जुलाई को लगभग 1200 यू.टी.सी. पर पारादीप से करीब 30 कि.मी. उत्तर में उड़ीसा तट को पार किया। विदर्भ में 29 जुलाई को होनेवाली भीषण वर्षा के कारण वर्धा नदी के तटबन्ध में दरार उत्पन्न हो गई, जिससे 30 जुलाई को प्रातःकाल नारखेद तहसील के मेवाद गाँव में अचानक बाढ़ आ गई। इससे 28 व्यक्ति मारे गए या लापता हो गए। अमरावती जिले में मालखेद में 20 लोग बाढ़ में डूब गए। नागपुर, वर्धा और अमरावती जिलों में 6291 मकान क्षतिग्रस्त हो गए। भारी वर्षा के कारण वैतरणी, बाँसधारा, धोलाजोर, मालगुनी और कसुनी नदियों में बाढ़ आ गई।

अवदाब, 12-14 अक्टूबर, 1991

12 अक्टूबर, 1991 को 1200 यू.टी.सी. पर एक उच्चतर वायु परिसंचरण के प्रभाव में पश्चिम-मध्य बंगाल की खाड़ी में एक अवदाब बना। इसके कारण असम, मेघालय और त्रिपुरा में भारी वर्षा हुई। कोपिलि और ब्रह्मपुत्र नदियों में बाढ़ आ गई। असम में बाढ़ के कारण 591 गाँवों में 5,94,249 लोग बुरी तरह प्रभावित हुए। बाढ़ से 18 व्यक्तियों और 109 मवेशियों की जानें चली गईं।

कराईकल चक्रवात, 11-15 नवम्बर, 1991

यह चक्रवात उत्तर-पश्चिम प्रशान्त क्षेत्र पर बननेवाले 'थेलमा' नामक उष्ण कटिबन्धीय चक्रवात के अवशेष से 10 नवम्बर, 1991 को अण्डमान सागर में प्रकट हुआ। इसके कारण तमिलनाडु में बाढ़ व भारी वर्षा से 185 व्यक्तियों और 540 मवेशियों की जानें चली गईं। फसलों और भवनों को भारी क्षति पहुँची।

बंगाल की खाड़ी का चक्रवात, 3-6 नवम्बर, 1992

'एंजेला' नामक टाइफून का अवशेष 2 नवम्बर, 1992 को एक निम्नदाब क्षेत्र के रूप में पूर्वी-मध्य बंगाल की खाड़ी में प्रकट हुआ। यह 3 नवम्बर को अवदाब बन गया और 4 नवम्बर को प्रातः इसने चक्रवात का रूप धारण कर लिया। समाचारपत्रों में छपी खबरों के अनुसार तमिलनाडु और केरल में इस चक्रवात के कारण भारी वर्षा, बाढ़ और भूस्खलन से 175 लोग मारे गए और लगभग 160 व्यक्ति लापता हो गए।

तालिका 4.3

भारत की कुछ प्रमुख नदियों के कुछ प्रातिनिधिक मामलों में बाढ़ की अधिकतम अवधि और शीर्ष पर पहुँचने का समय (यूनेस्को वर्ल्ड केटालॉग ऑफ वेरी लार्ज फ्लड्स, 1976)

क्रम सं.	नदी	बाढ़ की अवधि (घंटे)	शीर्ष पर पहुँचने का समय (घंटे)
1.	महानदी	792 (अगस्त 1964)	528 (अगस्त 1964)
2.	तापी	432 (अगस्त 1946)	168 (अगस्त 1944)
3.	नर्मदा	696 (सितम्बर 1959 एवं अगस्त 1964)	504 (सितम्बर 1959)
4.	कृष्णा	720 (सितम्बर 1898)	384 (जुलाई 1900)
5.	गोदावरी	528 (सितम्बर 1943)	240 (अगस्त 1946)
6.	कोसी	462 (जुलाई 1948 एवं अगस्त 1950)	264 (जुलाई 1948)
7.	ब्रह्मपुत्र	1320 (जुलाई 1955)	840 (अगस्त 1957)
8.	गंगा	1560 (अगस्त 1958)	720 (अगस्त 1961)

बंगाल की खाड़ी का गहरा अवदाब, 17-10 जून, 1993

13 जून, 1993 को उत्तर-पश्चिम बंगाल की खाड़ी में बननेवाला निम्नदाब क्षेत्र 17 जून को प्रातः अवदाब के रूप में विकसित हो गया। तत्पश्चात् 18 जून को प्रातः यह गहरा अवदाब बन गया। इसके कारण असम के कई जिलों में बाढ़ आ गई। लगभग 100 गाँवों में बाढ़ का पानी प्रवेश कर गया जिससे पचास हजार से अधिक लोग बुरी तरह प्रभावित हुए और 6 व्यक्तियों की मृत्यु हो गई। बांग्लादेश में भी बाढ़ के कारण 12 लोगों की जानें चली गईं।

हरीकेन क्रोडवाला भीषण चक्रवात, 1-4 दिसम्बर, 1993

बंगाल की खाड़ी में बननेवाले इस भीषण चक्रवात के कारण दक्षिण तमिलनाडु में भारी वर्षा और बाढ़ से 111 व्यक्तियों की मृत्यु हो गई। फसलों की भी भारी बरबादी हुई। सड़क व रेल यातायात के अतिरिक्त दूरसंचार प्रणाली को भी भारी क्षति पहुँची।

भीषण चक्रवात, 29-31 अक्टूबर, 1994

दक्षिण-पश्चिम बंगाल की खाड़ी पर 28 अक्टूबर, 1994 को बननेवाला निम्नदाब

क्षेत्र 30 अक्टूबर को लगभग 1200 यू.टी.सी. पर भीषण चक्रवात के रूप में विकसित हुआ। इससे उत्पन्न भीषण बाढ़ से तमिलनाडु में 30,000 और आन्ध्र प्रदेश में 60,000 से अधिक झुग्गियाँ क्षतिग्रस्त हो गईं। आन्ध्रप्रदेश में तो 60,000 हैक्टेयर फसल भूमि भी बरबाद हो गई। तमिलनाडु में 69 और आन्ध्रप्रदेश में 235 व्यक्तियों की मृत्यु हो गई। सम्बन्धित राज्य सरकारों के अनुमान के अनुसार तमिलनाडु में 61 करोड़ रुपए और आन्ध्रप्रदेश में 300 करोड़ रुपए की हानि हुई।

गहरा अवदाब, 8-10 मई, 1995

8 मई, 1995 को 0900 यू.टी.सी. पर पश्चिम-मध्य बंगाल की खाड़ी पर एक अवदाब विकसित हुआ जो 9 मई को 0900 यू.टी.सी. पर ही गहरा अवदाब बन गया। इससे होनेवाली भारी वर्षा और बाढ़ के कारण 22 लोगों की जानें गईं और लगभग 40,000 मकान क्षतिग्रस्त हो गए। फसलें नष्ट हो गईं। आन्ध्रप्रदेश में लगभग 470 करोड़ रुपए की हानि हुई।

गहरा अवदाब, 14-17 मई, 1995

उत्तर-पश्चिम बंगाल की खाड़ी और उड़ीसा के तट पर 14 मई, 1995 को रात्रि के समय 1800 यू.टी.सी. पर एक अवदाब विकसित हुआ जो कि 15 मई को प्रातः गहरा अवदाब बन गया। इससे उत्पन्न होनेवाली भारी वर्षा और बाढ़ के कारण उड़ीसा में और पश्चिम बंगाल के गंगा-क्षेत्र में सम्पत्ति तथा फसलों को भारी नुकसान पहुँचा। बाढ़ जल से अनेक तटबन्धों में दरारें पड़ गईं। लगभग 20,000 मकान क्षतिग्रस्त हो गए जिससे 65,000 लोग बुरी तरह प्रभावित हुए। मिजोरम में 40 लोग मारे गए तथा 700 मकान ध्वस्त हो गए।

हरीकेन क्रोड का भीषण चक्रवात, 7-10 नवम्बर, 1995

8 नवम्बर 1995 को 1500 यू.टी.सी. पर बंगाल की खाड़ी में उत्तर आन्ध्रप्रदेश-दक्षिण उड़ीसा तट के समीप हरीकेन क्रोडवाला भीषण चक्रवात विकसित हुआ। भारी वर्षा व बाढ़ के कारण जान-माल का काफी नुकसान हुआ। आन्ध्रप्रदेश, उड़ीसा और पश्चिम बंगाल में क्रमशः 49, 20 और 4 व्यक्तियों की मृत्यु हो गई। लगभग 240 लोग लापता हो गए। लाखों हैक्टेयर क्षेत्र में खड़ी फसलें नष्ट हो गईं। लगभग 52,000 मकान आंशिक या पूर्ण रूप से क्षतिग्रस्त हो गए।

बाढ़ अभिलेखन

ऐसा अनुमान है कि प्राचीन काल में, विश्व में केवल नील नदी पर जलप्रवाह के सही प्रेक्षण कई सौ वर्षों तक लिये गए। नील नदी के जल स्तर के अभिलेख 660 ईसवी के बाद से उपलब्ध हैं। मिस्र के अनेक भागों में वार्षिक बाढ़ों की ऊँचाई

ज्ञात करने के लिए 'नीलोमीटर' नामक उपकरणों का काफी प्रचलन था। भारत में स्वाधीनता से पहले, कुछ गिने-चुने स्थानों पर ही जलस्राव और जल स्तर के माप लिये जाते थे। सन् 1921 में इस प्रकार के मापन कार्य सिन्धु और उसकी सहायक नदियों पर सभी महत्त्वपूर्ण स्थानों पर शुरू किए गए। शताब्दी के दूसरे भाग में बहुसंख्य स्थानों पर ये प्रेक्षण लिये जाने लगे।

बाढ़ के विभिन्न लक्षणों व पहलुओं को ठीक तरह से समझने के लिए बाढ़ को मापना अथवा बाढ़ अभिलेख प्राप्त करना अत्यन्त आवश्यक है। लम्बी अवधि के बाढ़ अभिलेखों की मदद से बाढ़ परिघटना का विश्लेषणात्मक अध्ययन सुगमता से किया जा सकता है।

हम अपनी आवश्यकता के अनुसार बाढ़ को उसके विशेष लक्षणों के आधार पर माप सकते हैं। उदाहरणार्थ, बाढ़-जल की ऊँचाई, शीर्ष जलस्राव, जलप्लावित क्षेत्र तथा जलप्रवाह के घनत्व आदि को विभिन्न प्रयोजनों के लिए मापा जा सकता है। बाढ़-जल की ऊँचाई का आकलन नहरों पर निर्माण कार्यों के लिए किया जाता है, जबकि जलप्लावित क्षेत्र की जानकारी बाढ़-क्षेत्रों में भवनों के निर्माण के लिए उपयोगी सिद्ध होती है। जलस्राव सम्बन्धी आँकड़ों से अधिप्लव मार्ग, बाँध, पुल, चैनल आदि के निर्माण में महत्त्वपूर्ण सहायता मिलती है। इसी प्रकार बाढ़ के जल के प्रवाह के घनत्व का उपयोग सिंचाई के लिए जल-संग्रहण, जल संभरण के अतिरिक्त बाढ़ नियन्त्रण कार्यों में भी किया जाता है। अतः बाढ़ सम्बन्धी अभिलेख एवं आँकड़े विभिन्न क्षेत्रों एवं प्रयोजनों में महत्त्वपूर्ण भूमिका निभाते हैं।

रामास्वामी (1987) ने भारत में 1919-1979 के दौरान आनेवाली भीषण बाढ़ों का विस्तृत विश्लेषण किया है। जुलाई 1974 में तटीय कर्नाटक और उत्तरी केरल की नदियों में आनेवाली भीषण बाढ़ों से सम्बन्धित गेज़ और डिस्चार्ज हाइड्रोग्राफ क्रमशः चित्र 4.1 (क) और चित्र 4.1 (ख) मे दिखाए गए हैं जो उपरोक्त प्रकाशन से लिये गए हैं। चित्र 4.2 में हिमालय की नदियों के चुने हुए हाइड्रोग्राफ दिखाए गए हैं।

(क) बाढ़-जल की ऊँचाई के प्रेक्षण : बाढ़-जल की ऊँचाई के प्रेक्षण लेने का कार्य प्राचीन काल से ही प्रचलित है। वास्तव में यह सर्वाधिक प्रयोग की जानेवाली विधि है क्योंकि इसे सरलता से इस्तेमाल किया जा सकता है। बाढ़-जल की ऊँचाई ज्ञात करने के लिए विशेष प्रकार के 'गेज़' का प्रयोग किया जाता है। एक विधि के अनुसार अभिलेखी गेज़ द्वारा बाढ़-जल की ऊँचाई के प्रेक्षण ग्रहण किए जाते हैं जबकि दूसरी विधि अभिलेखन कार्य पर निर्भर नहीं करती। मुख्यतः दो प्रकार के गेज़ों का प्रचलन है :

(i) स्टिलिंग वैल (Stilling Well) में विशेष प्रकार के प्लव द्वारा प्रचालित गेज़; एवं (ii) नहर के तल में गड़ी हुई एक नली से बुलबुलों के रूप में निकलनेवाली गैस द्वारा प्रचालित गेज़।

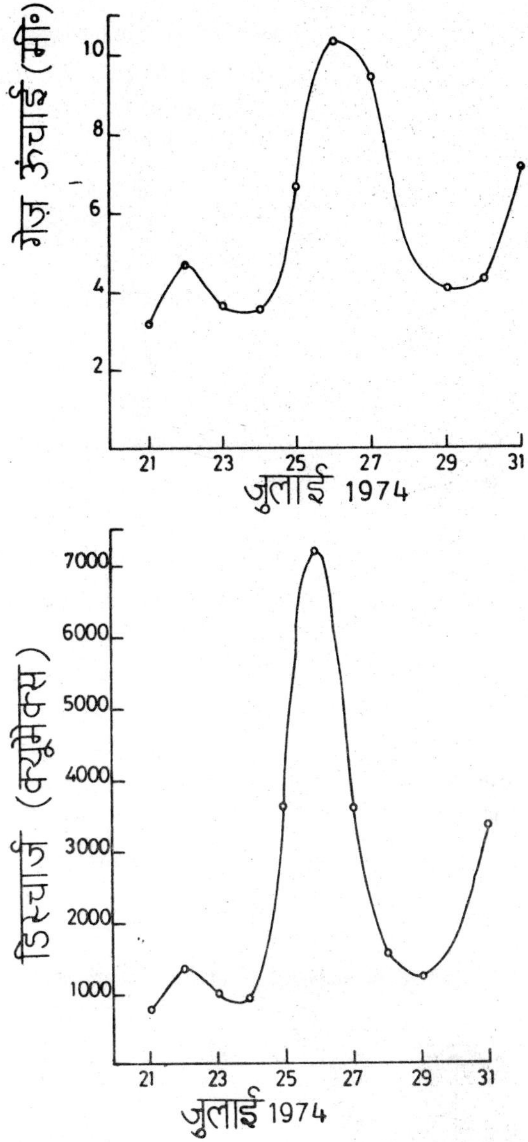

चित्र 4.1 (क) गेज़ हाइड्रोग्राफ, नेत्रवती, पणे, मंगलौर–जुलाई 1974
(ख) डिस्चार्ज हाइड्रोग्राफ, पणे, मंगलौर–जुलाई 1974 (संदर्भ–रामास्वामी, 1987)

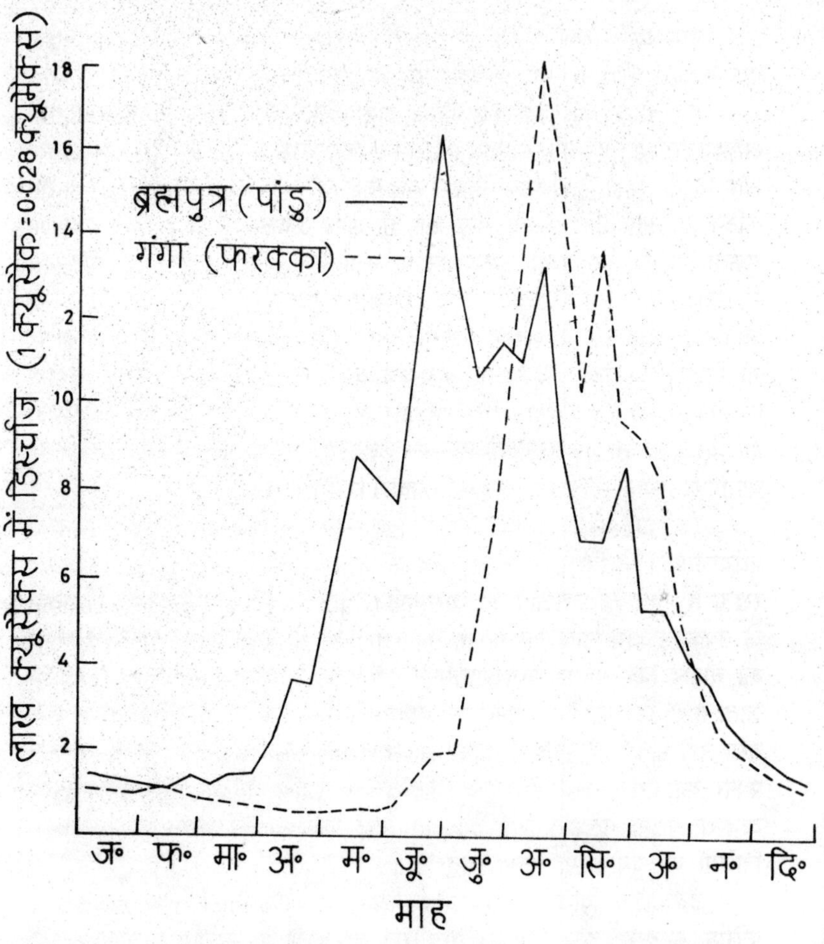

चित्र 4.2 हिमालय की नदियों के चुने हुए हाइड्रोग्राफ (संदर्भ–ग्रायंट लौंगमेन)

एक अन्य विधि में पेड़ पर लकड़ी के तख्ते को लगाया जाता है। अथवा एक मज़बूत फीते से भार बाँधकर पुल के नीचे लटका दिया जाता है।

गेज़ द्वारा बाढ़-जल की ऊँचाई ज्ञात करते समय विशेष सावधानी की आवश्यकता है। वास्तव में बाढ़ के समय जल-सतह तीव्र वेग के कारण उठती और गिरती रहती है, जिसके कारण बाढ़-जल की वास्तविक ऊँचाई ज्ञात करना कठिन हो जाता है। गेज़ पर बाढ़-जल की शीर्ष ऊँचाई को प्रेक्षक द्वारा पढ़ा जा सकता है। गेज़ पर अथवा उस स्थान पर जहाँ गेज़ को लगाया गया है, बाढ़-जल में मौजूद मिट्टी अथवा चिकने पदार्थ के कारण विशेष चिह्न बन जाते हैं। इनके अतिरिक्त, बाढ़-जल के कारण पेड़ के तनों, खम्भों अथवा भवनों की दीवारों पर भी निशान बन जाते हैं, जिनसे बाढ़-जल की शीर्ष ऊँचाई का अनुमान लगाया जा सकता है। जिन स्थानों पर बाढ़-जल का वेग कम होता है, वहाँ इन चिह्नों की विश्वसनीयता अधिक होती है। अतः बाढ़ की रूपरेखा तैयार करते समय इन बातों को ध्यान में रखना अत्यन्त आवश्यक है।

(ख) बाढ़-जल का स्राव : सिंचाई, विद्युत-उत्पादन और बाढ़ नियन्त्रण सम्बन्धी परियोजनाओं के विकास के लिए बाढ़ के जलस्राव का मापन कार्य विशेष महत्त्व रखता है। बाढ़ के जलस्राव को धारामापी (Current meter) नामक विशेष प्रकार के उपकरण द्वारा मापा जा सकता है। इस विधि में चैनल में बहनेवाली जलराशि की चौड़ाई और गहराई तथा धारामापी की मदद से जलप्रवाह की गति को मापा जाता है। जिन स्थानों पर चैनल के अन्दर तार नहीं बिछाए जा सकते अथवा जहाँ बाँध नहीं होते, वहाँ नाव में बैठकर ये प्रेक्षण लिये जाते हैं। अतः यह एक कठिन प्रकार का प्रेक्षण कार्य है क्योंकि बाढ़-जल में प्रेक्षण लेने के लिए सुविधाजनक व्यवस्था करना मुख्य समस्या है। अतः बाढ़ जलस्राव को मापने के लिए अन्य विधियों का प्रयोग भी किया जाता है।

द्रवचालित विधि में, बाढ़ के जलस्राव के आकलन के लिए ढलान क्षेत्र, पुलिया, तटबन्ध, बाँध आदि से सम्बन्धित जानकारी का उपयोग किया जाता है। जलचक्रीय विधि भी द्रवचालित विधि की भाँति परोक्ष रूप में बाढ़ के जलस्राव के आकलन हेतु प्रयुक्त की जाती है। इसमें जलद्रोणी (Basin) के आकार, ढलान एवं आकृति के अलावा स्थलक्षेत्र के उपयोग एवं वर्षा आदि महत्त्वपूर्ण घटकों का प्रयोग किया जाता है। अधिप्लव मार्ग, जलागार, पुलिया आदि के नमूने बनाने के लिए जलचक्रीय विधि का प्रयोग किया जाता है।

बाढ़ के अधिकतम जलस्राव के आकलन के लिए विभिन्न आनुभविक (Empirical) विधियों का प्रयोग किया जाता है। बाढ़ का अधिकतम जलस्राव जलग्रहण क्षेत्र पर वर्षा के बंटन और तीव्रता के अलावा जलग्रहण क्षेत्र की प्रकृति, ढलान और वर्षा-झंझा की दिशा पर भी निर्भर करता है।

अभिकल्प झंझा (Design Storm)

किसी जलग्रहण क्षेत्र पर वर्षा की मात्रा और उसके बंटन के अनुमानों को अभिकल्प झंझा कहते हैं, जिसके आधार पर अभिकल्प बाढ़ की व्युत्पत्ति की जाती है। एक घनी आबादीवाले अथवा औद्योगिक क्षेत्र में, जहाँ कि परियोजना के असफल होने पर जान-माल की अत्यधिक क्षति की आशंका हो, अधिकतम सम्भावित झंझा (Maximum Probable Storm) के आधार पर ही अभिकल्प (डिजाइन) तैयार करना उचित होगा। यदि किसी क्षेत्र में जान-माल की क्षति का खतरा नहीं है तो वहाँ पर वर्षा की अधिकतम औसत गहराई तथा उस क्षेत्र की ऐतिहासिक झंझाओं के आधार पर ही अभिकल्प बनाना चाहिए। अभिकल्प झंझा का चयन करते समय निम्न बातों का ध्यान रखा जाता है :

(क) जलग्रहण क्षेत्र की विशेषताएँ,

(ख) वर्षा का क्षेत्रीय बंटन, और

(ग) परियोजना की प्रकृति।

अभिकल्प झंझा दो प्रकार के होते हैं–अधिकतम सम्भावित झंझा (Maximum Probable Storm) और मानक परियोजना झंझा (Standard Project Storm)।

अधिकतम सम्भावित झंझा वास्तव में नदी द्रोणी पर वर्षा की वह मात्रा है जिसके कारण उत्पन्न होनेवाले बाढ़ प्रवाह के बढ़ने की कोई आशंका नहीं होती। इसका आकलन सांख्यिकी विधि द्वारा, वर्षा की गहनता की 100 अथवा 1000 वर्षों की पुनरावृत्ति की अवधि ज्ञात करके किया जाता है। झंझा पक्षान्तरण (Storm Transposition) और नमी भरण के लिए अधिकीकरण (Maximization for moisture recharge) नामक विधियों द्वारा भी अधिकतम सम्भावित झंझा का आकलन किया जाता है। मानक परियोजना झंझा (Standard Project Storm) वास्तव में एक प्रकार का वर्षा झंझा (Rain Storm) ही है जो कि द्रोणी क्षेत्र पर अब तक वास्तविक रूप से होनेवाली अधिकतम वर्षा को दर्शाता है।

अभिकल्प झंझा की व्युत्पत्ति की विधियाँ (Methods for deriving Design Storm)

अभिकल्प झंझा की व्युत्पत्ति के लिए अनेक प्रकार की विधियों का प्रयोग किया जाता है। कुछ सर्वाधिक प्रचलित विधियाँ निम्न प्रकार हैं :

(क) झंझा पक्षान्तरण तकनीक (Storm Transposition Technique),

(ख) गहनता-क्षेत्रफल-अवधि विश्लेषण (Depth Area Duration (DAD) Analysis), और

(घ) सांख्यिकी विधियाँ (Statistical Methods)।

उपरोक्त विधियों की मदद से आनेवाले वर्षों में, किसी नदी द्रोणी में होनेवाली

अधिकतम सम्भावित वर्षा का आकलन किया जाता है।

(क) झंझा पक्षान्तरण (Storm Transposition) : झंझा पक्षान्तरण तकनीक सर्वप्रथम 1930 के दशक के दौरान संयुक्त राज्य अमरीका में विकसित की गई तथा इसके प्रमुख समर्थक संयुक्त राज्य मौसम ब्यूरो के जल विज्ञान कार्यालय के श्री मेरिल बरनार्ड (Merril Bernard) और कॉर्पस ऑफ इंजीनियर्स के गेल हैथवे (Gail Hathaway) थे। झंझा पक्षान्तरण के अन्तर्गत विशिष्ट अथवा मुख्य वर्षा झंझा का एक स्थान से दूसरे स्थान पर अनुप्रयोग किया जा सकता है। अर्थात् आसपास के सम्मिश्रित क्षेत्रों में ऐतिहासिक झंझा वांछित द्रोणी पर पक्षान्तरित किए जाते हैं। इस विधि का प्रयोग टेढ़ी-मेढ़ी अथवा विचित्र आकृति के द्रोणी क्षेत्रों के लिए किया जाता है। झंझा पक्षान्तरण के लिए निम्न विषयों की जानकारी अनिवार्य है :

(1) द्रोणी क्षेत्र पर भारी वर्षा के लिए उत्तरदायी मौसम की परिघटनाएँ। जैसे, बंगाल की खाड़ी और अरब सागर पर विकसित होनेवाले उष्ण कटिबन्धीय विक्षोभ, भीषण चक्रवात, मानसून की सक्रिय दशाएँ, मानसून-द्रोणी का उत्तर में हिमालय के चरणों की ओर खिसक जाना, आदि-आदि।

(2) द्रोणी क्षेत्र पर घटित मुख्य वर्षा झंझा से सम्बन्धित समवर्षा रेखाओं की आकृति की जानकारी जिनसे झंझा की आकृतियों के सामान्य विस्तार का पता चलता है।

(3) झंझा को एक स्थान से दूसरे स्थान की ओर पक्षान्तरित करने के लिए मुख्य वर्षा झंझा का पक्षान्तरण सीमाओं का ज्ञान भी आवश्यक है।

(4) झंझा के पक्षान्तरण पर भू-स्वरूप का प्रभाव। पर्वतीय तथा असमतल क्षेत्रों पर झंझा का पक्षान्तरण नहीं किया जाता।

(5) झंझा पक्षान्तरण के समय अक्षांशीय सीमा का ध्यान भी रखा जाता है क्योंकि अत्यधिक अक्षांशीय पक्षान्तरण से झंझा की वायुराशि की प्रकृति और लक्षणों में भारी परिवर्तन हो सकता है।

(ख) गहनता-क्षेत्रफल-अवधि विश्लेषण (Depth Area Duration Analysis) : विभिन्न क्षेत्रों पर अलग-अलग प्रकार के क्षेत्रफल और अवधियों के लिए वर्षा की अधिकतम मात्रा ज्ञात करने के लिए गहनता-क्षेत्रफल-अवधि विश्लेषण का प्रयोग किया जाता है। इसमें वर्षा झंझा को अध्ययन की एक इकाई के रूप में लिया जाता है। केवल ऐसे मुख्य वर्षा झंझा ही विश्लेषण के लिए चुने जाते हैं जिनसे होनेवाली भारी वर्षा के केन्द्र या तो जलग्रहण क्षेत्र पर पाए जाते हैं अथवा उसके समीप ही होते हैं।

सर्वप्रथम वर्षा की औसत **गहनताओं** की मदद से, सभी प्रमुख वर्षा झंझाओं के लिए 1, 2 और 3 दिन की अवधि के लिए DAD वक्रारेख तैयार किए जाते

हैं। इनमें से सबसे भारी और तीव्र वर्षावाले झंझा के DAD वक्रारेख को एनवलप वक्रारेख (Envelope Curve) बनाने के लिए प्रयुक्त किया जाता है। तत्पश्चात् विभिन्न अवधियों के लिए 500, 1000, 2000, 5000, 10000, 25000, 50000 वर्ग कि.मी. के मानक क्षेत्रफलों के लिए एनवलप वक्रारेख से वर्षा की गहनता के मानों का चयन किया जाता है। इनसे जलग्रहण क्षेत्र पर होनेवाली भीषणतम वर्षा की सम्भावना का संकेत मिलता है।

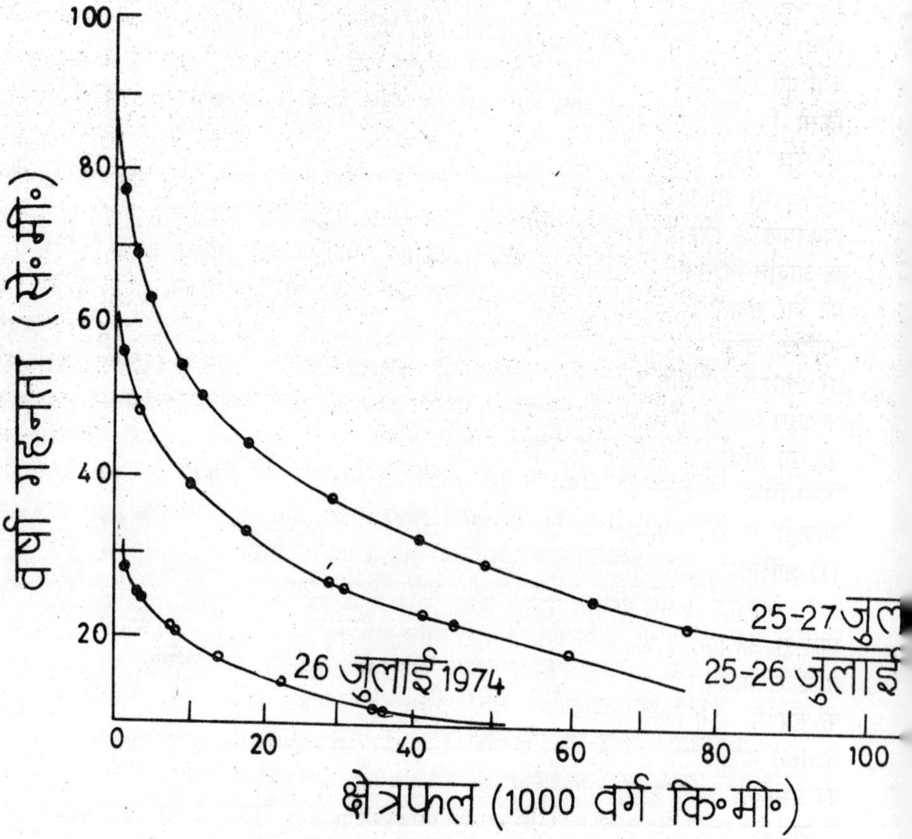

चित्र 4.3 25-27 जुलाई 1974 के तूफान (झंझा) का गहनता-क्षेत्रफल-अवधि वक्रारेख (संदर्भ–अब्बी इत्यादि, 1975)

चित्र 4.3 में जुलाई 1974 में तटीय कर्नाटक और उत्तरी केरल की नदियों में आनेवाली बाढ़ से सम्बन्धित गहनता-क्षेत्रफल-अवधि (डी-ए-डी) वक्र (अब्बी इत्यादि, 1975) दिखाया गया है।

(ग) गहनता-अवधि-विश्लेषण (Depth Duration Analysis) : जलग्रहण क्षेत्र को एक इकाई के रूप में लेकर अध्ययन क्षेत्र पर घटित सभी वर्षा झंझाओं के लिए विभिन्न अवधियों (3, 6, 12, 24, 48, 72 घंटे आदि) के लिए वर्षा की औसत गहनता ज्ञात की जाती है और उसे अवधि के साथ आरेखित किया जाता है। तत्पश्चात् इस प्रकार के सभी वक्रारेखों को घेरता हुआ एक एनवलप वक्रारेख खींचा जाता है। इससे जलग्रहण क्षेत्र के ऊपर विभिन्न अवधियों के लिए अधिकतम वर्षा की गहनताओं का पता चलता है। भिन्न-भिन्न आकार के क्षेत्रफलों के लिए, किसी निश्चित अवधि अथवा झंझा की कुल अवधि के लिए, गहनता-अवधि वक्रारेख खींचे जाते हैं।

(घ) सांख्यिकी विधियाँ (Statistical Methods) : जलविज्ञान सम्बन्धी विश्लेषण के लिए सांख्यिकी विधियों का प्रयोग बहुप्रचलित है। जलविज्ञान आँकड़ों के आवृत्ति-विश्लेषण से जलीय 'डिजाइन मान' (Design Value) की प्रायिकता ज्ञात की जा सकती है। प्रायः डिजाइन समस्याओं में जलवायुविक महत्त्व का प्राचल 'वार्षिक चरम मान' (उच्च या निम्न) को ही माना जाता है। यह इस संकल्पना पर आधारित है कि यदि डिजाइन किया गया निर्माण कार्य एक वर्ष के दौरान उच्चतम अथवा न्यूनतम मान को सहन कर सकता है तो यह अन्य मानों के प्रभाव को भी सुगमता से सहन कर सकता है। खतरे के विभिन्न पैमानों के लिए भिन्न-भिन्न डिजाइनों की कसौटियों का प्रयोग किया जाता है। सम्पूर्ण अवधि के आँकड़ों में से सामान्यतः दो प्रकार के आँकड़ों का चयन किया जाता है : (1) आंशिक अवधि शृंखला, (2) चरम मान शृंखला।

आंशिक अवधि शृंखला में ऐसे आँकड़े होते हैं जिनका परिमाण एक आधार मान से अधिक हो सकता है। चरम मान शृंखला सबसे बड़े अथवा सबसे छोटे मानों से मिलकर बनती है। कालान्तर को प्रायः एक 'जल वर्ष' (Water Year) के रूप में माना जाता है तथा चुनी हुई शृंखला को 'वार्षिक शृंखला' (Annual Series) कहा जाता है। यदि किसी वर्ष के दौरान द्वितीय उच्चतम मान डिजाइन को प्रभावित करता है तो आंशिक शृंखला का प्रयोग किया जाता है। अन्य मामलों में, जब डिजाइन चरम क्रान्तिक अवस्था द्वारा नियन्त्रित होता है, तब वार्षिक शृंखला का प्रयोग किया जाता है। उदाहरणार्थ, अधिप्लव जलमार्ग (Spill way) को डिजाइन करने के लिए वार्षिक शृंखला का उपयोग किया जाता है।

5. बाढ़ पूर्वानुमान

विनाशकारी प्राकृतिक आपदाओं को रोकना या उन्हें टालना तो सम्भव नहीं है,

परन्तु उनके दुष्प्रभाव से बचने तथा उनके द्वारा होनेवाली क्षति को कम करने के उद्देश्य से उनके पूर्वानुमान एवं चेतावनी देने के प्रयास किए जाते हैं। अतः समाज के विभिन्न वर्गों और राष्ट्र के हित में बाढ़ पूर्वानुमान एक महत्त्वपूर्ण और अनिवार्य सेवा है। बाँध, नहर, पुल आदि का निर्माण करनेवाले अभियन्ताओं, उद्योगपतियों, कृषकों एवं योजनाकारों को भी बाढ़ पूर्वानुमान की आवश्यकता होती है। बाढ़ की तीव्रता, अवधि, बारम्बारता, प्रायिकता आदि के विषय में आवश्यक जानकारी से डिजाइन एवं चेतावनी सम्बन्धी प्रयोजनों में बहुत लाभ पहुँचता है।

बाढ़ पूर्वानुमान के मुख्य उद्देश्य हैं : (क) किसी क्षेत्र में बाढ़-जल की ऊँचाई के बारे में सही पूर्व-चेतावनी देना, (ख) क्रान्तिक बाढ़ ऊँचाई के लिए सबसे लम्बे सम्भावित समय से पहले चेतावनी देना। बाढ़ की पूर्व-चेतावनी प्रदान करने का समय जलग्रहण क्षेत्र के आकार एवं जलमापी आँकड़ों की गुणवत्ता और अवधि पर निर्भर करता है। आमतौर पर पूर्व-चेतावनी देने का समय कुछ घंटों से दिनों तक हो सकता है। इसका मुख्य कारण यह है कि विश्वसनीय बाढ़ पूर्वानुमान ऐसी घटनाओं के आँकड़ों पर आधारित होते हैं जो कि या तो कुछ देर पहले घटित हो चुकी होती हैं या हो रही होती हैं। विश्व मौसम संगठन (1994) द्वारा प्रकाशित 'गाइड टु हाइड्रो-मीटियोरोलोजिकल प्रैक्टिसीज़' के अनुसार अल्पावधि बाढ़ पूर्वानुमान 15 दिन पहले तक और दीर्घावधि बाढ़ पूर्वानुमान 15 दिन से अधिक समय के लिए किया जाता है। पहले प्रकार का बाढ़ पूर्वानुमान वर्षा के कारण और दूसरे प्रकार का पूर्वानुमान बर्फ पिघलने के कारण आनेवाली बाढ़ से सम्बन्धित होता है। भिन्न-भिन्न परिस्थितियों में दोनों प्रकार के पूर्वानुमान विशेष महत्त्व रखते हैं।

(1) **वर्षाजनित बाढ़** : भीषण वर्षा झंझाओं से होनेवाली मूसलाधार वर्षा के कारण आनेवाली बाढ़ के पूर्वानुमान के लिए आनुभविक अथवा विश्लेषणात्मक विधि का प्रचलन है। इसे क्रमबद्ध चरणों में तैयार किया जाता है। पहले चरण में, जलग्रहण क्षेत्र पर वर्षा की मात्रा ज्ञात करने के लिए रेडार एवं उपग्रह के आँकड़ों का प्रयोग किया जाता है। बाढ़ पूर्वानुमान की अवधि के आधार पर तीन सम्भावनाएँ उत्पन्न हो सकती हैं :

(क) **पहली प्रकार का बाढ़ पूर्वानुमान** : वर्षा झंझा के समाप्त होने के बाद तैयार किया जानेवाला पूर्वानुमान। बड़े जलग्रहण क्षेत्र में जल-प्रवाह के मार्ग में आनेवाले स्थानों के लिए इस प्रकार का बाढ़ पूर्वानुमान उपयोगी सिद्ध होता है।

(ख) **दूसरी प्रकार की बाढ़ का पूर्वानुमान** : वर्षा झंझा के दौरान एवं उसके समाप्त होने से पहले किया जानेवाला पूर्वानुमान। इस प्रकार की बाढ़ का पूर्वानुमान विगत समय में होनेवाली सर्वाधिक वर्षा की प्रायिकता पर आधारित होता है।

(ग) **तीसरी प्रकार की बाढ़ का पूर्वानुमान** : वर्षा झंझा से पहले किया जानेवाला बाढ़ पूर्वानुमान जो कि वर्षा की भविष्यवाणी पर आधारित होता है।

(2) **बर्फ पिघलने के कारण बाढ़** : उच्च अक्षांशीय क्षेत्रों में जहाँ कि बर्फ

पिघलने के कारण आनेवाली बाढ़ दुर्लभ नहीं है, इस प्रकार की बाढ़ के समय, अवधि एवं तीव्रता का पूर्वानुमान वर्षाजनित बाढ़ की तुलना में सुगमता से हो जाता है। इस प्रकार के पूर्वानुमान में मुख्य चरण ये हैं–हिमपात और उसके समकक्ष जल का आकलन तथा बर्फ पिघलने की दर और फलतः जल की मात्रा का आकलन।

बाढ़ पूर्वानुमान के लिए हिमपात की मात्रा की बजाय उसके समकक्ष जल की मात्रा का आकलन बहुत महत्त्वपूर्ण है। इस कार्य के लिए अनेक विधियों का प्रयोग किया जाता है। एक प्राचीन विधि के अनुसार बर्फ के बराबर जल का भार ज्ञात किया जाता है। दूसरी विधि में रेडियोधर्मी समस्थानिकों (Radio Isotopes) का प्रयोग किया जाता है। आधुनिक तकनीकों के अन्तर्गत हवाई सर्वेक्षण और दूरसंवेदन विशेष रूप से उल्लेखनीय हैं क्योंकि इनके द्वारा दुर्गम क्षेत्रों में हिम आवरण और हिम वितरण का आकलन किया जा सकता है।

(३) समुद्रतटीय बाढ़ : समुद्रतटीय क्षेत्र में आनेवाली बाढ़, वास्तव में समुद्र के गर्म जल पर विकसित होनेवाले विनाशकारी चक्रवात, हरीकेन अथवा टाइफून के कारण उत्पन्न होती है। विश्व के विभिन्न भागों में समुद्रतटीय बाढ़ के कारण लगभग प्रत्येक वर्ष जान-माल की अत्यधिक हानि होती है।

उपग्रह, रेडार और कम्प्यूटर की मदद से चक्रवातों के विकास, गति व दिशा पर निगरानी रखी जाती है तथा 24 घंटे से भी पहले उनका पूर्वानुमान किया जा सकता है। अर्थात् समुद्र पर चक्रवात जब तटीय क्षेत्र से सैकड़ों किलोमीटर दूर होता है, तब उसके बारे में आवश्यक जानकारी ग्रहण की जा सकती है। यह कार्य अत्याधुनिक, सक्षम एवं सशक्त साधनों के कारण ही सम्भव हो पाया है।

चक्रवात की दिशा व गति के पूर्वानुमान के लिए आनुभविक-सांख्यिकी मॉडलों का विकास एक उल्लेखनीय प्रयास है। सागरीय एवं जल विज्ञान सम्बन्धी उपयुक्त आँकड़ों के उचित संसाधन द्वारा ही यह सम्भव हो पाया है।

बाढ़-अनुमार्गण (Flood Routing)

किसी नदी जलमार्ग में बाढ़ तरंग की गति का सही आकलन करना एक अत्यन्त कठिन कार्य है। क्योंकि जैसे बाढ़ तरंगें आगे की ओर बढ़ती हैं, जलप्रवाह भी समय के साथ बदलता रहता है। इतना ही नहीं, जलमार्ग के लक्षण एवं विस्तार, अन्तर्वाह और बहिर्वाह की मात्राओं में भी परिवर्तन हो सकता है। इन कारणों से बाढ़ तरंग की गति अस्थायी (Non-Steady) और असमान (Non-Uniform) हो जाती है। सही बाढ़ पूर्वानुमान के लिए बाढ़ तरंग के विभिन्न बिन्दुओं पर, आगे की ओर बढ़ते हुए, बाढ़ तरंग की आकृति और उसके समय का आकलन तथा निश्चित स्थितियों पर बाढ़-जल की गहराई ज्ञात करने के लिए विशेष प्रकार की तकनीक का प्रयोग किया जाता है। इसे बाढ़-अनुमार्गण कहते हैं। इसके अनेक उपयोग हैं :

(क) विशाल जल-ग्रहण क्षेत्र के लिए बाढ़ पूर्वानुमान तैयार करने हेतु उससे सम्बन्धित सभी छोटे जलग्रहण क्षेत्रों के लिए जलाभिलेखों को आरेखित

करना आवश्यक है।

(ख) डिजाइन कार्यों के लिए भी बाढ़-अनुमार्गण उपयोगी सिद्ध होता है। जलमार्गों में संशोधन एवं नियन्त्रण कार्यों के फलस्वरूप होनेवाले सम्भावित प्रभावों का मूल्यांकन किया जाता है।

(ग) जलागारों, तालाबों आदि के लिए भी बाढ़-अनुमार्गण तकनीक का प्रयोग किया जाता है।

आजकल इलैक्ट्रॉनिक संगणकों का अधिकाधिक प्रयोग हो रहा है। तीव्र गतिवाले आधुनिक संगणकों के उपयोग से बाढ़ पूर्वानुमान के क्षेत्र में क्रान्ति आ गई है। संगणकों की मदद से, बाढ़ उत्पन्न करनेवाली समस्त प्रक्रिया को एक ही चरण में मॉडल द्वारा प्रदर्शित किया जा सकता है। इस प्रकार बाढ़ पूर्वानुमान शीघ्र और समय पर उपलब्ध हो जाता है। अतः विनाशकारी बाढ़ के प्रभाव से बचने के लिए पूर्व चेतावनी प्रदान करने में आधुनिक इक्लैट्रॉनिक संगणकों का महत्त्वपूर्ण योगदान है।

डिजाइन बाढ़ (Design Flood)

डिजाइन प्रयोजनों के लिए बाढ़ की भविष्यवाणी प्रदान करने का कार्य महत्त्वपूर्ण तो है ही, अनिवार्य भी है। इंजीनियरों को बाँध, जल निकास मार्ग, नदी चैनल, नालियाँ, पुल आदि के निर्माण हेतु डिजाइन बनाते समय बाढ़ की भविष्यवाणी की आवश्यकता पड़ती है। इनके अतिरिक्त, कृषकों और योजनाकारों को बाढ़ के परिमाण और बारम्बारता के सम्बन्ध में बाढ़ की भविष्यवाणी की सूचना चाहिए।

बाँध, पुल अथवा जल निकास नालियों के निर्माण हेतु डिजाइन बनाने से पहले यह सुनिश्चित करना नितान्त अनिवार्य है कि अधिकतम कितने परिमाण की बाढ़ इन निर्माण कार्यों को क्षति नहीं पहुँचाएगी। इस प्रकार की बाढ़ को 'डिजाइन बाढ़' कहते हैं। इस प्रकार की बाढ़ से निर्माण कार्य को कोई खतरा नहीं होता। इस विषय में दो बातें महत्त्वपूर्ण हैं—निर्माण कार्य की डिजाइन कालावधि और डिजाइन बाढ़ की पुनरावृत्ति। डिजाइन कालावधि किसी निर्माण कार्य के जीवन की कुल अवधि है। डिजाइन बाढ़ ज्ञात करने के लिए डिजाइन कालावधि की जानकारी होना अत्यन्त आवश्यक है। डिजाइन कालावधि छोटे बाँधों के लिए 50 से 100 वर्ष तक हो सकती है। अतः डिजाइन कालावधि से किसी निर्माण कार्य की मजबूती का भी पता चलता है। संसार के बड़े-बड़े बाँधों के डिजाइन लगभग 1000 वर्ष की पुनरावृत्ति वाली डिजाइन बाढ़ को परिकल्पित करके बनाए जाते हैं।

डिजाइन बाढ़ की पुनरावृत्ति से पता चलता है कि डिजाइन बाढ़ कितने-कितने समय बाद आ सकती है। यह अवधि कुछ हजार वर्ष तक भी हो सकती है। सामान्यतः पुनरावृत्ति कालावधि डिजाइन कालावधि से अधिक ही होनी चाहिए। डिजाइन बाढ़ से लोगों के जीवन के लिए पैदा होनेवाले सम्भावित खतरे को ध्यान में रखना भी आवश्यक है। ऐसी स्थिति में बाँध, पुल आदि का निर्माण करते समय यह सुनिश्चित करना भी जरूरी है कि भीषणतम सम्भावित बाढ़, लोगों के जीवन

को किसी भी प्रकार की क्षति पहुँचाए बिना प्रवाहित होती है। किसी भी दशा में, मानव जीवन को भीषण बाढ़ के खतरे से बचाना सर्वोपरि उद्देश्य होना चाहिए।

डिजाइन बाढ़ के अनुमानन हेतु मुख्यतः दो प्रकार की विधियों का प्रयोग किया जाता है। पहली प्रकार की विधि निश्चितता पर आधारित होती है। इसमें यह माना जाता है कि किसी निर्धारित जलग्रहण क्षेत्र पर होनेवाली निश्चित वर्षा के कारण बाढ़ उत्पन्न होती है। दूसरी प्रकार की विधि प्रायिकता (Probability) पर आधारित होती है। इसके अन्तर्गत बाढ़ को एक यादृच्छिक (Random) घटना के रूप में देखा जाता है।

सांख्यिकी पर आधारित विधियों का सबसे बड़ा दोष यह है कि वे भौतिक प्रक्रियाओं को स्पष्ट नहीं कर पातीं। इसीलिए इन्हें 'ब्लैक बॉक्स' की संज्ञा दी गई है। परन्तु मौसम तथा जल विज्ञान विषयों में पूर्वानुमान मॉडल विकसित करने के लिए आनुभविक-सांख्यिकी विधि एक उपयोगी और शक्तिशाली साधन है। इस दिशा में शरमन (1932) द्वारा इकाई जलाभिलेख और होर्टन (1933) द्वारा जल रिसाव और सतही प्रभाव सम्बन्धी प्रक्रियाओं के आधार पर विकसित किए गए मॉडल विशेष रूप से उल्लेखनीय हैं।

6. बाढ़ निवारण एवं नियन्त्रण

प्रत्येक वर्ष भीषण बाढ़ से होनेवाले विनाश और तत्पश्चात् बाढ़पीड़ित लोगों को प्रदान की जानेवाली सहायता प्रक्रिया का सिलसिला कुछ इस प्रकार चलता रहता है कि ऐसा प्रतीत होता है कि मानो मनुष्य प्रकृति के आक्रोश को सहन करने के लिए बाध्य है। विनाशकारी बाढ़ से होनेवाली जान-माल की अपार क्षति के साथ-साथ गम्भीर सामाजिक-आर्थिक समस्याएँ उत्पन्न हो जाती हैं। इनका समाधान करने के लिए बाढ़ निवारण एवं नियन्त्रण सम्बन्धी प्रक्रियाएँ तत्काल प्रभावी रूप से शुरू की जानी चाहिए। यद्यपि यह एक कठिन कार्य है, फिर भी समाज के विभिन्न वर्गों पर पड़नेवाले बाढ़ के विनाशकारी प्रभाव को दूर करने के लिए, युद्ध-स्तर पर राहत और सहायता कार्य वांछनीय हैं।

इस समस्या का दूसरा पहलू भी उतना ही महत्त्वपूर्ण है। बाढ़ोपरान्त किए जानेवाले राहत और सहायता कार्य से बाढ़पीड़ित लोगों को तत्काल आवश्यक मदद तो मिल जाती है, परन्तु यह इस समस्या का स्थायी हल नहीं है, क्योंकि विनाशकारी बाढ़ अनादिकाल से मानवजाति को सताती रही है। इसलिए मनुष्य को इस प्राकृतिक विपत्ति के संकट से बचाने के लिए कुछ ठोस और प्रभावी उपाय करना नितान्त आवश्यक है। यह तभी सम्भव है जब बाढ़ के सही कारणों को पहचाना जाए तथा उनके उन्मूलन हेतु प्रभावी योजनाओं को कार्यान्वित किया जाए।

इस तथ्य को नकारा नहीं जा सकता कि बाढ़ की पुनरावृत्ति होती है, यद्यपि पुनरावृत्ति के सही समय का अनुमान लगाना एक कठिन कार्य है। विनाशकारी बाढ़

बार-बार आती है और इससे जान-माल की अपार क्षति होती है। बाढ़ग्रस्त क्षेत्रों में प्रभावित लोगों को उचित समय पर राहत और सहायता पहुँचाना प्राथमिक महत्त्व का कार्य है। परन्तु यह मूल समस्या का अस्थायी हल मात्र है। यद्यपि यह प्रक्रिया भी अनिवार्य है क्योंकि इसके द्वारा भीषण बाढ़ से हुई भौतिक क्षति काफी सीमा तक कम हो जाती है। परन्तु प्रत्येक वर्ष इसी दुर्भाग्यपूर्ण स्थिति की पुनरावृत्ति होती है तथा मनुष्य जैसे विनाश का भाजन बनने के लिए असहाय और लाचार होकर मौत के समुद्र में डूब जाता है। मनुष्य का अनमोल जीवन तो नष्ट होता ही है, अथाह जलराशि और उसमें निहित अपार जल-विद्युत् शक्ति भी व्यर्थ ही बह जाती है।

मनुष्य के जीवन को सुखमय और सुरक्षित बनाने के लिए यह आवश्यक है कि बाढ़ की घटनाओं की पुनरावृत्ति को रोका जाए। बाढ़ नियन्त्रण का उद्देश्य यही है। ऐसे क्षेत्रों में जहाँ बार-बार विनाशकारी बाढ़ आती है, प्रभावी और दूरगामी योजनाएँ लागू करना ही इस विकट समस्या का एकमात्र स्थायी उपाय है। बाढ़-क्षेत्रों के अधिकाधिक विकास के साथ-साथ बड़ी नदियों पर बाँध-योजनाओं को पूरा करना अनिवार्य है।

एक कड़वा सत्य यह है कि आज के आधुनिक युग में अविकसित, साधनविहीन एवं निर्धन देशों में बाढ़ क्षेत्रों तथा तटीय क्षेत्रों में बसे लोगों का जीवन बाढ़ की विनाशाग्नि में जलकर भस्म होता रहता है। उनके लिए बाढ़ एक अटल प्राकृतिक आपदा है, जिससे बचना असम्भव है। इन लोगों को न तो बाढ़ नियन्त्रण की विकसित योजनाओं का और न ही बाढ़ से बचने के लिए सुरक्षात्मक उपायों का पर्याप्त ज्ञान है। सम्भवतः इसका मुख्य कारण उचित मार्गदर्शन, शिक्षा एवं प्रशिक्षण की कमी हो सकता है।

प्राचीन काल में जबकि विकसित साधनों एवं ज्ञान का अभाव था, बाढ़ रोकने के लिए कुछ उपाय अवश्य किए जाते थे। नदियों पर मिट्टी तथा बड़े-बड़े पत्थरों के टीले बनाकर बाढ़ की रोकथाम की जाती थी। मिस्र के सम्राट अमीनहाटन ने नील नदी पर दोनों किनारों पर टीले बाँधकर नदी का प्रवाह मोरिस झील की ओर मोड़ दिया था। लगभग 2500 वर्ष पूर्व चीन की ह्वांग हो नदी पर इसी प्रकार के टीले बनाकर बाढ़ की रोकथाम की जाती थी। बेबीलॉन के लोग यूफ्रेट नदी के बाढ़-जल को रोकने के लिए उसे निचली भूमि की ओर मोड़ देते थे। अर्थात् बाढ़-जल को एक प्रकार के प्राकृतिक जलग्रहण क्षेत्र में एकत्रित कर दिया जाता था। आज भी विश्व के अनेक भागों में बाढ़ की रोकथाम के लिए इस पद्धति का प्रयोग किया जाता है।

बाढ़ सुरक्षा के उपाय करते समय इस बात का ध्यान रखना बहुत आवश्यक है कि बाढ़ से होनेवाली क्षति की तुलना में इन उपायों पर होनेवाला व्यय एक सीमा से अधिक नहीं होना चाहिए। अतः बाढ़ सुरक्षा पर होनेवाले व्यय की आर्थिक सीमा को निर्धारित करना आवश्यक है।

1. नदी बाढ़ की रोकथाम

(i) नदी तटों का निर्माण : नदी के बाढ़-जल को आसपास के क्षेत्र पर फैलने

से रोकने के लिए अनेक प्रकार के उपाय किए जाते हैं। इनमें सबसे सस्ता और परम्परागत उपाय है नदी तटों पर बड़े-बड़े पत्थर, रेत, बालू आदि से भरे बोरों को लगाकर ऊँचे टीले बनाना। यह विश्व के अधिकांश भागों में प्रयुक्त होनेवाला प्राचीनतम तरीका है। विशेषकर कृषक लोग अपने खेतों को बाढ़ में डूबने से बचाने के लिए नदी तटों को ऊँचा उठाने का कार्य करते थे। परन्तु इस विधि से केवल छोटी-मोटी बाढ़ को रोकने में ही सफलता मिलती है। आधुनिक युग में नदी तटों पर बढ़ते हुए शहरीकरण एवं औद्योगीकरण के कारण भीषण बाढ़ से होनेवाले विनाश की आशंका भी प्रबल होती जा रही है क्योंकि बाढ़ की उग्रता एक सीमा पार करने पर विनाश का कारण बनती है। ऐसी स्थिति में, जलग्रहण क्षेत्रों का सुधार होना बहुत आवश्यक है ताकि भीषण बाढ़ का अतिरिक्त जल तटों से बहकर जलग्रहण क्षेत्र में जमा होता रहे।

मुख्य नदी में बाढ़ आने की स्थिति में सहायक नदियों की भूमिका महत्त्वपूर्ण होती है क्योंकि इनका जल मुख्य नदी में आनेवाली बाढ़ की भीषणता को बढ़ा देता है। इसलिए सहयोगी नदियों का जलप्रवाह रोकने अथवा मोड़ने के लिए बाँधों का निर्माण भी बाढ़ की रोकथाम का एक महत्त्वपूर्ण अंग है।

(ii) जलागार : बाढ़ की विनाशलीला को रोकने अथवा कम करने के लिए बाढ़-जल को विशाल जलागारों में एकत्रित किया जाता है। इससे न केवल बाढ़ द्वारा होनेवाली अपार क्षति को रोका जा सकता है, अपितु जलागारों में एकत्रित जल को आवश्यकतानुसार प्रयोग में भी लाया जा सकता है। यद्यपि विश्व के विभिन्न भागों में यह कार्य प्राकृतिक रूप में ही हो जाता है। अर्थात् बड़ी-बड़ी नदियों का बाढ़-जल स्वतः ही झीलों, तालाबों आदि में अस्थायी रूप से भर जाता है और धीरे-धीरे बाढ़-जल का निकास होता रहता है।

बाढ़ की रोकथाम के लिए मुख्य रूप से दो प्रकार के जलागारों का प्रयोग किया जाता है—(क) नियन्त्रित जलागार और (ख) अनियन्त्रित जलागार।

(क) नियन्त्रित जलागारों में जलराशि का निकास आवश्यकतानुसार कम या अधिक किया जाता है। नियन्त्रित एवं नियमित जलनिकास हेतु बाढ़-जल के प्रवाह का सही पूर्वानुमान अत्यन्त महत्त्वपूर्ण भूमिका निभाता है। परन्तु जलागारों द्वारा बाढ़ नियन्त्रण का कार्य काफी महँगा सिद्ध होता है। अतः जलागारों का निर्माण बहुप्रयोजनों के आधार पर किया जाता है तथा बाढ़ नियन्त्रण के साथ-साथ सिंचाई, विद्युत् उत्पादन, नौ-परिवहन, जल-संभरण आदि परियोजनाओं को भी पूरा किया जाता है। यही इन जलागारों की विशेषता है कि ये विनाशकारी बाढ़ से होनेवाली जान-माल की क्षति को कम ही नहीं करते, अपितु विभिन्न प्रकार के लाभदायक प्रयोजनों को भी पूरा करते हैं।

विश्व के अनेक भागों में बहुप्रयोजनवाले जलागारों का प्रचलन है। इसका मुख्य कारण इन जलागारों का सामाजिक एवं आर्थिक महत्त्व ही प्रतीत होता है।

(ख) अनियन्त्रित जलागारों में जल निकास नालियों के माध्यम से बाढ़-जल एकत्रित होता रहता है। बाँध के दूसरी ओर एकत्रित विशाल जलराशि इन नालियों से प्रवाहित होती रहती है और विस्तृत मैदानों पर फैल जाती है। इस प्रकार बाढ़-जल स्वतः ही निकास नालियों से निकलकर बाढ़ की तीव्रता तथा बाढ़-शीर्ष कम करता रहता है। ये जलागार भीषण बाढ़ की अपेक्षा छोटी बाढ़ को कम करने में अधिक महत्त्वपूर्ण भूमिका निभाते हैं।

जलागारों के प्रयोग से बाढ़ नियन्त्रण का कार्य विनाशकारी आपदा को टालने का एक साधन तो अवश्य है, परन्तु यह पूर्णतः दोषमुक्त नहीं है।

(iii) नदी चैनलों का निर्माण और सुधार : बाढ़ की विनाश-विभीषिका से बचने का एक अन्य उपाय है नदी चैनलों का निर्माण करके बाढ़-जल को मुख्य नदी चैनलों में गिरने से रोका जाए। अर्थात् विशाल जलराशि को बाढ़ की आशंकावाले क्षेत्रों में फैलने से रोकने के लिए मुख्य नदी चैनलों की दिशा अस्थायी अथवा स्थायी रूप से मोड़ दी जाए। इन चैनलों के माध्यम से बाढ़ की आशंका के समय विशाल जलराशि को विस्तृत बाढ़ क्षेत्रों में प्रवाहित किया जाता है। इससे खेती-बाड़ी की दृष्टि से उपयोगी भूमि अवश्य ही जलप्लावित हो जाती है। परन्तु बाढ़-मार्गीय प्रकार की चैनल की सबसे बड़ी विशेषता यह है कि यह संभरण और निकास दोनों ही सुविधाएँ प्रदान करती है। लम्बी अस्थायी चैनल, जलराशि को समुद्र अथवा नदियों में गिराने का कार्य करती है। इस कारण बाढ़-जल पुनः मुख्य नदी में नहीं आता।

नदी चैनलों के माध्यम से अधिकाधिक बाढ़-जल के प्रभावी निकास के लिए चैनलों का सुधार आवश्यक है। चैनलों के सुधार का कार्य निम्न प्रकार किया जाता है :

(क) चैनल की खुदाई करके उसे चौड़ा व गहरा बनाना।

(ख) चैनल के तल को साफ करना तथा कंक्रीट द्वारा समतल करना।

(ग) जलप्रवाह बढ़ाने के लिए चैनल के घुमावदार मोड़ों को सीधा करना।

नदी चैनलों को सुधारने के बाद भी उनकी देखरेख अथवा मरम्मत आदि पर काफी धन व समय लग जाता है। अतः नदी चैनलों द्वारा बाढ़ नियन्त्रण से होनेवाले लाभ की तुलना में चैनल सुधार का कार्य अधिक महँगा सिद्ध होता है। चैनलों का सुधार करने पर भी बाढ़ नियन्त्रण के कार्य में सीमित योगदान ही मिलता है।

वास्तव में बाढ़ नियन्त्रण के लिए अनेक उपायों को मिला-जुलाकर प्रयोग में लाया जाता है। अतः किसी एक विशेष उपाय को ही बाढ़ की रोकथाम के लिए सर्वथा उपयुक्त मानना उचित नहीं है।

2. तटीय बाढ़ की रोकथाम

भीषण बाढ़ की अथाह जलराशि विशालकाय दैत्य की भाँति तटों की ओर बढ़ती है और अपने वेग तथा बल के कारण तटों को तोड़ती हुई आसपास के क्षेत्रों को जलमग्न कर देती है। इतना ही नहीं, तटवर्ती इलाकों में मकान, वृक्ष, टेलीफोन व बिजली के

खम्भे आदि धराशायी हो जाते हैं। जान-माल की अपार क्षति होती है।

तटीय बाढ़ की रोकथाम के लिए पारम्परिक उपायों के अलावा बैराजों (Barrages) के निर्माण द्वारा भी बाढ़ पर काबू पाया जा सकता है। पारम्परिक उपायों के अन्तर्गत तटों का निर्माण भी किया जाता है। बाढ़-दीवारों का निर्माण करके भी तटीय बाढ़ की रोकथाम की जाती है। मुख्यतः दो प्रकार की बाढ़-दीवारें बनाई जाती हैं। एक प्रकार की बाढ़-दीवार से तरंगें टकराकर परावर्तित हो जाती हैं जबकि दूसरे प्रकार की बाढ़-दीवार से तरंगें टूट जाती हैं। बाढ़-दीवार को तीव्र वेग से टकरानेवाली तरंगों के प्रहार से होनेवाली क्षति से बचाने के लिए सुरक्षित उपाय किए जाते हैं।

तटीय बैराजों का निर्माण बाढ़ नियन्त्रण के अलावा बहुआयामी संसाधनों के विकास में भी सहायता करता है। उदाहरणार्थ, रेलों तथा सड़कों के सम्पर्क और स्थल क्षेत्रों में जलभंडार उपलब्ध होते हैं। परन्तु बैराजों के निर्माण से सम्भावित आर्थिक तथा पर्यावरणीय विषमताएँ उत्पन्न हो जाती हैं। इनसे तटीय क्षेत्रों में रहनेवाले लोगों का जीवन दुष्प्रभावित हो सकता है। अतः बैराजों के निर्माण से पहले विभिन्न सामाजिक, आर्थिक तथा पर्यावरणीय पहलुओं का अध्ययन आवश्यक है। उनके दूरगामी प्रभाव को कम करने हेतु उचित उपाय किए जाने चाहिए।

भारत में बाढ़ नियन्त्रण एक प्रमुख समस्या है क्योंकि लगभग प्रत्येक वर्ष बाढ़ के कारण जान-माल की बहुत हानि होती है। यद्यपि महानदी, सिन्धु, ताप्ती नदी क्षेत्रों पर बाढ़ नियन्त्रण के लिए महत्त्वपूर्ण कार्य हुए हैं, परन्तु आम तौर पर विनाशकारी बाढ़ हमारे लिए विकट समस्या बनी हुई है। विनाशकारी बाढ़ से प्रभावित होनेवाले क्षेत्रों को मुख्यतः तीन वर्गों में बाँटा गया है (राव, 1975) :

(क) कर्क वृत्त (Tropic of Cancer) से नीचे स्थित नर्मदा और उड़ीसा की कुछ नदियाँ जिनमें वैतरणी, ब्राह्मणी और सुवर्णरेखा उल्लेखनीय हैं। इन पर बाँध कार्यों का विशेष महत्त्व है।

(ख) गंगा के उत्तर की ओर घाघरा और महानन्दा के मध्य स्थित क्षेत्र भीषण बाढ़ से प्रभावित होते हैं जिसके कारण देश की अधिकतर जनसंख्या को संकट का सामना करना पड़ता है।

(ग) ब्रह्मपुत्र घाटी में विनाशकारी बाढ़ों के अलावा अन्य प्राकृतिक आपदाएँ, जैसे, भूकम्प, भू-स्खलन आदि समय-समय पर विनाश का कारण बनते हैं।

भारत में, 1954 में राष्ट्रीय बाढ़ नियन्त्रण कार्यक्रम प्रारम्भ होने के बाद बड़े पैमाने पर बाढ़ की रोकथाम के लिए प्रभावी उपाय किए जाने लगे। इस कार्यक्रम के अन्तर्गत, जलागार, नदी तट और जल निकास चैनलों के निर्माण व सुधार कार्य के अलावा कस्बों व गाँवों को बाढ़ से बचाने के लिए आवश्यक कदम उठाए गए हैं। ये कार्य केन्द्रीय एवं राज्य स्तरों पर बाढ़ नियन्त्रण बोर्ड की देखरेख में किए जाते हैं।

5

सूखा

सूखा एक प्राकृतिक विनाशकारी परिघटना है। सूखा पड़ने के सही कारणों की पहचान करना एक कठिन कार्य है क्योंकि मौसम व जलवायु के भौतिक एवं गतिक पहलुओं ने इसे अत्यंत जटिल बना दिया है। पिछले दशकों में विश्व के अधिकांश भागों में व्यापक और भीषण सूखा के कारण खाद्यान्न की कमी से असंख्य लोग भुखमरी के शिकार हुए और अनेकानेक देशों की अर्थव्यवस्था बुरी तरह प्रभावित हुई। इस प्राकृतिक विपत्ति के विनाशकारी प्रभाव से चिन्तित होकर वैज्ञानिकों, प्रशासकों और योजनाकारों ने सूखा के मूल कारणों की पहचान, सूखा के विस्तार, तीव्रीकरण एवं प्रभाव के अध्ययन हेतु मिलकर बौद्धिक प्रयास किए हैं। राष्ट्रीय एवं अन्तर्राष्ट्रीय स्तर पर सूखा की पहचान, पूर्वानुमान, निवारण और राहत कार्यों की आवश्यकता पर गहन विचार-विमर्श हुआ है। भारत सहित अनेक देशों ने इस दिशा में ठोस कदम उठाए हैं।

सूखा की कोई एक सर्वमान्य परिभाषा नहीं है। इसका मुख्य कारण यह है कि सूखा की स्थिति उत्पन्न करनेवाली भौतिक प्रक्रियाएँ अत्यन्त जटिल हैं, क्योंकि इसमें मौसम व जलवायु के अनेकानेक घटक भाग लेते हैं, जैसे, वर्षा, तापमान, वाष्पन एवं वाष्पोत्सर्जन, मृदानमी, जल-सन्तुलन और वायुमंडलीय परिसंचरण आदि। सूखा की परिभाषाओं को, सूखा की पहचान के लिए प्रयुक्त की जानेवाली विधि के आधार पर विभिन्न वर्गों में बाँटा जा सकता है। कुछ परिभाषाएँ पेड़-पौधों अथवा अन्य वनस्पतियों की मौसम के प्रति संवेदनशीलता पर आधारित होती हैं। कुछ परिभाषाएँ स्थल और जल सतहों पर वर्षा व तापमान के प्रभाव से सम्बन्धित होती हैं। एक चरवाहा अपने लम्बे अनुभव के आधार पर स्थानीय वर्षा का अनुमान लगा लेता है तथ वर्षा के लक्षणों के अनुसार कृषि सम्बन्धी योजनाएँ बनाता है। इस प्रकार के वैयक्तिक अनुभव एवं नियम, देहातवासियों में लोकोक्तियों के रूप में प्रचलित हैं। अतः इन लोकप्रिय और उपयोगी लोकोक्तियों का एक प्रकार का ऐतिहासिक महत्त्व है। इसमें सन्देह नहीं कि एक अनपढ़ किसान अपने बनाए हुए इन नियमों के आधार पर ही अपना दैनिक कामकाज करता है।

चित्र 5.1 में सूखा को विभिन्न प्रणालियों के सन्दर्भ में चित्रित किया गया है (गिब्ज़, 1975)।

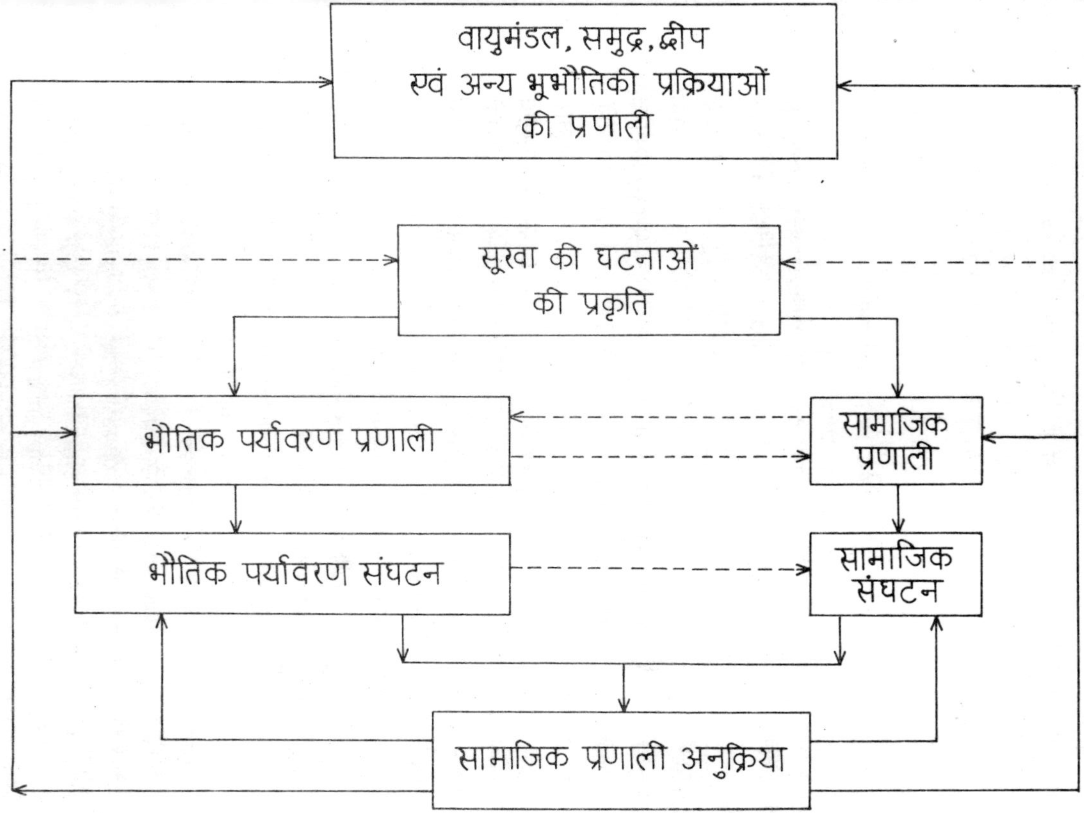

चित्र 5.1 सूखा का विभिन्न प्रणालियों के रूप में चित्रण (संदर्भ–गिब्ज़, 1975)

मौसम एवं जलवायु के आधार पर, विश्व के विभिन्न भागों में प्रचलित सूखा की परिभाषाएँ संकलित रूप में उपलब्ध हैं (विश्व मौसम संगठन, 1975)। कुछ परिभाषाएँ तालिका 5.1 में दी गई हैं।

सूखा के विविध प्रभाव के कारण सूखा के अनेक प्रकार हैं।

तालिका 5.1

सूखा की विभिन्न क्षेत्रीय परिभाषाएँ
(विश्व मौसम संगठन, 1975)

क्रम सं.	लेखक	परिभाषा	प्रदेश/टिप्पणी
(क) वर्षा			
1.	ब्रूनोव (20वीं सदी का आरम्भ)	10 दिन तक 5 मि.मी. से अधिक वर्षा नहीं।	सन्दर्भ : टेनहिल (1947)
2.	कोल (1933)	15 दिन तक कोई वर्षा नहीं।	संयुक्त राज्य अमरीका
3.	ब्रिटिश वर्षा संगठन (1936)	सापेक्ष सूखा—कम-से-कम लगातार 15 दिन में किसी भी एक दिन 0.25 मि.मी. या इससे अधिक वर्षा नहीं। आंशिक सूखा—कम-से-कम 29 दिन की अवधि में माध्य वर्षा 0.25 मि.मी. प्रतिदिन से अधिक नहीं। सूखा का दौर—लगातार 15 दिन तक किसी भी दिन 1 मि.मी. वर्षा भी नहीं।	ब्रिटेन
4.	रामदास (1950)	वास्तविक साप्ताहिक वर्षा सामान्य वर्षा से 50% कम।	भारत
5.	गिब्ज एवं माहेर (1967)	सूखा की पहचान के लिए केवल वर्षा ही श्रेष्ठतम प्राचल है तथा वर्षा के दशतमकों द्वारा सूखा का सामयिक एवं क्षेत्रीय बंटन ज्ञात किया जा सकता है। वर्षा के प्रथम दशतमकवाले क्षेत्रों में सूखा की स्थिति दृष्टिगोचर होती है।	आस्ट्रेलिया सूखा के क्षेत्रीय विस्तार का प्रस्तुतीकरण सम्भव हुआ है।
(ख) वर्षा एवं माध्य तापमान			
6.	लैंग	वर्षा गुणांक = $\frac{P}{T}$	जर्मनी

(1915)	P = वर्षा (मि.मी.) तथा T = तापमान (सेल्सियस, से.)	मृदा के जलवायुविक वर्गीकरण हेतु उपयोगी।
7. कोपन (1931)	शुष्क जलवायु–शीत ऋतु में वर्षा वाले क्षेत्रों के लिए, $P < 2T$ ग्रीष्म ऋतु में वर्षा अथवा वर्षारहित क्षेत्रों के लिए $P < 2T + 14$ P = वार्षिक वर्षा (सें.मी.) T = माध्य तापमान (सें.) मरुस्थलीय जलवायु–शीत ऋतु में वर्षा-प्रधान क्षेत्रों के लिए $P < T$ और ग्रीष्म ऋतु में वर्षावाले क्षेत्रों के लिए $P < T + 14$ एवं वर्षाविहीन ऋतुवाले क्षेत्रों के लिए, $P < T + 7$	विश्व के शुष्क जलवायु वाले प्रदेशों की पहचान के लिए उपयुक्त।
8. थोर्थ्वाइट (1931)	वर्षा प्रभावीकरण, माध्य तापमान के फलन के रूप में $\frac{P}{E} = 1.65$ $(\frac{P}{T} + 12.2)^{10/9}$ जहाँ कि, P = मासिक वर्षा (मि.मी.) E = वाष्पोत्सर्जन T = माध्य मासिक तापमान (सें.)	संयुक्त राज्य अमरीका

(ग) मृदाजल एवं फसल प्राचल

9. फिट्ज़पैट्रिक (1965)	आस्ट्रेलियायी वाष्पमापी से आकलित वाष्पोत्सर्जन का ह्रास (E_t) तथा उपलब्ध मृदानमी के 0 से 10 सें.मी. तक रेंज (E_A) यदि मृदानमी > 64 मि.मी. तो $E_t = 0.8\ E_A$ यदि मृदानमी ≤ 64 मि.मी., तो $E_t = 0.4\ E_A$	आस्ट्रेलिया जलवायु के अध्ययन एवं भू-उपयोग सर्वेक्षणों के लिए उपयोगी।
10. पामर (1965)	एक जल सन्तुलन मॉडल जो वर्षा, वाष्पोत्सर्जन, अपवाह एवं उपलब्ध मृदानमी के सूचकांकों पर आधारित है।	संयुक्त राज्य अमरीका थोर्थ्वाइट की विभव वाष्पोत्सर्जन की संकल्पना पर आधारित।

11. क्युलिक (1958)	विगत मौसम की दशाओं, मृदा लक्षणों एवं शस्यविज्ञान (Agronomy) की तकनीकों पर आधारित। जोती हुई जमीन में मृदाजल का 20 मि.मी. के स्तर तक कम होने का तात्पर्य है कि शुष्क अवधि आरम्भ हो गई है, तथा 10 मि.मी. तक मृदाजल में कमी का अर्थ है कि सूखा शुरू हो गया है। अर्धसूखा–जमीन की प्रथम 20 सें.मी. गहराई में 10 दिन तक मृदाजल 20 मि.मी.। सूखा–जमीन की प्रथम 20 सें.मी. गहराई में 10 दिन तक 10 मि.मी. मृदाजल।	रूस

(घ) जलवायुविक सूचकांक एवं वाष्पोत्सर्जन

12. वाइसोत्सकी (1905)	P/E का आकलन जहाँ कि, P = वर्षा, E = विभव वाष्पोत्सर्जन (दोनों का वार्षिक मान मि.मी. में) $P/E = 1\frac{1}{3}$ नम वानस्पतिक भूमि के लिए = 1 अनित्य वानस्पतिक तृण भूमि के लिए। = 2/3 माध्यमिक शुष्क तृण भूमि के लिए। = 1/3 दक्षिणी शुष्क तृण भूमि के लिए।	रूस
13. थोर्थ्वांइट (1931)	माध्य तापमान पर आधारित वर्षा प्रभावीकरण सूचकांक अनुकूलतम बढ़वार हेतु जल की आवश्यकता बताता है। जल-संतुलन मॉडल मृदानमी की स्थिति का अनुमान प्रदान करता है।	प्रारम्भ में संयुक्त राज्य अमरीका में प्रयुक्त। तत्पश्चात् अन्य महाद्वीपों में भी प्रयुक्त। इसकी विश्वसनीयता अनेक क्षेत्रों में जलवायु एवं शंकात्मक

		मानों पर निर्भर करती है।
14. पेनमैन (1948), (1961) फर्ग्युसन (1952)	खुली सतह से जल के ह्रास का अनुमान—सौर विकिरण, तापमान, आर्द्रता तथा हवा और वाष्पोत्सर्जन के उपयोग से निम्नलिखित ऋतुविक रूपांतरण गुणांक द्वारा, $E_t = fE$	प्रारम्भ में यू.के. और फिर यूरोप में प्रयुक्त। अब अन्य महाद्वीपों में भी प्रयुक्त। सीमित जल संभरण वाले शुष्क क्षेत्रों में कम महत्त्वपूर्ण।

सूखा के प्रकार

जनसाधारण के लिए सूखा की स्थिति वर्षा की असामान्य कमी के कारण उत्पन्न होती है। कृषक के लिए सूखा का अर्थ है जलाभाव के कारण फसल में कमी होना। एक जल विज्ञानी के लिए सूखे की स्थिति उस समय दृष्टिगोचर होती है जब जलागारों का जलस्तर सामान्य से नीचे गिर जाता है। योजनाकारों एवं प्रशासकों को सूखा का आभास तब होता है जब अर्थव्यवस्था पर वर्षाभाव का असर पड़ता है। इस प्रकार भिन्न-भिन्न परिस्थितियों में सूखा का प्रभाव और प्रकार बदलता रहता है। मुख्य रूप से सूखा को चार वर्गों में बाँटा जा सकता है :

(1) मौसम सम्बन्धी सूखा,
(2) कृषीय सूखा,
(3) जल सम्बन्धी सूखा, और
(4) सामाजिक-आर्थिक सूखा।

(1) मौसम सम्बन्धी सूखा

लम्बे समय तक वर्षा की असामान्य कमी के कारण मौसम सम्बन्धी सूखा पड़ता है। साधारणतया जब किसी स्थान पर वास्तविक वर्षा, लम्बी अवधि की वर्षा के माध्यमान से कम हो तब उस स्थान पर मौसम सम्बन्धी सूखा की पहचान होती है। सूखा की तीव्रता वर्षा की कमी और अवधि पर निर्भर करती है। मौसम सम्बन्धी सूखा की परिभाषा अलग-अलग स्थानों के लिए भिन्न-भिन्न होती है, क्योंकि विश्व के विभिन्न भागों में मौसम की अवस्थाएँ सदैव एक समान नहीं रहती। इसलिए सूखा की पहचान के लिए शुष्कता की मात्रा निर्धारित करना अनिवार्य होता है।

भारत जैसे देश में, जहाँ कि वर्ष की कुल वर्षा का 75% से अधिक भाग ग्रीष्मकालीन मानसून के चार महीनों (जून से सितम्बर) के दौरान रिकॉर्ड होता है,

वर्षा की असामान्य कमी मौसम सम्बन्धी सूखा को जन्म देती है। इसलिए भारत में मानसून की विफलता से देश की अर्थव्यवस्था पर भी बुरा असर पड़ता है।

(2) कृषीय सूखा

जब लम्बे समय तक मृदानमी के अभाव के कारण पेड़-पौधे, फसलें तथा अन्य प्रकार की वनस्पतियाँ क्षतिग्रस्त हो जाती हैं, तब कृषीय सूखा की पहचान होती है। लम्बी अवधि का मौसम सम्बन्धी सूखा अन्ततः कृषीय सूखा के रूप में विकसित हो जाता है। फसल की बढ़वार के लिए वर्षा का उपयुक्त समय पर उचित मात्रा में होना एक अत्यन्त महत्त्वपूर्ण तथ्य है। विभिन्न प्रकार के पेड़-पौधों द्वारा जल की आवश्यकता अनेक बातों पर निर्भर करती है। उदाहरणार्थ, मौसम की वर्तमान अवस्थाएँ, पौधों के जैविक लक्षण और बढ़वार के चरण तथा जमीन के भौतिक एवं जैविक गुण आदि।

(3) जल सम्बन्धी सूखा

वर्षा की लगातार कमी के कारण प्राकृतिक जलाशयों में जलस्तर असामान्य रूप से गिर जाता है। इसके फलस्वरूप नदी, नहर, तालाब, कुओं एवं अन्य जलागारों में जल की कमी हो जाती है। विद्युत्, सिंचाई एवं अन्य कार्यों के लिए जल का संकट उत्पन्न हो जाता है। अत्यधिक वाष्पोत्सर्जन और वर्षाभाव के कारण जमीन काफी गहराई तक शुष्क हो जाती है। पेय जल की कमी से मनुष्य और मवेशियों का जीवन दुष्प्रभावित होता है। लिंसले इत्यादि (1975) ने जल सम्बन्धी सूखा को निम्न प्रकार से परिभाषित किया है :

'जल सम्बन्धी सूखा उस समय विकसित होता है जब एक निश्चित जल सम्बन्धी प्रणाली के अन्तर्गत, सुस्थापित उपयोगों के संभरण को पूरा करने में नहरों का जलप्रवाह पर्याप्त न हो।'

व्हिप्पल (1966) के अनुसार 'जल सम्बन्धी सूखा वर्ष की पहचान के लिए कुल जलप्रवाह लम्बी अवधि के औसत जलप्रवाह से कम होना चाहिए। परन्तु सूखा की पहचान के लिए प्रायिकता का स्तर तथा सूखा के दिनों की संख्या, नहरों एवं नदियों के जलग्रहण क्षेत्रों पर निर्भर करती है।'

सूखा का क्षेत्रीय विस्तार

सूखा एक सीमित क्षेत्र से लेकर सैकड़ों वर्ग किलोमीटर क्षेत्र में फैल सकता है। महाद्वीपीय सूखा हजारों वर्ग किलोमीटर क्षेत्र को प्रभावित करता है। यद्यपि समूचे महाद्वीप का सूखाग्रस्त होना सम्भव नहीं प्रतीत होता, फिर भी ऑस्ट्रेलिया जैसे महाद्वीप का आधा भाग 50 वर्ष में एक बार सूखा की चपेट में आ सकता है। येवजेविच (1967) ने महाद्वीपीय सूखा के निम्नलिखित क्षेत्रीय गुणों एवं लक्षणों

का उल्लेख किया है :

(क) भीषण महाद्वीपीय सूखा का क्षेत्रीय विस्तार 50 से 150 लाख वर्ग किलोमीटर होता है।

(ख) भीषण सूखा जितना बड़ा होगा, उसकी क्षेत्रीय विस्तार उतना ही अधिक होगा।

(ग) सूखाग्रस्त क्षेत्र का आकार वृत्त की अपेक्षा दीर्घवृत्त (Ellipse) के समान हो सकता है।

सूखावधि

सूखा की अवधि पर सूखा की भीषणता निर्भर करती है। लम्बी अवधि तक निरन्तर सूखा पड़ने की घटना सूखा के प्रभाव को विकट बना देती है। विश्व के अनेक भागों में कृषीय सूखा की अवधि और तीव्रता भिन्न-भिन्न पर्यावरणिक क्षेत्रों पर निर्भर करती है। विश्व के कुछ भागों में निरन्तर 12 माह तक सूखा की घटनाएँ दृष्टिगोचर हुई हैं। परन्तु कुछ क्षेत्रों में लगातार कई वर्षों तक सूखा पड़ने की घटना भी देखी गई है। सोमालिया में कुछ वर्षों से लगातार सूखा पड़ रहा है और अब इसने विनाशकारी रूप धारण कर लिया है। प्रतिदिन सैकड़ों लोग भूख से मर रहे हैं।

सूखा का आरम्भ और अन्त

सूखा का आरम्भ और अन्त सूखा के प्रकार पर निर्भर करता है। मौसम सम्बन्धी सूखा का आरम्भ वर्षा बन्द होने के समय से सम्बन्धित नहीं होता, बल्कि मृदानमी की पूर्ति सूखा की पहचान को जटिल और कठिन बना देती है।

प्रायः सूखा का अन्त भी उसके आरम्भ की भाँति अस्पष्ट होता है। विशेष परिस्थितियों में जब कुछ विशेष प्रकार की मौसम प्रणालियों के फलस्वरूप भारी वर्षा होती है, सूखा समाप्ति का संकेत मिलता है। परन्तु केवल एकाध अवसर पर ही भारी वर्षा होना पर्याप्त नहीं, क्योंकि थोड़े समय में मृदानमी पौधों की जड़ों तक नहीं पहुँच पाती।

सूखा के कारण और प्रभाव

(क) कारण

विभिन्न परिस्थितियों में सूखा के कारण और प्रभाव परिवर्तित होते हैं। लम्बे समय तक जल की कमी को सूखा का मुख्य कारण माना जा सकता है। जल वर्षा के रूप में हो या मृदानमी के रूप में, जल की कमी विभिन्न रूप में दृष्टिगोचर होती है। जलाभाव के मुख्य कारण निम्न प्रकार है :

(1) **वर्षा की कमी** : लम्बी अवधि के लिए वर्षा की कमी से जमीन व

पेड़-पौधे सूख जाते हैं तथा जलाशयों में पानी का स्तर कम हो जाता है। भारत में मानसून की वर्षा कहीं सामान्य से कम होती है तो कहीं ज्यादा। किसी वर्ष के दौरान पूर्वी प्रदेशों में अत्यधिक वर्षा के कारण बाढ़ आ जाती है और पश्चिमी भारत में वर्षा की कमी के कारण भीषण सूखा पड़ता है।

(2) **मृदानमी की कमी** : वर्षा की कमी के कारण पेड़-पौधों को मिलनेवाले मृदाजल में भी कमी आ जाती है। ऐसी स्थिति में पेड़-पौधे मृदाजल का उपयोग करते रहते हैं और धीरे-धीरे मृदाजल कम होता जाता है। अन्ततः मृदाजल के अभाव में पेड़-पौधे सूख जाते हैं। वास्तव में पौधों द्वारा मृदाजल की माँग उपलब्ध मृदाजल, मौसम की दशाओं, पौधों के जैविक लक्षण और बढ़वार के चरण तथा जमीन के अन्दर पोषक तत्त्वों की उपलब्धता पर निर्भर करती है। सूखा की तीव्रता इस बात पर निर्भर करती है कि जमीन में मृदानमी की कमी कितनी गहराई तक और कितने समय तक बनी रहती है।

(3) **पर्यावरणिक परिवर्तन** : सूखा, वायुमंडलीय परिसंचरण में होनेवाली व्यापक अनियमितताओं से सम्बन्धित सामान्य जलवायुविक परिवर्तन का क्षेत्रीय स्वरूप है। इन अनियमितताओं को निम्न घटकों के आधार पर समझा जा सकता है :

(अ) बड़े पैमान के वायुमंडलीय परिसंचरण के नमूनों को स्पष्ट करनेवाले भौतिक बल।

(आ) क्षेत्रीय तथा स्थानीय घटक जो बड़े पैमाने की पर्यावरणिक पृष्ठभूमि पर स्थानीय विशेषताओं को प्रतिबिम्बित करते हैं।

पर्यावरणिक परिवर्तनों के कारण सूखा की उत्पत्ति को स्पष्ट करनेवाली परिकल्पनाओं को मुख्यतः दो वर्गों में विभाजित किया जा सकता है :

(i) अपार्थिव परिवर्ती बल जो कि परिसंचरणीय परिवर्तनों के लिए उत्तरदायी है।

(ii) पृथ्वी-समुद्र-वायुमंडल प्रणाली के अन्दर होनेवाले स्वजनित परिवर्तन।

पृथ्वी के ऊष्मा-सन्तुलन को अनेक घटक प्रभावित करते हैं जैसे ज्वालामुखी पर्वतों के भीषण विस्फोट के फलस्वरूप वायुमंडल में जानेवाली ढेरों राख और धूलिकण, जलवाष्प, कार्बन डाइऑक्साइड तथा ओजोन आदि। ये सौर विकिरण के चयनशील अवशोषक हैं जो पृथ्वी के ऊष्मा-सन्तुलन को संशोधित करने की क्षमता रखते हैं। यह माना जाता है कि सूर्य धब्बों की तरह सौर विकिरण की मात्रा व वर्णक्रम के गुण 80 से 90 वर्ष के अन्तराल पर नियमित चक्र में निरन्तर बदलते रहते हैं।

(ख) प्रभाव

सूखा चाहे किसी प्रकार का हो, इससे अनेक तरह की सामाजिक और आर्थिक समस्याएँ उत्पन्न हो जाती हैं। उदाहरणार्थ, खाद्य सामग्री की माँग, संभरण तथा

वितरण से सम्बन्धित कठिनाइयाँ प्रशासन तथा समाजसेवी संस्थाओं के लिए चुनौती का रूप धारण कर लेती हैं। विनाशकारी सूखा से उत्पन्न जटिलताओं के कारण समाज का प्रत्येक वर्ग प्रभावित होता है। जिनके पास कुछ नहीं होता, उनकी मृत्यु तक हो सकती है।

सूखा के प्रभाव को मुख्यतः निम्न वर्गों में विभाजित किया जा सकता है :

(1) सामाजिक प्रभाव,

(2) आर्थिक प्रभाव,

(3) औद्योगिक प्रभाव, और

(4) पर्यावरणीय प्रभाव।

(1) सामाजिक प्रभाव : समाज की विभिन्न गतिविधियाँ सूखा की चपेट में अव्यवस्थित हो जाती हैं। दूरस्थ क्षेत्रों में, जहाँ समय पर राहत सामग्री नहीं पहुँचाई जा सकती, प्रभावित लोगों की कठिनाइयाँ बढ़ जाती हैं। केन्द्र एवं राज्य सरकार तथा स्थानीय संस्थाओं द्वारा सूखाग्रस्त क्षेत्रों में लोगों के लिए खाद्य-सामग्री, उपचार तथा सुरक्षा के समुचित प्रबन्ध करना प्राथमिक महत्त्व के कार्य हैं।

सूखाग्रस्त क्षेत्र में अनेक प्रकार की विकट समस्याएँ उत्पन्न हो जाती हैं, जैसे, रोग-वृद्धि, बेकारी, जल एवं वायु प्रदूषण का दुष्प्रभाव, जमा-पूँजी का ह्रास आदि। समाज के साधारण प्राणी का जीवन संकट से घिर जाता है।

(2) आर्थिक प्रभाव : सूखा के दौरान खाद्य-सामग्री एवं पेयजल की कमी से गम्भीर समस्याएँ उत्पन्न हो जाती हैं। आवश्यक वस्तुओं के मूल्य बढ़ जाते हैं। दूरस्थ स्थानों में जल एक दुर्लभ और कीमती पदार्थ बन जाता है। पशुओं का चारा भी महँगा हो जाता है। परन्तु ऐसी प्राकृतिक विपत्ति के समय समाज के कुछ स्वार्थी और लोभी लोग सूखा पीड़ित वर्ग की विवशताओं का अनुचित लाभ उठाकर धनोपार्जन की धुन में जुट जाते हैं। खाद्यान्नों के भाव बढ़ने से समाज के साधनहीन और निर्धन लोग भूख और दर्दनाक मौत के शिकार हो जाते हैं।

सूखाग्रस्त इलाकों में फसल के नष्ट होने की वजह से बेचारे किसान की गाढ़े पसीने की कमाई पर पानी फिर जाता है। मवेशियों की मृत्यु से उसका आर्थिक संकट और भी गहरा हो जाता है।

विद्युत्, जल, खाद्यान्न आदि का अभाव सरकार के लिए राजस्व की क्षति का मुख्य कारण बनता है। अतः सूखा के विनाशकारी प्रभाव के कारण परिवार, समाज और समूचे राष्ट्र के लिए एक प्रकार का आर्थिक संकट उत्पन्न हो जाता है। व्यापक और विस्तृत भीषण सूखा के कारण अनेक राष्ट्रों के समूह की आर्थिक स्थिति भी दुष्प्रभावित हो जाती है।

(3) उद्योगों पर प्रभाव : सूखा के कारण अनेक प्रकार के उद्योग संकटग्रस्त हो जाते हैं। कृषि उत्पादन से सम्बन्धित उद्योग-कारखाने सर्वाधिक प्रभावित होते

हैं। इसके अतिरिक्त दुग्ध उत्पादन, मत्स्योत्पादन आदि भी बुरी तरह प्रभावित होते हैं। वास्तव में सूखाजनित प्रभाव एक-दूसरे पर निर्भर करते हैं। सूखा के दौरान उद्योग-कारखानों को पर्याप्त विद्युत्-शक्ति नहीं मिल पाती जिसके कारण अनेक प्रकार की वस्तुओं का उत्पादन कम हो जाता है। विद्युत् की कमी से छोटे-बड़े कारखाने तथा औद्योगिक इकाइयाँ आर्थिक संकट में फँस जाती हैं।

(4) **पर्यावरणीय प्रभाव** : एक ऐसे पर्यावरण में, जिसमें कि मनुष्य की गतिविधियों के कारण उल्लेखनीय परिवर्तन नहीं होते, पर्यावरणिक भौतिक एवं जैविक दशाओं के बीच सन्तोषजनक सन्तुलन बना रहता है। परन्तु सूखा, बाढ़ अथवा भीषण आग जैसी विनाशकारी घटनाओं से यह सन्तुलन बिगड़ जाता है।

सूखा के दौरान पौधों के नष्ट होने पर हवा, वर्षा और विकिरण के कारण मृदा का ह्रास होने लगता है। मवेशियों के मरने पर उनकी लाशें सड़ने के कारण वातावरण में अनेक रोगों के कीटाणु फैल जाते हैं। वायु दुर्गन्धमय हो जाती है। महामारी फैल जाती है।

सूखा के कारण पेड़-पौधे नष्ट होने पर जमीन बंजर हो जाती है। जमीन के अन्दर नमी को थामे रखने की क्षमता बहुत कम हो जाती है। इसके फलस्वरूप बाढ़ की सम्भावनाएँ बढ़ जाती हैं। सूखा तीव्रीकरण और अनुलम्बना के साथ-साथ सूखा का विनाशकारी प्रभाव बढ़ता जाता है। हमारा पर्यावरण अनेक रूप से दुष्प्रभावित होता है।

सूखा क्षेत्र

विश्व के मानचित्र पर फैले अधिकांश महाद्वीप किसी-न-किसी समय भीषण सूखा की चपेट में आते रहे हैं। उष्ण कटिबन्धों में विस्तृत मरुस्थल फैले हुए हैं, जो कि उपोष्ण कटिबन्धीय प्रतिचक्रवातों के दाईं ओर स्थित हैं। इन क्षेत्रों में वायु का अवतलन होता है जिसके फलस्वरूप वायु शुष्क हो जाती है। यही वे अनावृष्टि-क्षेत्र हैं जहाँ निरन्तर शुष्कता का प्रभुत्व रहता है। अनावृष्टिजनित सूखा की परिघटनाएँ उष्ण कटिबन्धीय प्रदेशों में प्रायः दिखाई देती हैं। अफ्रीका, एशिया, आस्ट्रेलिया और अमरीकी महाद्वीप भीषण सूखा के कारण विनाश के तांडव का शिकार बन चुके हैं।

(i) अफ्रीका

अफ्रीका महाद्वीप विभिन्न प्रकार के उष्ण कटिबन्धीय एवं तापमान सम्बन्धी जलवायु प्रदेशों में विभाजित है। परन्तु ये मुख्यतः शुष्क और अर्धशुष्क श्रेणी में आते हैं जहाँ कि वर्षा की वार्षिक परिवर्तिता एवं दीर्घावधि प्रवृत्तियाँ अपेक्षाकृत अधिक हैं।

उन्नीसवीं शताब्दी के गैर-उपकरणीय अभिलेखों से अफ्रीका में 1820 से 1840 के दौरान सूखा का दीर्घावधि प्रभाव ज्ञात किया गया है जिसकी तुलना 1968-84 के सूखा से की जा सकती है। इस अवधि में उत्तरी अफ्रीका के

अर्ध-मरुस्थलीय साहेल और सूडान प्रदेशों में बीसवीं शताब्दी की वर्षा की न्यूनतम कमी पाई गई जिसके फलस्वरूप 1968-73 का भीषण सूखा पड़ा। तत्पश्चात् 1974 व 1975 में मध्यम वर्षा हुई और फिर सूखा-ही-सूखा। अन्ततः 1984 में विनाशकारी सूखा अपनी चरम सीमा पर था। इसका सर्वाधिक प्रभाव इथियोपिया में पड़ा जहाँ कि 10 लाख लोग मौत के विकराल गाल में समा गए। पशुओं के अस्थिपंजरों के ढेर लग गए। महामारी फैल गई। चारों ओर मौत का साम्राज्य छा गया।

पश्चिमी अफ्रीका की प्रसिद्ध नदियों—सेनेगल, नाइजर व चाद का जलस्तर इतना गिर चुका है कि नाइजर के आन्तरिक डेल्टाई प्रदेश तथा सेनेगल के सपाट मैदान, जहाँ प्रायः बाढ़ का प्रकोप रहता था, अब खेती-बाड़ी के लायक भी नहीं रह गए हैं। अस्वान बाँध पर नील का जलस्तर अप्रत्याशित रूप से गिर चुका है तथा चाद झील तो लगभग लुप्त हो चुकी है।

दक्षिणी अफ्रीका एक शुष्क क्षेत्र है। यहाँ संसार की 860 मि.मी. वार्षिक वर्षा की तुलना में केवल 475 मि.मी. औसत वार्षिक वर्षा होती है। दक्षिणी अफ्रीका के 65% भाग में, वर्ष भर में 500 मि.मी. से भी कम वर्षा होती है जो कि शुष्क खेती के लिए वर्षा की न्यूनतम मात्रा मानी जाती है।

दक्षिणी अफ्रीका के विभिन्न भागों में भीषण सूखा पड़ा है। मध्य भाग में 1930-31 और 1932-33 के दौरान तथा पूर्वी भाग में 1980-81 और फिर 1982-83 के दौरान भीषण सूखा की घटनाएँ उदाहरण मात्र हैं। कहा जाता है कि 1980 का विनाशकारी सूखा 1930, 1940 एवं 1960 के दशकों में सूखा की घटनाओं से कहीं अधिक और विस्तृत था। इसे विगत 200 वर्ष के भीषणतम सूखा की संज्ञा दी गई है। फिलहाल सोमालिया में भीषण सूखा का आतंक छाया हुआ है।

केनिया में अधिकांश वर्षा मार्च से मई के दौरान होती है। इन महीनों में किसी वर्ष वर्षा की कमी सूखा का रूप धारण कर लेती है। पिछले 50 वर्षों में सबसे भीषण सूखा 1984 में पड़ा जब केनिया के मध्य एवं पूर्वी भाग में वर्षा नहीं हुई। वास्तव में 1983 में ही केनिया के पूर्वी प्रान्त में सूखा आरम्भ हो चुका था जो कि 1984 में मध्य भागों में फैल गया तथा केनिया के चरागाहों को भी निगल गया। अकाल के दौरान लोगों के पास धन तो था, परन्तु अनाज की भीषण कमी थी। लोग अकसर कहा करते—मैं धन के साथ ही मर जाऊँगा।

(ii) अमरीका

उत्तरी अमरीका में सीमित अवधि का सूखा पड़ता है तथा यह आगामी फसल-ऋतु को प्रभावित नहीं करता। यहाँ तक कि इसका क्षेत्रीय विस्तार भी सीमित होता है तथा भीषण सूखा से प्रभावित क्षेत्रों के बीच-बीच में वर्षावाले स्थान भी आ जाते हैं। आम तौर पर सूखा का प्रकोप क्षेत्रीय और सामयिक दृष्टि से छोटे पैमाने

पर दिखाई देता है। उदाहरणार्थ, 1930 में भीषण सूखा के दौरान विशाल मैदानों के सीमित भाग ही प्रभावित हुए। इसी प्रकार 1983 से 1985 के दौरान कनाडायी प्रान्तों में भीषण सूखा के कारण गेहूँ की फसल कुछ ही क्षेत्र में दुष्प्रभावित हुई।

विस्तृत मैदानों में, वर्षाभाव का मुख्य कारण मध्य पैमाने की मौसम प्रणालियों में निहित है। साथ ही, इन्हें नियन्त्रित करनेवाली समसामयिक प्रणालियों के साथ इनका गहरा सम्बन्ध होने के कारण पूर्वी प्रान्तों में रात्रि के समय वर्षा की अधिकता पाई जाती है।

अमरीका में व्यापक और भीषण सूखा 1970-80 वाले दशक के मध्य एवं उत्तरार्ध में मध्य-पश्चिमी भागों, विशाल मैदानों, रॉकी पर्वत शृंखलाओं, सिएरा निवेदा तथा उत्तर-पश्चिमी प्रशान्त क्षेत्रों में मौत के साए की भाँति फैल गया। यह विनाशकारी सूखा 1974 में आरम्भ हुआ और तत्पश्चात् 1975 में मामूली वर्षा हुई। फिर 1976 में सूखा की पुनरावृत्ति हुई। अनेक पश्चिमी राज्य सूखा की चपेट में आ गए। मई में सम्पूर्ण केलिफोर्निया सूखाग्रस्त हो गया। फिर तो नेब्रास्का, डकोटा, मिनेसोटा और विस्कोंसिन के क्षेत्रों में भी विनाशकारी सूखा फैल गया तथा इसने 1977 में विकराल रूप धारण कर लिया। इन सूखा वर्षों के दौरान अपार आर्थिक हानि हुई। कृषि-क्षेत्र सर्वाधिक दुष्प्रभावित हुआ।

1976-77 के दौरान कनाडा के अनेक प्रान्तों में सूखा का प्रभाव पड़ा। अलबर्टा, मनिटोना और सस्काचेवान प्रान्तों पर सूखा का काला साया छा गया। इन प्रान्तों के अधिकांश भागों में, सितम्बर 1976 से अप्रैल 1977 के दौरान वर्षा सामान्य से 50 प्रतिशत कम हुई। यह वर्षाभाव अप्रैल माह में सामान्य से कम हिम-पैक, न्यून मृदानमी तथा नहरों व अन्य जलागारों में जलस्तर में गिरावट के रूप में दृष्टिगोचर हुआ। सौभाग्य से मई के अन्त में भारी वर्षा के कारण व्यापक सूखा का विनाशकारी प्रभाव टल गया।

ब्राजील में पड़नेवाला सूखा उष्ण कटिबन्धों की सबसे विनाशकारी पर्यावरणिक परिघटना है। ब्राजील में ऋतुएँ विषुवतीय द्रोणी के अक्षांशीय अभिसरण द्वारा नियन्त्रित होती हैं। उत्तर-पूर्वी ब्राजील कई बार भीषण सूखा का शिकार बन चुका है। भीषण सूखा और अकाल से बचने के लिए लोग ब्राजील के अन्य भागों में पलायन कर जाते हैं। वास्तव में यह सिलसिला सत्रहवीं शताब्दी में ही शुरू हो गया था। 1877-79 के विनाशकारी अकाल के दौरान ही 'नर्देस्त सेकॅस' अथवा सूखा को राष्ट्र की एक गम्भीर समस्या एवं प्राकृतिक विपत्ति के रूप में पहचाना गया। फिर 1958 के भीषण सूखा के फलस्वरूप 'सूडेन' नामक एक राष्ट्रीय विशेषज्ञ एजेन्सी की स्थापना हुई। परन्तु ब्राजील को जानलेवा सूखा से मुक्ति नहीं मिल पाई और 1970 तथा 1977-79 में पुनः भीषण सूखा का आतंक फैल गया।

ब्राजील के 400 वर्षों से अधिक पूर्व के अभिलेखों से ज्ञात हुआ है कि 1583 में भीषण सूखा अर्धशुष्क क्षेत्रों को लाँघता हुआ उत्तर-पूर्वी ब्राजील में फैल गया।

इसका उल्लेख फादर फरनाओ कार्डिन की विख्यात कृति एपिस्टोलरी नेरेशन ऑफ 'एजिसूट वोयेज एंड मिशन' में मिलता है।

(iii) आस्ट्रेलिया

केवल आस्ट्रेलिया ही ऐसा महाद्वीप है जो पूर्णतः सूखा से प्रभावित हो जाता है। यह कवियों और सूखा का देश माना जाता है। कविताओं के माध्यम से सूखा के विनाशकारी और भयावह प्रभाव का वर्णन मिलता है। उदाहरणार्थ, डब्ल्यू.एच. ओगिल्वि की प्रसिद्ध पंक्तियों में सूखा की आतंकपूर्ण प्रकृति का उल्लेख निम्न प्रकार से हुआ है :

मैं हूँ स्वामी ! भयानक, सम्राट् सूखा,
और विशाल पश्चिमी प्रदेश पर
साम्राज्य है, मेरा-ही-मेरा।

सूखा सम्बन्धी पारम्परिक लोकोक्तियाँ आस्ट्रेलिया में काफी प्रचलित और लोकप्रिय हैं। निश्चय ही आस्ट्रेलिया में पड़नेवाले भीषण सूखा के विनाशकारी प्रभाव से 'भयानक सम्राट् सूखा' की कहावत शब्दशः सत्य प्रतीत होती है। बहिरुष्ण कटिबन्धीय ऑस्ट्रेलियायी क्षेत्रों में फसलों की मुख्य ऋतु मई से दिसम्बर तक होती है। इस अवधि में ही अधिकांश वर्षा होती है। भीषण सूखा की अवस्था में इसका प्रभाव मई से प्रारम्भ होकर लगभग बारह महीने तक रहता है। इस प्रकार आस्ट्रेलिया में महाद्वीपीय सूखा पड़ता है।

आस्ट्रेलिया, जिसे एक प्रकार का मरुस्थलीय महाद्वीप माना जा सकता है, लम्बी अवधिवाले सूखों का शिकार रहा है। वर्तमान शताब्दी में, 1945 से 1972 के दौरान यह शुष्क महाद्वीप सूखा अनुलम्बना से ग्रस्त रहा। इस सूखा का अन्त बेहद दुखदायी था। 1972 में सूखा के विनाशकारी प्रभाव ने वहाँ के निवासियों को इतना भयभीत कर दिया कि वे लोग हताश और दुखी हो गए तथा उनके दिलों से अच्छे दिनों की यादगार लुप्तप्राय हो गई। पुनः 1982-83 के दौरान भीषण सूखा ने आस्ट्रेलिया के विस्तृत क्षेत्र को निगल लिया। इसके कारण कृषि उत्पादन तो दुष्प्रभावित हुआ ही, जान-माल की भी अपार क्षति हुई।

(iv) एशिया

एशिया महाद्वीप विभिन्न प्रकार की जलवायुवाले अनेक देशों से मिलकर बना एक विशाल भूखंड है। अधिकांश एशियायी देशों को यदा-कदा सूखा जैसी प्राकृतिक विनाशकारी घटना का सामना करना पड़ता है। भारत, रूस, चीन, जापान, इंडोनेशिया आदि देशों में सूखा का प्रकोप दृष्टिगोचर होता रहता है। 1972 में भीषण सूखा से दक्षिण और दक्षिण-पूर्वी एशियायी क्षेत्रों में खाद्यान्नों की गम्भीर

समस्या उत्पन्न हो गई।

भारत में सूखा की घटनाएँ दुर्लभ नहीं हैं। उन्नीसवीं और बीसवीं शताब्दियों में भीषण सूखा के कारण अनाज की कमी और भुखमरी से लाखों लोग मौत के शिकार हो गए। 1770 से 1880 के दौरान आठ बार अकाल ने भीषण प्रहार किया। 1800-1825 के दौरान विनाशकारी अकाल से लगभग 10 लाख लोगों की मृत्यु हो गई और 1825-50 में 4 लाख लोग मर गए। 1875-1900 में एक करोड़ 50 लाख लोग काल के विकराल गाल में समा गए। अकाल से मरनेवालों की संख्या में वृद्धि का मुख्य कारण केवल भीषण सूखा ही नहीं अपितु खाद्यान्नों के बंटन के लिए समुचित साधनों का अभाव भी रहा। प्रशासनिक प्रणाली की असफलता से स्थिति और भी बिगड़ गई। परन्तु 1965-66 के देशव्यापी भीषण सूखा के फलस्वरूप प्रशासकों और योजनाकारों ने अकाल जैसी भयावह स्थिति के मूल कारणों को पहचानकर उन्हें रोकने हेतु समुचित उपाय किए। यही कारण है कि विगत कुछ दशकों में भीषण सूखा की घटनाओं के बावजूद देश में अकाल की पुनरावृत्ति नहीं हुई। युद्ध-स्तर पर किए जानेवाले राहत कार्यों एवं सामयिक सहायता के फलस्वरूप लाखों लोगों की जान बची है।

चित्र 5.2 में विभिन्न सूखा वर्षों के दौरान धान व गेहूँ का उत्पादन और वर्षा की मात्रा को दिखाया गया है।

भारत में पूर्वी एवं पश्चिमी राजस्थान, उत्तरप्रदेश, पंजाब, हिमाचल प्रदेश, पूर्वी एवं पश्चिमी मध्यप्रदेश, विदर्भ, गुजरात, महाराष्ट्र, बिहार आदि क्षेत्रों में सूखा का प्रकोप दिखाई देता रहता है।

हमारे देश का मौसम इतना जटिल, परिवर्ती और विलक्षण है कि एक ही वर्ष के दौरान जब देश के पश्चिमी भागों में भीषण सूखा पड़ता है तो पूर्वी क्षेत्रों में मूसलाधार वर्षा के कारण भीषण बाढ़ का प्रकोप दिखाई देता है।

सूखा विश्लेषण की विधियाँ

सूखा को मौसम के मूल तत्त्वों की भाँति उपकरणों से नहीं मापा जा सकता। सूखा की पहचान के लिए विभिन्न प्रकार की विधियाँ प्रयुक्त की जाती हैं जो सूखा क्षेत्र के भौतिक एवं पर्यावरणिक लक्षणों पर निर्भर करती हैं। मौसम के प्रत्यक्ष एवं परोक्ष घटकों का विश्लेषण किया जाता है, जैसे, वर्षा, तापमान, वाष्पोत्सर्जन, मृदानमी आदि। कुछ महत्त्वपूर्ण विधियों का उल्लेख निम्न पंक्तियों में किया गया है।

(क) सांख्यिकी विधियाँ

वर्षा के साप्ताहिक, मासिक और वार्षिक आँकड़ों के आधार पर सूखा के प्रसार, तीव्रता एवं अनुलम्बना का विश्लेषण किया जाता है। सांख्यिकी विधियों पर आधारित सरल एवं अत्यन्त उपयोगी सूत्रों का प्रयोग किया जाता है। इनका संक्षिप्त

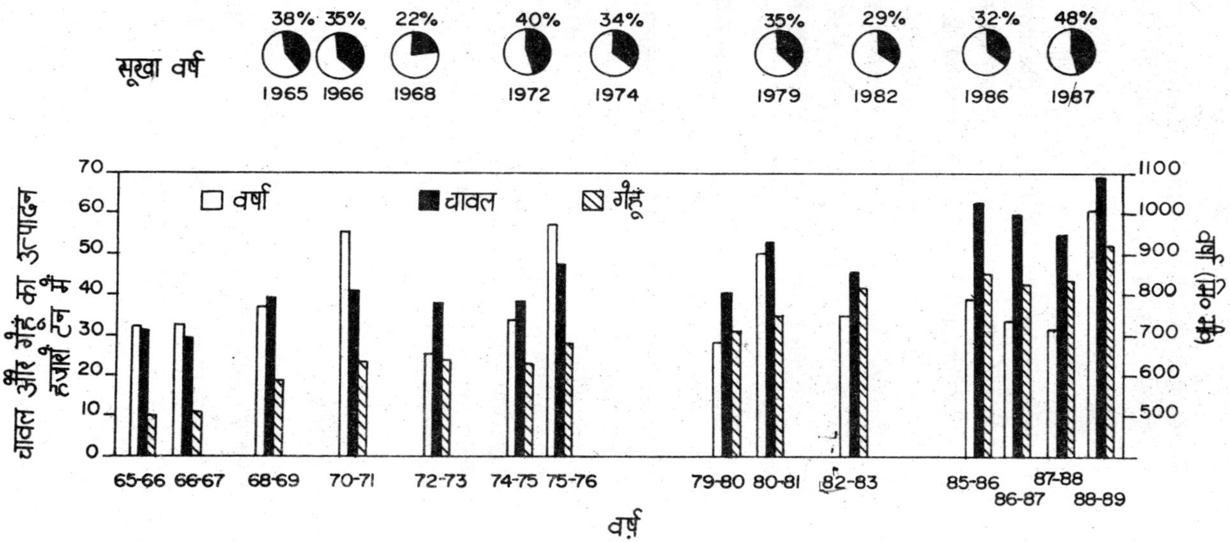

चित्र 5.2 भारत में विभिन्न सूखा वर्षों के दौरान चावल व गेहूँ की फसल का उत्पादन और वर्षा की मात्रा का तुलनात्मक प्रस्तुतिकरण (संदर्भ—अप्पाराव और हरिनारायण श्रीवास्तव, 1991)

विवरण निम्न प्रकार है :

(1) सामान्य वर्षा–वर्षा के आँकड़ों से औसत मान ज्ञात करके प्रायः सामान्य वर्षा का आकलन किया जाता है, फिर वास्तविक वर्षा के सामान्य वर्षा से प्रत्यन्तर ज्ञात किए जाते हैं। इन विचलित मानों के द्वारा विभिन्न मापदंडों के आधार पर सूखा की पहचान की जाती है।

(2) वर्षा की बारम्बारता–सामान्य अथवा औसत वर्षा के अतिरिक्त मासिक वर्षा के आँकड़ों को किसी माह के लिए निर्धारित मात्रा से कम वर्षा की बारम्बारता के रूप में प्रदर्शित किया जा सकता है। इस प्रकार सूखा अवधियों की पहचान की जाती है।

(3) वर्षा की परिवर्तिता–वर्षा की बारम्बारता के बंटन के प्रकीर्णन (Dispersion) को मापने के लिए मानक विचलन ज्ञात करने की विधि अत्यधिक प्रचलित और उपयोगी है। परन्तु इसे केवल सामान्य रूप से बंटित प्राचल के लिए ही प्रयुक्त किया जा सकता है।

(4) वर्षा के दशतमक–किसी स्थान पर वर्षा के निश्चित बंटन को ज्ञात करने के लिए वर्षा के दशतमकों का प्रयोग किया जाता है। दशतमकों के परिसर से वर्षा के प्रत्यन्तरों के बारे में उपयोगी जानकारी मिलती है। एक दशतमक में निर्धारित सीमाओं के बीच वर्षा की मात्रा पाई जाती है। उदाहरणार्थ, प्रथम दशतमक वर्षा की उस मात्रा को दर्शाता है जो कि वर्षा के न्यूनतम 10 प्रतिशत से अधिक नहीं होती। दशतमकों के विभिन्न मानों के आधार पर भिन्न-भिन्न तीव्रता के सूखा की पहचान की जाती है। आस्ट्रेलिया में सूखा की पहचान के लिए वर्षा के दशतमकों का प्रयोग किया जाता है जो कि उपयोगी सिद्ध हुआ है।

(5) वर्षा के प्रत्यन्तर–लम्बी अवधि के लिए वर्षा के मासिक/साप्ताहिक आँकड़ों से आकलित औसम अथवा सामान्य मानों से वर्षा के प्रत्यन्तरों के आधार पर विभिन्न तीव्रता के सूखों की पहचान सरलता से की जा सकती है। भारत मौसम विज्ञान विभाग (1976) द्वारा मौसम सम्बन्धी सूखा की पहचान के लिए सामान्य वर्षा से मानसूनी वर्षा (जून से सितम्बर) के प्रत्यन्तरों का प्रयोग किया जाता है। जब किसी वर्ष मानसूनी वर्षा के प्रत्यन्तर 25 प्रतिशत से अधिक हों, तो सूखा की पहचान होती है। सूखा की तीव्रता ज्ञात करने के लिए निम्न मापदंड का प्रयोग किया जाता है :

सूखा तीव्रता	वर्षा के प्रत्यन्तर
मध्यम	26 से 50 प्रतिशत
भीषण	50 प्रतिशत से अधिक

सूखा क्षेत्र घोषित करने के लिए यह आवश्यक माना गया है कि उस स्थान

पर सूखा की बारम्बारता 20 प्रतिशत या अधिक होनी चाहिए। सूखा वर्ष की पहचान के लिए भारत का कम-से-कम 20 प्रतिशत क्षेत्र सूखाग्रस्त होना चाहिए।

वर्षा के प्रत्यन्तरों के आधार पर, 1875 से 1994 के दौरान सूखा वर्ष, सूखाग्रस्त क्षेत्र की तीव्रता को तथा मध्यम और भीषण सूखा की प्रायिकता को चित्र 5.3 में दिखाया गया है। सन् 1875 से 1994 तक की 120 वर्ष की अवधि के आँकड़ों के आधार पर यह ज्ञात हुआ कि 1918 में सर्वाधिक व्यापक सूखा पड़ा जबकि देश का 70 प्रतिशत भाग सूखा की चपेट में आया। इसी प्रकार 1987 चौथे नम्बर पर था जबकि देश का 47 प्रतिशत भाग सूखाग्रस्त हुआ। यह उल्लेखनीय है कि 1987 के दौरान देश के 50 प्रतिशत उपमंडलों में मध्यम अथवा भीषण तीव्रता का सूखा पड़ा। 1875 से 1994 के दौरान कुल 25 सूखा वर्षों का पता चला। लगातार 2 सूखा वर्ष दो विभिन्न अवसरों पर, 1904-1905 और 1965-1966 में पाए गए। चित्र 5.4 (क) एवं (ख) में भारत में क्रमशः मध्यम और भीषण सूखों की प्रतिशत प्रायिकता दिखाई गई है।

(ख) जल-सन्तुलन विधियाँ

धरातल की नमी अथवा शुष्कता अनेक बातों पर निर्भर करती है। जैसे, धरातल की प्रकृति, चमकीलापन, जल को थामने की क्षमता, वाष्पोत्सर्जन आदि। वर्षा जल से धरातल के साथ-साथ वनस्पतियों को भी नमी प्राप्त होती है। वर्षा की कमी के कारण जल-संग्रहण ऋणात्मक हो जाता है। अर्थात् उपलब्ध मृदानमी वाष्पोत्सर्जन द्वारा निकलती रहती है। एक अवस्था में समस्त मृदानमी वनस्पतियों द्वारा अवशोषित हो जाती है। परिणामस्वरूप पेड़-पौधे गम्भीर रूप से क्षतिग्रस्त हो जाते हैं। धरातल की ऊपरी परतो में मृदानमी **शून्यप्रायः** हो जाती है। इन परिस्थितियों में कृषीय सूखा का विनाशकारी प्रभाव दृष्टिगोचर होता है।

(1) पॉमर जल-सन्तुलन मॉडल : अमरीका के डब्ल्यू.सी. पॉमर (1965) द्वारा विकसित जल-सन्तुलन मॉडल लम्बी अवधि के मौसम आँकड़ों के विश्लेषण पर आधारित है। इसमें एक प्रकार की काल्पनिक वर्षा का आकलन किया जाता है। इसे 'वर्तमान दशाओं के लिए जलवायु की दृष्टि से उपयुक्त वर्षा' (CAFEC climatically Appropirate For Existing Conditions) कहते हैं। इस प्रकार की वर्षा के मासिक जल सन्तुलन लेखा हेतु 30 वर्ष या अधिक अवधि के मासिक आँकड़ों का प्रयोग किया जाता है। जब लगातार महीनों के दौरान अविरल शुष्कता होती है तो भीषण सूखा की स्थिति उत्पन्न हो जाती है। चरम सूखा, सूचकांक के मानों के अनुक्रम पर निर्भर करता है।

पॉमर विधि को विश्व के अनेक भागों में सूखा की पहचान के लिए प्रयुक्त किया जाता है। परन्तु भारतीय जलवायु के परिवेश में पॉमर सूचकांक उपयुक्त नहीं है।

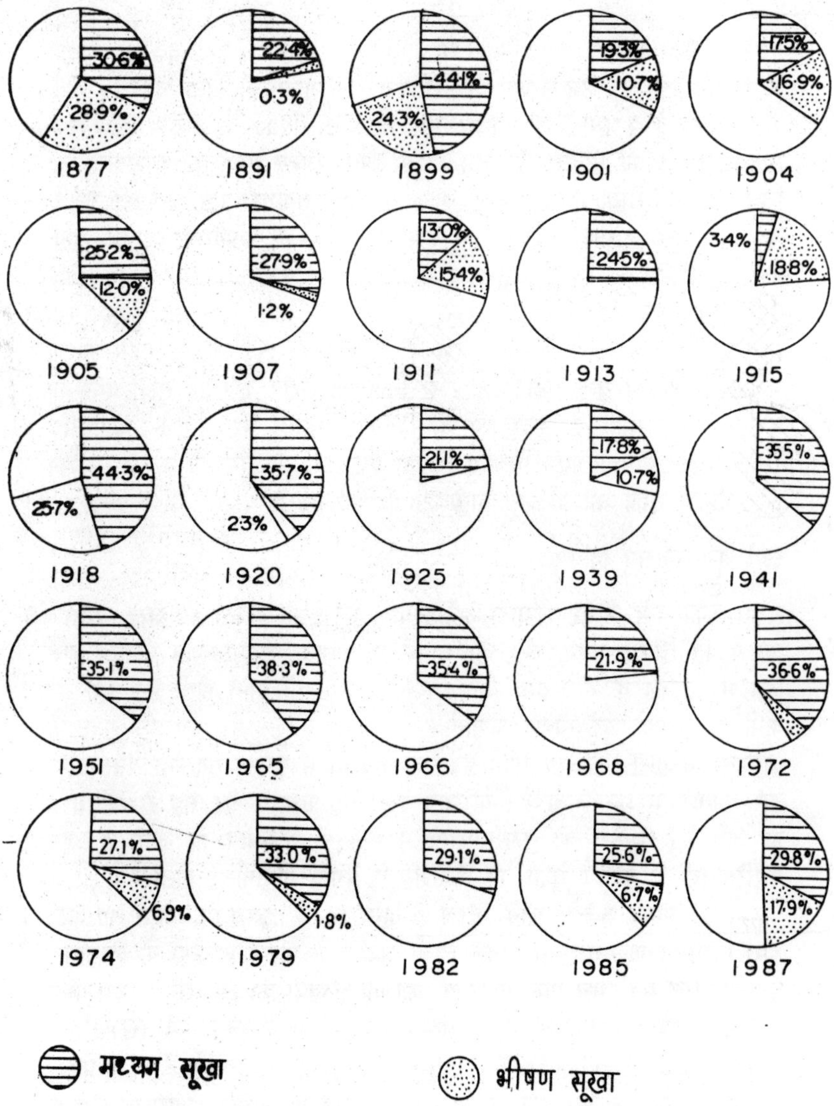

चित्र 5.3 भारत में 1875 से 1994 की अवधि में 120 वर्षों के दौरान 25 सूखा वर्षों में मध्यम एवं भीषण सूखा से प्रभावित प्रतिशत क्षेत्रफल (साभार–भारत मौसम विज्ञान विभाग)

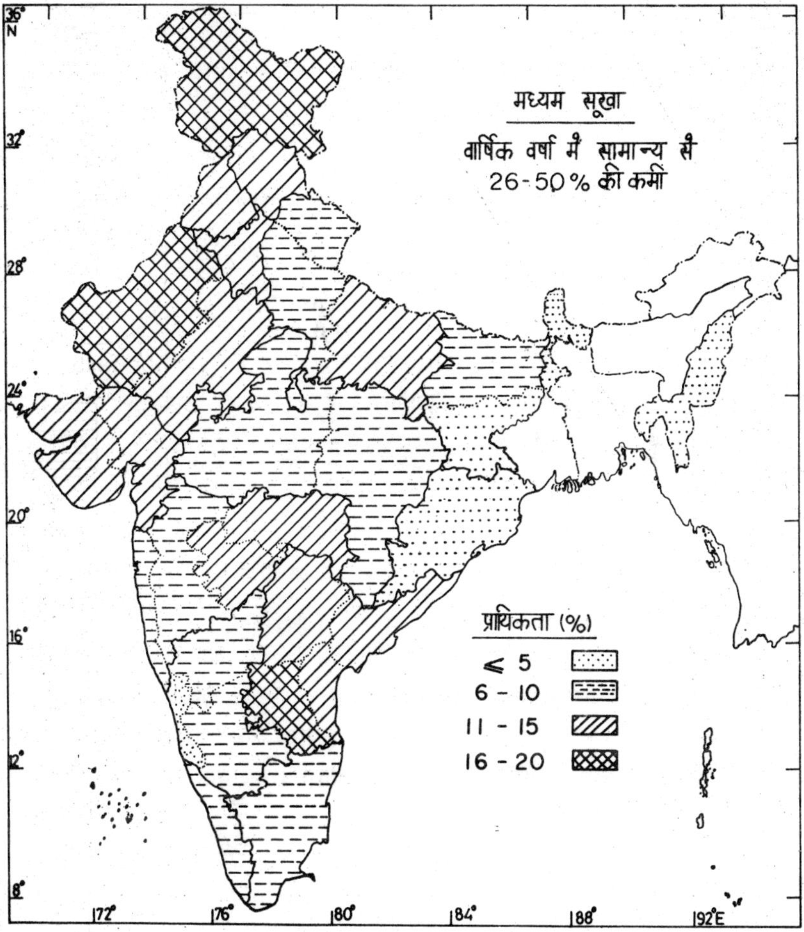

चित्र 5.4 (क) भारत में मध्यम सूखों की प्रतिशत प्रायिकता

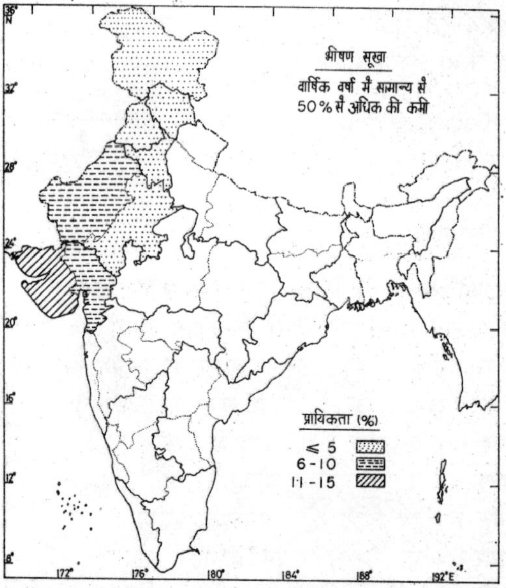

(ख) भारत में भीषण सूखों की प्रतिशत प्रायिकता (साभार–भारत मौसम विज्ञान विभाग)

(2) थोर्थ्वांइट जल-सन्तुलन विधि : थोर्थ्वांइट (1957) का जल-सन्तुलन मॉडल दैनिक अथवा लम्बी अवधि के आधार पर कृषीय सूखा सहित विभिन्न मृदा-जल समस्याओं के समाधान के लिए प्रयुक्त किया जाता है। यह एक बहुत ही सफल, प्रभावी एवं उपयोगी जल-सन्तुलन विधि है।

इस विधि में दैनिक, साप्ताहिक अथवा मासिक वर्षा, विभव वाष्पोत्सर्जन एवं जल को थामने की क्षमता को मुख्य निवेशों के रूप में इस्तेमाल किया जाता है। वर्षा एवं विभव वाष्पोत्सर्जन (PE) के अन्तर जल की कमी अथवा अधिकता के रूप में प्रकट किए जाते हैं। वास्तविक वाष्पोत्सर्जन (AE) के आकलन हेतु इस तथ्य का प्रयोग किया जाता है कि वास्तविक वाष्पोत्सर्जन के मान विभव वाष्पोत्सर्जन से वर्षा की कमी अथवा अधिकता पर निर्भर करते हैं।

सूखा की पहचान के लिए शुष्कता सूचकांक (Aridity Index) का प्रयोग किया जाता है। जो कि निम्न प्रकार है :

$$AI = \frac{PE - AE}{PE} \times 100$$

जहाँ कि PE (Potential Evapotranspiration) पौधों के लिए जल की आवश्यकता एवं PE - AE जल की कमी को प्रदर्शित करता है। एक सामान्य मान से AI के प्रत्यन्तर लम्बी अवधि के जलवायुविक मानों से जल की कमी को प्रकट करते

हैं। धनात्मक प्रत्यन्तरों से विभिन्न तीव्रता के सूखा का पता चलता है। तीव्रता की पहचान के लिए निम्न मापक्रम का प्रयोग किया जाता है :

सूखा की तीव्रता	AI के साप्ताहिक प्रत्यन्तर (%)
मन्द	1-25
मध्यम	26-50
भीषण	> 50

(3) **फिट्ज़पैट्रिक (Fitz Patrick) जल-सन्तुलन विधि** : इस जल-सन्तुलन विधि में मृदाजल की उपलब्धता द्वारा नियन्त्रित पौधों की बढ़वार अवधि के अनुमानन हेतु सामन्यीकृत जल-सन्तुलन मॉडल का प्रयोग किया जाता है। अतः इसे जलाभाव की अवधियों के सन्दर्भ में सूखा के अध्ययन हेतु इस्तेमाल किया जाता है। फसल एवं चरागाहों के सम्बन्ध में फिट्ज़पैट्रिक (1965) का जलवायु अध्ययन विभिन्न संकल्पनाओं पर आधारित है। अतः यह विधि विशेष स्थानों के लिए ही उपयुक्त है। इस विधि को सामान्यतः प्रयोग में नहीं लाया जा सकता।

(4) **बायर-राबर्टसन जल-सन्तुलन विधि** : बायर (1973) एवं राबर्टसन (1974) द्वारा विकसित इस विधि में मृदानमी के प्रतिबल एवं पौधों की जड़ों के लक्षणों को ध्यान में रखते हुए जल-सन्तुलन विश्लेषण किया जाता है। इस प्रकार यह अन्य साधारण मृदानमी बजट विधियों की तुलना में एक उत्तम विधि है। वास्तव में यह विधि थॉर्थ्वाइट पेनमैन और कोहलर विधियों का संशोधित स्वरूप है। इस विधि में विभिन्न प्रकार के मृदा-शुष्कता आरेख बनाए जाते हैं। इनकी मदद से मृदा एवं मौसम घटकों के सम्बन्ध में पौधों के लिए मृदानमी की उपलब्धता की विभिन्न संकल्पनाओं की पुष्टि की जा सकती है।

(ग) कृषीय जलवायु सूखा सूचकांक

1979 में आए विश्वव्यापी भीषण सूखा के परिणामस्वरूप सूखा की पहचान एवं भविष्यवाणी के लिए प्रभावी उपायों की खोज शुरू हुई। इन्हीं प्रयत्नों के अन्तर्गत, संयुक्त राज्य अमरीका के नोआ (National Oceanic and Atmospheric Administration – NOAA), नेसडिस (National Environmental SatelliteData and Information Service – NESDIS) एवं ए.आई.एस.सी. (Assessment and Information Services Centre – AISC) संगठनों ने ऐड (Agency for International Development – AID) तथा ओफडा (Office of the U.S. Foreign Disaster Assistance - OFDA) के सहयोग से सूखा जैसी विनाशकारी परिघटना की पूर्वसूचना के लिए एक नवीन प्रणाली विकसित की तथा इसे अन्तर्राष्ट्रीय कृषीय पर्यावरणिक प्रभाव अनुमानन तकनीक के रूप में लागू किया। इसका मुख्य उद्देश्य विकासशील देशों को सूखा के विनाशकारी प्रभाव का सामना

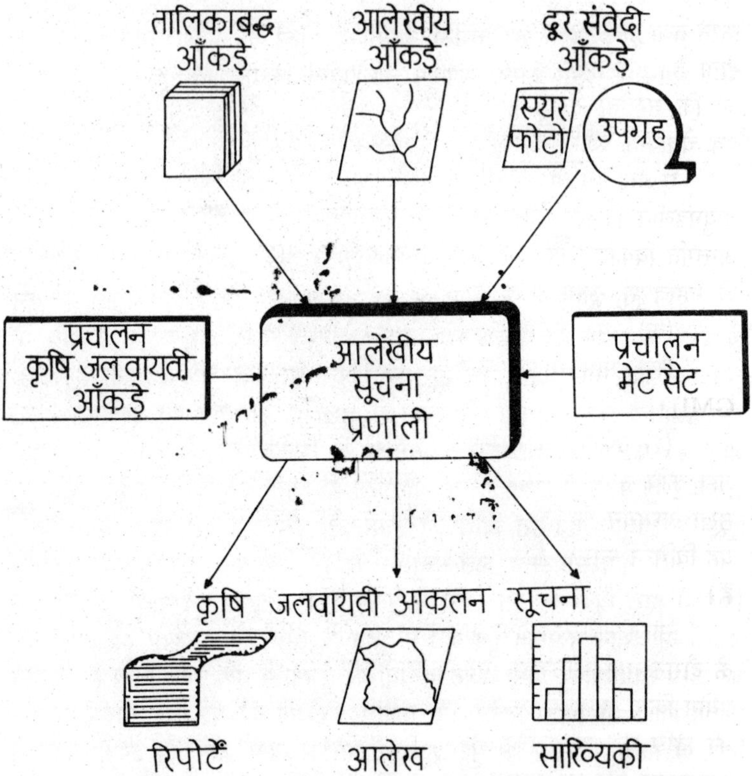

चित्र 5.5 एक कृषि-जलवायवी पूर्व चेतावंनी प्रणाली (संदर्भ—साकामोटो और स्टीयार्ट, 1987)

करने तथा कृषि उत्पादन के अनुमानन हेतु पूर्व-चेतावनी सतर्कता प्रदान करना प्रतीत होता है। इस तकनीक के माध्यम से एक ऐसी प्राचलन प्रणाली उपलब्ध हुई है जो कि सरलता से कार्यान्वित की जा सकती है (स्टीयार्ट इत्यादि, 1981)। यह पूर्व चेतावनी प्रणाली चित्र 5.5 में दिखाई गई है।

ए.आई.एस.सी. (AISC) और मिस्सूरी विश्वविद्यालय, कोलम्बिया के वायुमंडलीय विज्ञान विभाग द्वारा मिल-जुलकर उपर्युक्त पूर्व-चेतावनी कार्यक्रम के अन्तर्गत विकसित किए गए कृषीय जलवायुविक सूखा सूचकांकों में से बहुप्रचलित दो महत्त्वपूर्ण सूचकांक ये हैं :

(क) उपज नमी सूचकांक (Yield Moisture Index, YMI)

(ख) सामान्यीकृत मानसून सूचकांक (Generalised Monsoon Index, GMI)।

(1) उपज नमी सूचकांक (YMI) : विशेषकर मानसूनी वर्षा के क्षेत्रों में, जहाँ कृषि उत्पादन मुख्य रूप से वर्षा पर निर्भर करता है, उपज नमी सूचकांक सूखा अध्ययन के लिए बहुत उपयोगी है। इस सूचकांक की विशेषता यह है कि यह विभिन्न फसलों के लिए आकलित किया जाता है। यह फसल-प्रधान सूचकांक है।

उपज नमी सूचकांक ज्ञात करने के लिए फसल की बढ़वार के विभिन्न चरणों के दौरान वर्षा की मात्रा तथा फसल-विशेष के लिए आकलित फसल गुणांक का प्रयोग किया जाता है। फसल गुणांक ज्ञात करने के लिए डूरनबॉस एवं प्रुट (1977) की विधि का प्रयोग किया जाता है। वास्तव में उपज नमी सूचकांक फसल की बढ़वार की विभिन्न अवस्थाओं में फसल पर वर्षा के महत्त्वपूर्ण प्रभाव को प्रदर्शित करता है।

(2) सामान्यीकृत मानसून सूचकांक (GMI) : मानसून ऋतु के दौरान उगाई जानेवाली फसलों पर सूखा के विनाशकारी प्रभाव को पहचानने के लिए मूलतः वर्षा पर आधारित सामान्यीकृत मानसून सूचकांक एक अत्यन्त सरल और साधारण सूचकांक है। इसे सुगमता से आकलित किया जा सकता है। इसमें मानसून महीनों के दौरान वास्तविक और औसत वर्षा का प्रयोग किया जाता है। अतः यह एक प्रकार का मानसून-प्रधान सूचकांक है।

इन सूचकांकों के आधार पर सूखा की तीव्रता निश्चित करने के लिए सूचकांक के शततमकों (Percentiles) के उपयुक्त परिसरों का चयन किया जाता है। इस कार्य के लिए सूखा अध्ययन के क्षेत्र में लम्बी अवधि के आँकड़ों से सूखा वर्षों के दौरान होनेवाली फसलों आदि की क्षति के आधार पर सूखा तीव्रता निर्धारित की जाती है। चित्र 5.6 में उपर्युक्त सूचकांकों के आधार पर विभिन्न तीव्रतावाले सूखों की पहचान दिखाई गई है।

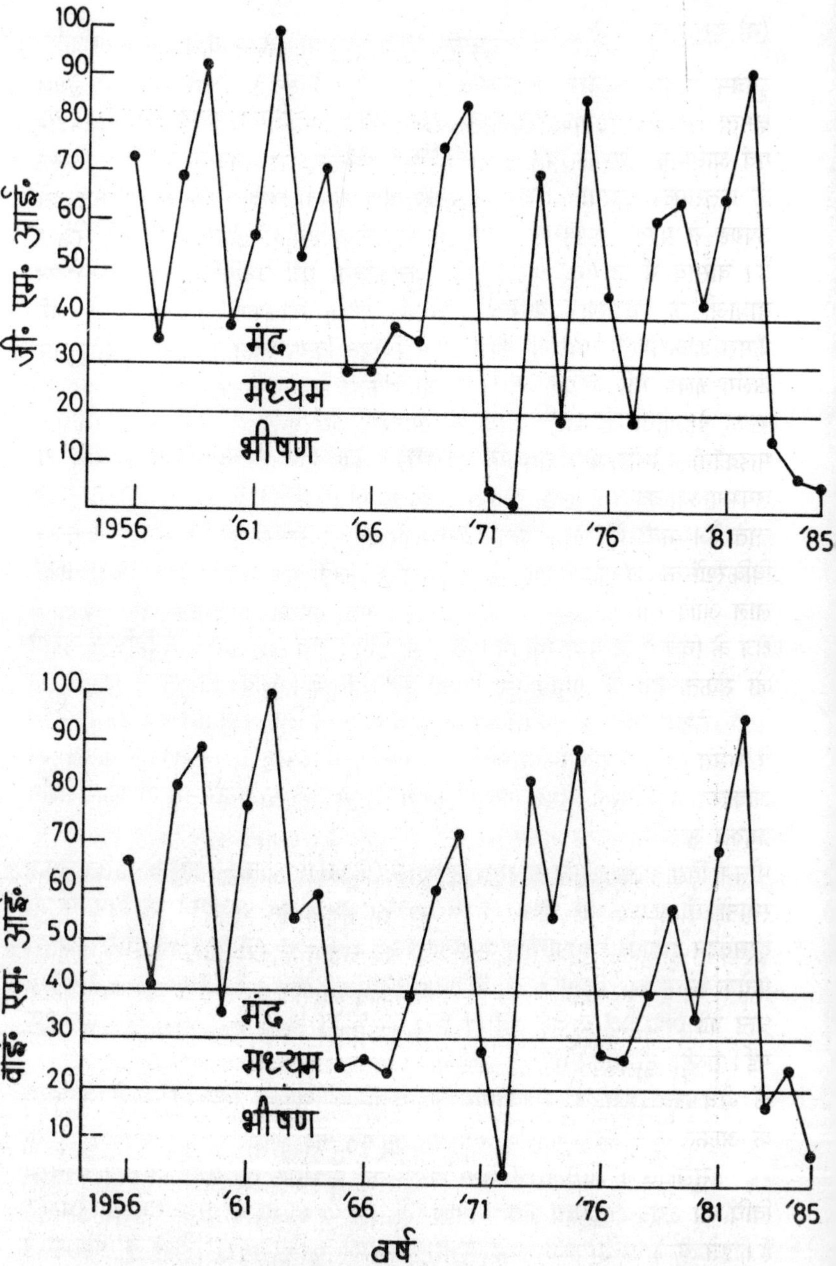

चित्र 5.6 कृषि-जलवायवी सूचकाका (वाइ.एम.आइ. आर जा.एम.आइ.) के आधार पर विभिन्न तीव्रता वाले सूखा की पहचान (संदर्भ–राजेन्द्र प्रसाद, 1990)

(घ) दूरसंवेदन (Remote Sensing) विधि

कृत्रिम उपग्रहों की मदद से दूरसंवेदन द्वारा फसलों एवं पौधों की फोटो-संश्लेषण क्षमता (Photosynthetic Capacity) के आधार पर सूखा विश्लेषण हेतु नवीन एवं आधुनिक तकनीक का विकास हुआ है। इसका मूल सिद्धान्त यह है कि सूखा के फलस्वरूप वनस्पतियों की फोटो-संश्लेषण क्षमता कम हो जाती है तथा इसे उपग्रह से प्राप्त आँकड़ों की मदद से मात्रात्मक रूप में प्रकट किया जा सकता है। वास्तव में विभिन्न प्रकृति की स्थलाकृतियाँ एवं वनस्पति क्षेत्र भिन्न-भिन्न मात्राओं के विकिरण उत्सर्जित करते हैं। पृथक् विकिरणों को उपग्रह में लगे कैमरा/शक्तिशाली उपकरणों की मदद से चित्रित किया जाता है। इन्हें सुविधानुसार अलग-अलग रंगों में प्रदर्शित किया जा सकता है।

पेड़-पौधों की हरी पत्तियों के आवरण सूर्य के दृश्य विकिरणों (0.4-0.7 माइक्रॉन) को काफी मात्रा में अवशोषित कर लेते हैं तथा इन आवरणों से लगभग-अवरक्त (Near Infra Red) विकिरण (0.7-1.1 माइक्रॉन) परावर्तित हो जाते हैं। अतः पेड़-पौधों द्वारा फोटो-संश्लेषण से अवशोषित दृश्य एवं अवरक्त विकिरणों का अनुमान लगाया जा सकता है। इन्हें पहचानने के लिए पीले, नीले, लाल आदि रंगों का प्रयोग किया जाता है। अतः उपग्रह द्वारा प्रेषित एक निश्चित क्षेत्र के चित्र में विभिन्न रंगों के मिश्रण से वानस्पतिक क्षेत्रों को सरलता से पहचाना जा सकता है। इस प्रकार सूखा क्षेत्रों की पहचान की जा सकती है।

लेखक (हरिनारायण श्रीवास्तव) के साथ राव इत्यादि (1992) ने एक अध्ययन में भारत के कुछ राज्यों के लिए, वर्ष 1989 और 1990 में खरीफ की फसल के आकलन हेतु भारत मौसम विज्ञान विभाग और राष्ट्रीय दूरसंवेदन एजेन्सी द्वारा प्रयुक्त सूखा मानीटरन सूचकांकों की चर्चा की है। उन्होंने ज्ञात किया कि भारत मौसम विज्ञान विभाग द्वारा प्रयुक्त सूचकांक निश्चित अवधियों के दौरान निश्चित स्थानों में मध्यम एवं भीषण सूखा का रहस्योद्‌घाटन करते हैं, जबकि राष्ट्रीय दूरसंवेदन एजेन्सी ने सूखारहित अवस्थाओं को दर्शाया। दूसरी ओर, 1989 के दौरान, प्रत्येक राज्य द्वारा, विगत 8 वर्ष के आँकड़ों पर आधारित माध्यमानों के सन्दर्भसहित धान की आकलित फसल चार राज्यों में अधिकतर और एक राज्य में कम पाई गई। राष्ट्रीय दूरसंवेदन एजेन्सी और भारत मौसम विज्ञान विभाग के सूखा सूचकांकों के बीच उच्च स्तर का सह-सम्बन्ध पाया गया, जो कि 1989 के दौरान फसल के आकलन के लिए आंशिक रूप से अनुकूल था।

सूखा क्षेत्रों की पहचान तथा फसलों की उपज के अनुमानन हेतु दूरसंवेदन विधि का अनुप्रयोग कृषि मौसम विज्ञान के लिए एक नवीन व क्रान्तिकारी विषय है। इसे कृषि व सिंचाई कार्यों के लिए सफलतापूर्वक प्रयोग किया जा रहा है।

सूखा की भविष्यवाणी

सूखा की भविष्यवाणी के लिए वैज्ञानिकों द्वारा किए जानेवाले प्रयास उन घटकों पर आधारित हैं जो सूखा की जानलेवा स्थिति को उत्पन्न करने के लिए उत्तरदायी हैं। इनमें सबसे महत्त्वपूर्ण जलाभाव की मात्रा एवं अवधि को माना जा सकता हैं, क्योंकि लम्बी अवधि तक जल की कमी के कारण विनाशकारी सूखा का प्रभाव दिखाई देता है। अतः सूखा की भविष्यवाणी के लिए वर्षा का पूर्वानुमान ज्ञात करना परमावश्यक है। वर्षा के लिए उत्तरदायी मौसम की प्रणालियों एवं दशाओं के बारे में विस्तृत जानकारी भी अनिवार्य है। इन प्रणालियों को आन्तरिक वायुमंडलीय-गतिकी द्वारा नियन्त्रित किया जाता है। ये मौसम के विक्षोभों की गतिशीलता, विकास एवं क्षय के रूप में दृष्टिगोचर होती हैं। ये विक्षोभ वायुमंडल की आन्तरिक संरचना से आवश्यक ऊर्जा ग्रहण करते हैं।

संख्यात्मक मौसम प्रागुक्ति (Numerical Weather Prediction — NWP) की आधुनिक एवं नवीनतम विधियों के प्रयोग से मौसम की इन समकालिक सिनॉप्टिक अस्थिरताओं का कुछ दिन पूर्व ही पूर्वानुमान लगाया जा सकता है। परन्तु समकालिक अस्थिरताओं की अस्थायी प्रकृति एवं वायुमंडलीय जटिलताओं के कारण सूखा भविष्यवाणी की सीमान्त अवधियाँ कुछ सप्ताह से अधिक नहीं होतीं। सूखा भविष्यवाणी के लिए प्रयुक्त की जानेवाली कुछ महत्त्वपूर्ण विधियों/तकनीकों का उल्लेख निम्न प्रकार है :

1. आनुभविक विधि,
2. सांख्यिकी विधि,
3. गतिकी विधि,
4. वायुमंडलीय परिवर्तिता,
5. जलवायु परिवर्तिता।

(1) आनुभविक विधि

पिछले कुछ वर्षों में प्रेक्षणों और समुद्र-वायुमंडलीय मॉडल प्रयोगों के आधार पर पर्यावरणिक प्रणाली को समझने के लिए उष्णकटिबन्धों में समुद्री सतह के तापमान में परिवर्तनों से सम्बन्धित कुछ माह से लेकर वर्षों तक की वायुमंडलीय परिवर्तिताओं की खोज एक महत्त्वपूर्ण उपलब्धि रही है।

एल नीनो-दक्षिणी दोलन (एन्सो) (El Nino-Southern Oscillation — ENSO) : एन्सो (ENSO), दो महत्त्वपूर्ण परिघटनाओं की जोड़ी, भूमंडलीय जलवायु परिवर्तिता का एक उल्लेखनीय उदाहरण है। एल नीनो एक ऐसी परिघटना है जिसके कारण दक्षिण-पूर्व विषुवतीय प्रशान्त महासागर का जल असामान्य रूप से गर्म हो जाता है। जबकि इंडोनेशिया, उत्तरी आस्ट्रेलिया और दक्षिण-पूर्व प्रशान्त

महासागरीय क्षेत्रों पर धरातलीय वायुदाब के उतार-चढ़ाव को दक्षिणी दोलन कहा जाता है। जब किसी वर्ष सक्रिय एल नीनो के कारण पेरू के तट पर पूर्वी विषुवतीय प्रशान्त महासागर का जल असाधारण रूप से गर्म हो जाता है तब वहाँ धरातलीय वायुदाब कम हो जाता है तथा अधिकांश अवसरों पर उत्तरी आस्ट्रेलिया के डार्विन क्षेत्र पर वायुदाब बढ़ जाता है। इस विचित्र परिघटना के कारण भूमंडलीय जलवायु पर भी असर पड़ता है। उदाहरणार्थ, एन्सो (ENSO) और भारतीय ग्रीष्मकालीन मानसून के बीच सम्भावित सम्बन्ध प्रतीत होते हैं। इस दिशा में शोध-अध्ययन जारी है।

(2) सांख्यिकी विधि

कालान्तर में किसी घटक अथवा प्राचल में होनेवाली सम्भावित परिवर्तिता का अनुमान ज्ञात करने के लिए सांख्यिकी विधि एक शक्तिशाली तथा सरल तकनीक है। दीर्घावधि आँकड़ों से औसत मान ज्ञात करके मासिक प्रत्यन्तरों के आकलन द्वारा किसी प्राचल में होनेवाले पर्यावरणिक विचलन के आधार पर उसकी परिवर्तनशील प्रवृत्ति का अध्ययन किया जाता है तथा उसका मात्रात्मक परिमाण ज्ञात किया जाता है। परन्तु इस प्रकार का पूर्वानुमान आरम्भिक महीनों में कथित प्राचल की वास्तविक अवस्थाओं पर अधिकाधिक निर्भर रहता है। अतः लम्बी अवधि के लिए मौसम प्राचलों के औसत मानों पर आधारित पूर्वानुमान अधिक सार्थक सिद्ध होते हैं क्योंकि इनके द्वारा मामूली परिवर्तनों की पहचान भी हो सकती है।

सांख्यिकी-बहुसमाश्रयण (Statistical Multiple Regression) तकनीक में पूर्वानुमानित आश्रित प्राचल, जैसे, वर्षा, तापमान आदि और स्वतन्त्र प्राचलों के विचलनों के मध्य सह-सम्बन्ध ज्ञात किए जाते हैं। सार्थक सह-सम्बन्धों वाले प्राचलों से ही अंतिम सांख्यिकी-बहुसमाश्रयण मॉडल विकसित किए जाते हैं। गवारीकर इत्यादि (1989) द्वारा एक प्राचलिक एवं पॉवर समाश्रयण मॉडल (Parametric and Power Regression Model) विकसित किया गया हैं। यह 16 स्थल-समुद्र-वायुमंडलीय प्राचलों पर आधारित है, जो कि भारतीय ग्रीष्मकालीन मानसून को प्रभावित करते प्रतीत होते हैं। इनमें से कुछ तो प्रादेशिक हैं तथा कुछ भूमंडलीय हैं। इस मॉडल की मदद से समूचे देश के लिए ग्रीष्मकालीन मानसून ऋतु के दौरान होनेवाली वर्षा का मात्रात्मक पूर्वानुमान ज्ञात किया गया है। अब तक इसके आधार पर सफलतापूर्वक मानसूनी वर्षा की भविष्यवाणी की गई है।

संख्यात्मक विधि वायुमंडलीय गति और ऊष्मा-गतिकी के मूल समीकरणों को ऊष्मा एवं आर्द्रता के समावेश द्वारा हल किया जाता है तथा भूमंडलीय सामान्य परिसंचरण (Global General Circulation) पर होनेवाले प्रभाव का पता लगाया जाता है। आधुनिक संगणकों के प्रयोग से संख्यात्मक आकलन तीव्र, सुगम और विश्वसनीय हो गया है तथा मौसम पूर्वानुमान के परिणाम समय पर मिल जाते हैं।

(3) गतिकी विधि

मौसम में होनेवाले दैनिक परिवर्तनों का एक माह की अवधि पहले पता लगाना एक दुष्कर कार्य तो है ही, इस प्रकार के पूर्वानुमान की सार्थकता भी सन्देहपूर्ण मानी जाती है। मौसम की तात्कालिक दशा की भविष्यवाणी की अपेक्षा कुछ समय पूर्व मौसम की औसत दशाओं के पूर्वानुमान की प्रायिकता में आशाजनक वृद्धि दृष्टिगोचर होती है। इसका मुख्य कारण यह है कि वायुमंडल में बड़े **पैमाने पर** घटित, धीमी गति से बदलते हुए वायुमंडलीय परिसंचरण के प्रमुख घटक, जो कि वायुमंडल की क्षेत्रीय एवं सामयिक औसत दशा को प्रदर्शित करते हैं, मौसमी पूर्वानुमान ज्ञात करने में महत्त्वपूर्ण भूमिका निभाते हैं। गतिकी विधि द्वारा वायुमंडल में होनेवाले परिवर्तनों के आधार पर दीर्घावधि पूर्वानुमान ज्ञात किया जाता है।

(4) वायुमंडलीय परिवर्तिता

वायुमंडल में जलवायु परिवर्तनों के प्रादेशिक एवं भूमंडलीय लक्षण दिखाई देते हैं। ये लक्षण, जिन्हें 'दूर-सम्पर्क' कहा जाता है, लगभग एक ही रूप में बार-बार उभरते हैं और प्रायः एक महीने या ऋतु तक रहते हैं। इनकी पुनरावृत्ति विशेष प्रकार की आकृतियों के रूप में होती है, जो कि कुछ गतिक प्रक्रियाओं के कारण बनती है। अतः वायुमंडलीय गतिकी के ये मूल लक्षण जलवायु परिवर्तिताओं की भविष्यवाणी में महत्त्वपूर्ण भूमिका निभाते हैं। बृहत् आयामी और भूमंडलीय पैमाने के वायुमंडलीय दोलनों की पूर्वानुमान अवधि एक माह से अधिक अथवा एक ऋतु के बराबर होती है। ये लक्षण नियमित रूप से विकसित होते हैं और जलवायु पूर्वानुमान में मौलिक रूप से महत्त्वपूर्ण होते हैं।

यद्यपि वायुमंडलीय परिसंचरण के कुछ लक्षण प्रायः दृष्टिगोचर होते रहते हैं, परन्तु अब तक केवल तीन प्रकार के नियमित दोलनों की पहचान की गई है जो कि जलवायु परिवर्तिताओं की ओर स्पष्ट संकेत करते हैं। सबसे पहला है, द्विवार्षिक कल्प दोलन (Quasi Biennial Oscillation—QBO) जिसकी अवधि लगभग 26 माह होती है। इसमें वायुमंडल के उच्च तलों में हवाओं की दिशा में होनेवाला नियमित परिवर्तन विशेष रूप से उल्लेखनीय है। इसका आयाम इतना बड़ा होता है कि इसे कुछ महीनों पहले सुगमता से पहचाना जा सकता है। परन्तु धरातलीय आँकड़ों में इसका प्रभाव स्पष्ट रूप से दिखाई नहीं देता। अतः ये जलवायु परिवर्तन की भविष्यवाणी में आंशिक रूप से ही सहायक होते हैं। दूसरा विशिष्ट लक्षण है एल नीनो-दक्षिणी दोलन (ENSO) जिसका वर्णन पिछले अनुच्छेद में किया जा चुका है। इसकी पुनरावृत्ति 2 से 7 वर्ष के अन्तराल पर होती है। तीसरा महत्त्वपूर्ण लक्षण है 30 से 60 दिन का वर्षा एवं हवाओं का दोलन। ये निम्न अक्षांशों में पूर्व की ओर खिसकता है। यह दोलन पूर्वी महासागर एवं पश्चिमी प्रशान्त महासागर

में निम्न अक्षांशीय क्षेत्रों पर वर्षा और हवा के बृहत् आयामी विचलनों के रूप में दृष्टिगोचर होता है। उष्ण कटिबन्धों में भारतीय ग्रीष्मकालीन मानसून के आरम्भ और विदाई तथा सक्रियता एवं रुकावट के साथ उक्त दोलन का गहरा सम्बन्ध प्रतीत होता है।

(5) जलवायु परिवर्तिता

सूखा जैसी विनाशकारी परिघटना के दीर्घावधि पूर्वानुमान के विषय में बाह्य बलों का महत्त्व बढ़ जाता है। उदाहरणार्थ, समुद्री सतह का तापमान, हिम, मृदानमी, वानस्पतिक आवरण आदि प्राचल वायुमंडल और अपेक्षाकृत धीमी गति से परिवर्तनशील जलवायु प्रणाली में स्थल एवं समुद्री घटकों के बीच तापीय तथा यान्त्रिक ऊर्जा के आदान-प्रदान को काफी सीमा तक नियन्त्रित करते हैं। परन्तु इन घटकों के प्रभाव को केवल प्रेक्षणात्मक आँकड़ों से सिद्ध करना कठिन है। इस कार्य के लिए सामान्य परिसंचरण मॉडल (General Circulation Model—GCM) बहुमूल्य सहायता प्रदान करते हैं। ये मॉडल बड़े पैमाने की वायुमंडलीय गतियों को नियन्त्रित करनेवाले भौतिक नियमों पर आधारित होते हैं। ज्वालामुखी विस्फोट एवं सौर परिवर्तिताओं के प्रभाव भी जलवायु पूर्वानुमान में महत्त्वपूर्ण घटक माने जाते हैं। इसी प्रकार कार्बन डाइऑक्साइड में वृद्धि के कारण जलवायु में अनेक प्रकार के परिवर्तनों की सम्भावना को नकारा नहीं जा सकता। हाल ही में वैज्ञानिकों ने पता लगाया है कि अंटार्कटिका के वायुमंडल में जीवन-रक्षक गैस 'ओजोन' की परत में अप्रत्याशित रूप से कमी होती जा रही है जिसके कारण उस परत में 'ओजोन होल' नामक छिद्र बन गया है। इसके कारण सूर्य की घातक किरणें बिना रोक-टोक सीधे ही पृथ्वी पर पहुँचेंगी और उनसे कैंसर जैसे चर्मरोग उत्पन्न होने का खतरा बढ़ जाएगा। ऐसा प्रतीत होता है कि मनुष्य स्वयं ही इस खतरे के लिए उत्तरदायी है। सम्भवतः क्लोरो-फ्लोरो कार्बन नामक रसायनों के कारण समताप मंडल में ओजोन नामक जीवन रक्षक गैस का निरन्तर क्षय हो रहा है।

सूखा प्रबन्धन और नियोजन

समाज के विभिन्न वर्गों पर पड़नेवाले भीषण सूखा के विनाशकारी प्रभाव से होनेवाली आर्थिक और भौतिक हानि के कारण समूचे समाज का ढाँचा चरमरा जाता है। अतः सूखा की सतर्कतापूर्ण निगरानी, पूर्व-चेतावनी, सूखा के आरम्भ, विस्तार, तीव्रीकरण, समाप्ति, सम्भावित प्रभाव आदि के बारे में जानकारी ग्रहण करना अत्यन्त आवश्यक एवं महत्त्वपूर्ण विषय है। राजकीय स्तर पर सहायता और राहत कार्य चालू करने के लिए सूखा की पहचान हेतु उचित मापदंड, सूखा की घोषणा के लिए सही निर्दिष्टीकरण और कार्य-विधियाँ निर्धारित करना आवश्यक हो जाता है। सूखा हेतु सहायता कार्यों के लिए समुचित तैयारी करना अनिवार्य हो जाता

है। सूखाग्रस्त क्षेत्र में प्रभावित लोगों को समुचित सहायता उपलब्ध कराने के लिए सूखा की तीव्रता, सूखा से होनेवाली क्षति तथा सूखा से पीड़ित लोगों की आवश्यकताओं का सही आकलन करना सरकार का परम दायित्व बन जाता है। सूखा से बार-बार प्रभावित होनेवाले सामाजिक वर्गों के अन्दर सूखा के प्रति जागरूकता, सतर्कता तथा उसका सामना करने की क्षमता एवं आत्मबल जागृत करना भी बहुत आवश्यक है।

सूखा के विनाशकारी प्रभाव को कम करने के लिए अनिवार्य उपायों के अन्तर्गत निम्न बातें विशेष रूप से महत्त्वपूर्ण एवं उपयोगी हैं :

1. सूखा निगरानी/पूर्व-चेतावनी,
2. सूखा प्रबन्धन,
3. सूखा नियोजन,
4. राजकीय भूमिका,
5. सूखा राहत कार्य,
6. वैज्ञानिक शोध कार्य, और
7. अन्तर्राष्ट्रीय सहयोग।

(1) सूखा निगरानी/पूर्व-चेतावनी

जनसाधारण को सूखा के बारे में सामयिक एवं विश्वसनीय रूप में अनिवार्य सूचना प्रदान करना ही सूखा निगरानी का मुख्य उद्देश्य है। प्रत्येक वर्ग अपनी आवश्यकतानुसार सूखा निगरानी से भिन्न-भिन्न रूप में लाभान्वित होता है। अतः यह आवश्यक है कि उन वर्गों को प्रारम्भ से ही सूखा निगरानी के कार्यकलाप में शामिल किया जाए। निम्न चार क्षेत्रों में सूचना प्रदान करना आवश्यक है :

(क) खेती-बाड़ी,
(ख) व्यापार एवं उद्योग,
(ग) राजकीय सहयोग,
(घ) अन्तर्राष्ट्रीय सहयोग।

कृषि उत्पादक के लिए सूखा की निगरानी एवं पूर्व-चेतावनी सम्बन्धी सूचना अनेक रूपों में उपयोगी सिद्ध होती है। उदाहरणार्थ, उपयुक्त समय पर फसल की बुवाई, खाद डालने, पौधों को रोपने आदि के विषय में निर्णय लेने में काफी मदद मिलती है। व्यापार एवं उद्योगों के क्षेत्र में सूखा निगरानी एवं पूर्व-चेतावनी की सूचना मानव संसाधनों की नियुक्ति और अनेक प्रकार की मूल आवश्यकताओं एवं वस्तुओं की माँग और आपूर्ति के अनुमानन में महत्त्वपूर्ण भूमिका निभाती है। राजकीय स्तर पर, योजनाएँ बनाने और सूखा सम्बन्धी मूल नीतियों के निर्धारण में भी इस सूचना का मुख्य योगदान है। अन्तर्राष्ट्रीय सहयोग के अन्तर्गत अन्य देशों से आवश्यक सहायता ग्रहण करने में मदद मिलती है।

(2) सूखा प्रबन्धन

विनाशकारी सूखा की निगरानी और पूर्व-चेतावनी सम्बन्धी सूचनाओं के आधार पर सूखा प्रबन्धन के लिए आवश्यक कदम उठाए जाते हैं। इन सूचनाओं को निम्न क्षेत्रों में प्रयोग किया जाता है :

(क) खाद्यान्नों की सम्भावित कमी का पूर्वानुमान ज्ञात करना,
(ख) खाद्यान्नों की कमी और अधिकतावाले क्षेत्रों का पता लगाना,
(ग) राष्ट्रीय खाद्यान्न सुरक्षा का प्रबन्ध करना, और
(घ) खाद्यान्नों की आपूर्ति के लिए क्षेत्रीय एवं उपक्षेत्रीय विकास योजनाएँ बनाना।

उपर्युक्त उद्देश्यों की पूर्ति के लिए बहु-आयामी कदम उठाना वांछित है। उदाहरणार्थ, समाज के विभिन्न वर्गों एवं परिवारों के खाद्य सामग्री भंडारों एवं उनके द्वारा खपत किए जानेवाले खाद्यान्नों की पहचान करना, उनके लिए इन खाद्य सामग्रियों की उपलब्धता का पता लगाना तथा आवश्यक वस्तुओं के मूल्य एवं आपूर्ति पर नियन्त्रण और निगरानी रखने हेतु प्रभावी उपाय करना कुछ महत्त्वपूर्ण बातें हैं। पशुओं के लिए चारे की आवश्यकता का अनुमानन और प्रबन्धन करना भी अनिवार्य है। पूर्व-चेतावनी प्रणाली द्वारा एकत्रित सूचना के आधार पर विशेष दलों द्वारा विनाशकारी सूखा की आशंकावाले क्षेत्रों का दौरा करके खाद्यान्नों की कमी का आकलन करने के लिए अनेक प्रकार के आँकड़ों की आवश्यकता होती है।

(3) सूखा नियोजन

सूखाग्रस्त क्षेत्रों के प्रभावित लोगों को सामयिक एवं उपयुक्त सहायता प्रदान करने के लिए एक सुदृढ़, प्रभावी एवं यथार्थ सूखा नीति की आवश्यकता होती है। सूखा नियोजन द्वारा इन आधारभूत नीतियों को कार्यान्वित करने के लिए प्रशासक, वैज्ञानिक एवं समाज के विभिन्न वर्गों के मध्य परस्पर सहयोग, विश्वास और एक-दूसरे की समस्याओं को समझना नितान्त आवश्यक है। सूखापीड़ित लोगों को राहत और सहायता समुचित ढंग से एवं समय पर न मिलने के कारण जनता के अन्दर प्रशासन के प्रति निराशा, रोष एवं आक्रोश उत्पन्न होना स्वाभाविक प्रतिक्रिया है।

डोनाल्ड ए. विल्हाइट (1986) ने अमरीका और आस्ट्रेलिया में सूखा नीतियों के तुलनात्मक विश्लेषण के दौरान तीन मुख्य घटकों का उल्लेख किया है—संगठन, प्रतिक्रिया और मूल्यांकन।

संगठनात्मक संक्रियाओं के अन्तर्गत सूखा नियोजन द्वारा सूखा का यथार्थ एवं सामाजिक अनुमानन प्रदान करना और पूर्व-चेतावनी प्रणाली के रूप में कार्य करना तथा समन्वित और सक्षम प्रतिक्रिया के लिए कार्यविधियों को निर्धारित करना

कुछ महत्त्वपूर्ण बातें हैं। प्रतिक्रिया के अन्तर्गत राहत और सहायता प्रदान करने के उपाय एवं सम्बन्धित प्रशासनिक कार्य प्रणाली उल्लेखनीय है। संगठनात्मक कार्यों एवं प्रतिक्रिया सम्बन्धी उपायों के फलस्वरूप सूखाजनित कठिनाइयों के निवारण का मूल्यांकन सूखा नियोजन का महत्त्वपूर्ण घटक है।

क्षेत्रीय और राष्ट्रीय स्तर पर भिन्न-भिन्न प्रकार की सूखा नीति आवश्यक है। क्षेत्रीय अथवा राज्य स्तर पर भौतिक, पर्यावरणीय, सामाजिक, आर्थिक एवं राजनीतिक लक्षणों को परिलक्षित करनेवाली सूखा नीति ही अधिक प्रभावी सिद्ध हो सकती है। राष्ट्रीय स्तर पर एक सक्षम, सुदृढ़ एवं प्रभावी सूखा नीति की आवश्यकता है। एक सफल सूखा नियोजन नीति के लिए राष्ट्रीय, राजकीय, प्रान्तीय एवं स्थानीय स्तर पर प्रशासनिक प्रयासों के साथ-साथ अन्य स्वयंसेवी संगठनों, संस्थाओं और प्राइवेट निकायों के बीच परस्पर सहयोग और समन्वय सुदृढ़ होना चाहिए।

(4) राजकीय भूमिका

विनाशकारी सूखा की विकट और विषम परिस्थितियों में राजकीय सहायता महत्त्वपूर्ण भूमिका निभाती है। सूखा से प्रभावित व्यक्तियों को समुचित सहायता प्रदान करने के लिए तत्परता से उठाए गए कदम प्राकृतिक विपत्ति के प्रभाव को कम करने में उल्लेखनीय योगदान देते हैं। कृषकों को ऋण, खाद, बीज आदि प्रदान करना, पशुओं के लिए चारे और जल आदि के वहन हेतु उचित व्यवस्था करना कुछ उल्लेखनीय बातें हैं। बार-बार सूखा की चपेट में आनेवाले क्षेत्रों के लिए सूखा सम्बन्धी अध्ययन, विश्लेषण, दीर्घकालीन योजनाएँ तथा जनकल्याण हेतु किए जानेवाले उपाय भी आवश्यक हैं। इनमें किसानों और समाज के अन्य सभी प्रभावित वर्गों को आर्थिक तथा भौतिक रूप में प्रदान की जानेवाली सहायता के अतिरिक्त उचित मार्गदर्शन, परामर्श एवं शिक्षा भी महत्त्वपूर्ण हैं।

(5) सूखा राहत कार्य

विनाशकारी सूखा से प्रभावित लोगों की सहायता के लिए आवश्यक सामयिक राहत कार्य उस देश की प्राथमिक जिम्मेदारी बन जाती है। सूखापीड़ित लोगों के लिए खाद्य सामग्री, पेय जल, धनराशि, कृषि के लिए आवश्यक सामग्री प्रदान करना अनिवार्य हो जाता है। विशेषकर शहरी इलाकों से दूर, गाँवों में, जहाँ कि सम्पूर्ण साधनों व सुविधाओं की कमी होती है, समाज के सभी वर्गों के लिए पर्याप्त भोजन की व्यवस्था करने का कार्य एक बहुत बड़ी चुनौती के रूप में उभरता है। बच्चों, बूढ़ों, महिलाओं, विकलांगों एवं रोगियों को उपयुक्त भोजन उपलब्ध कराना, किसानों को निःशुल्क खाद, बीज आदि देना, कृषि-कार्यों के लिए ब्याजरहित ऋण देना, पेय जल की समुचित व्यवस्था करना, खेतिहर मजदूरों के लिए रोजी-रोटी का प्रबन्ध

करना, जनसाधारण को स्वास्थ्य सेवाएँ उपलब्ध कराना कुछ ऐसे उल्लेखनीय राहत कार्य हैं जिनके लिए प्रभावी रणनीति की आवश्यकता होती है।

राहत कार्यों को प्रभावी ढंग से पूरा करने के लिए एक सुगठित, व्यवस्थित और स्वच्छ प्रशासनिक संगठन का होना आवश्यक है। साथ ही, प्राकृतिक विपत्ति से उत्पन्न संकट के समय प्रत्येक नागरिक का सबसे बड़ा उत्तरदायित्व है कि नैतिकता, सद्‍भावना, शान्ति, सहयोग और विश्वास को बनाए रखे।

(6) वैज्ञानिक शोध कार्य

सूखा उत्पन्न करनेवाली जटिल प्रक्रियाओं की पहचान करना तथा उनसे सम्बन्धित ऐसे घटकों की पहचान करना जो इन प्रक्रियाओं में भाग लेते हैं, वैज्ञानिकों के लिए चुनौतीपूर्ण कार्य है। यद्यपि वैज्ञानिक एक योजनाकार या नीति-निर्धारक नहीं होता, परन्तु वह आधारभूत नियमों की मदद से उन समस्त प्रश्नों, शंकाओं व समस्याओं का समाधान प्रस्तुत करता है जो एक साधारण व्यक्ति से लेकर प्रशासक को भी उद्विग्न किए रहते हैं। वैज्ञानिक वास्तव में उन उपायों और प्रणालियों की खोज करता है जिनके आधार पर सूखा नियोजन और प्रबन्धन सम्बन्धी विभिन्न कार्य पूरे किए जाते हैं। राष्ट्रीय अथवा प्रादेशिक स्तर पर विनाशकारी सूखा की विकट परिस्थितियों का सामना करने हेतु सूखा सम्बन्धी वैज्ञानिक शोधकार्य का विशेष महत्त्व है। एक लम्बे समय के विश्वसनीय और उपयोगी आँकड़ों का भंडार शोधकार्य की आधारशिला है। साथ ही नवीनतम विकसित दूरसंवेदन तकनीक एवं उपग्रहों से प्राप्त आँकड़े भी महत्त्वपूर्ण सूचना प्रदान करते हैं यद्यपि इनमें अभी अधिक शोध की आवश्यकता है।

समुद्र की सतह का तापमान, महासागरीय धाराएँ, वायुमंडलीय विकिरण सन्तुलन, वाष्पोत्सर्जन, वानस्पतिक आवरण आदि के बारे में विश्वसनीय जानकारी भी वांछनीय है। एक बृहत आँकड़ा कोष की मदद से सूखा सम्बन्धी शोधकार्य द्वारा सूखा की पहचान, उत्पत्ति, विकास, विस्तार, प्रकार एवं प्रभाव के आकलन के लिए उचित मापदंड और विधियों का विकास सम्भव है।

6

टारनेडो

टारनेडो उस प्रकार के भीषण चक्रवात को कहते हैं जिसमें हवाएँ अत्यन्त तीव्र गति से चक्कर लगाती हुई विध्वंसक प्रभाव दिखलाती हैं। लोग हताहत हो जाते हैं और अपार सम्पत्ति नष्ट हो जाती है। विभिन्न देशों में टारनेडो को अलग-अलग नामों से जाना जाता है। फ्रांस व जर्मनी में 'त्रोम्बे', स्पेन व इटली में 'त्रोम्बा' रूस में 'साईमर्च', जापान में 'तात्सुमाकी' व उत्तर-पूर्वी भारत में 'हातिशन्यूरा' कहते हैं। अधिकतर टारनेडो हाथी की सूँड की तरह (चित्र 6.1) गहरे रंग के कपासी वर्षा बादलों से पृथ्वी की ओर लटके हुए दिखलाई पड़ते हैं। इनका आकार मिट्टी के तेल भरनेवाली कुप्पी की तरह भी माना जा सकता है जिसका ऊपरी चौड़ा भाग बादल से जुड़ा हो और निचला भाग हवा में लटक रहा हो। इसका व्यास साधारणतया 90 से 450 मीटर रहता है और शायद ही कभी 1000 मीटर से अधिक पहुँचा हो। इसमें हवा की गति 400 किलोमीटर प्रति घंटे तक हो सकती है। इसकी ऊँचाई 10 किलोमीटर या उससे भी ऊपर कपासी बादलों के साथ जुड़ी रहती है। जैसे-जैसे टारनेडो आगे बढ़ता है, यह हाथी की सूँड कभी पृथ्वी की ओर आती है और अपने मार्ग की सभी वस्तुओं को नष्ट कर देती है, कभी-कभी अपने पथ पर लूप या चक्र बनाते हुए आगे बढ़ती है। जब यह ऊपर उठ जाती है, वह स्थान क्षति से बच सकता है। इसका जीवनकाल एक मिनट से तीन घंटे तक हो सकता है। टारनेडो का पथ 30 मीटर से लेकर 500 किलोमीटर तक लम्बा हो सकता है। अमरीका में एक से पाँच प्रतिशत टारनेडो का क्षतिग्रस्त क्षेत्र 200 किलोमीटर लम्बाई तक व कुछ शतक मीटर चौड़ाई तक जाता है जिनसे 70 प्रतिशत जान-माल की क्षति होती है। इसका तीव्र उद्वाह 70 मीटर प्रति सेकंड से भी अधिक हो सकता है। सूक्ष्म दाबमापी द्वारा 100 हेक्टोपास्कल (हे.पा.) या उससे भी अधिक टारनेडो के केन्द्र में कमी मापी गई है। इससे क्षति के दो कारण हैं, एक तो हवा की तीव्र गति और दूसरे इसके घूमते आवर्त्त (क्षेत्र) में हवा का दाब एकदम से कम हो जाना। जिन मकानों के दरवाजे हर तरफ से बन्द होते हैं, उनकी छतें बम की तरह फट जाने से उखड़ जाती हैं। बवंडर के बाहर व अन्दर के दाब में इतना अन्तर होने से खाली बोतलों की कार्क उछलकर दूर जा गिरती है। कुछ

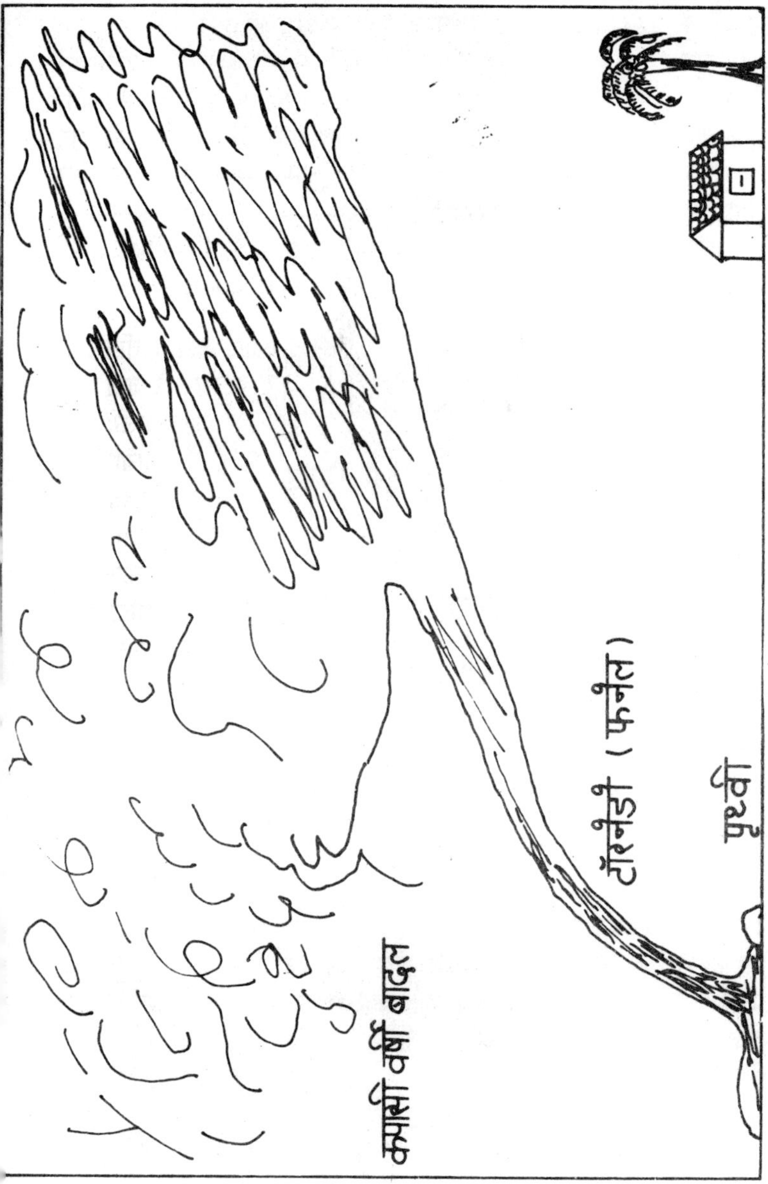

चित्र 6.1 कपासी वर्षी बादल से हाथी की सूँड की तरह लटकता हुआ टारनेडो

व्यक्तियों के कान तथा वक्ष में प्रस्फोटन जैसा महसूस होता है।

समुद्र के अन्दर बवंडर को जलस्तम्भ (वॉटर स्पाउट) कहते हैं। यह कपासी वर्षी बादल से हाथी की सूँड के रूप में समुद्र के ऊपर लटक जाता है। इसमें वस्तुओं को खींचकर ऊपर ले जाने की अपार शक्ति होती है। समुद्र का टनों पानी पलक झपकते बादलों के अन्दर चला जाता है। कभी-कभी एक साथ कई जलस्तम्भ कपासी वर्षा बादल से लटके दिखाई देते हैं।

जलस्तम्भ प्रायः स्थिर रहते हैं या धीरे-धीरे चलते हैं। कभी-कभी ये 45-60 किलोमीटर प्रति घंटे की गति से चलते हैं। इनकी अवधि सामान्यतः 15 से 20 मिनट होती है।

जलस्तम्भ के कारण समुद्र में जलजीवों का जीवन छिन्न-भिन्न हो जाता है। छोटे-मोटे जलजीव जलस्तम्भ के ऊर्ध्वाधर प्रवाह में फँसकर बादलों में चले जाते हैं और दूरस्थ क्षेत्रों में जा गिरते हैं। ऐसा लगता है जैसे मछलियों, मेढकों, कीड़ों आदि की वर्षा हो रही है। भारत में मछलियों की वर्षा का सबसे पुराना रिकार्ड 1809 में मिला है। ले. जॉन हेरियट ने लिखा है कि जब उनकी फौज पांडिचेरी के पास थी तो मछलियों की भारी वर्षा हुई। मछलियों की कुल संख्या लगभग 4000 थी। एक अन्य घटना 20 सितम्बर, 1838 की है। कलकत्ता के समीप मूसलाधार वर्षा के साथ मछलियों की वर्षा हुई। सभी मछलियाँ समान आकार की थीं। उनकी लम्बाई लगभग 10 सें.मी. थी। वे जीवित थीं। जब उन्हें एकत्रित करके तालाब में डाला गया तब वे तैरने लगीं।

भौगोलिक वितरण

टारनेडो अधिकतर 20° से 50° अक्षांश के बीच में होते हैं। वे अमरीका, रूस, यूरोप, जापान, इंग्लैंड, भारत, दक्षिण अफ्रीका, अर्जेंटिना, न्यूजीलैंड और आस्ट्रेलिया के कुछ भागों में अधिकतर पाए जाते हैं। विश्व के सबसे अधिक 5 से 10 टारनेडो प्रति वर्ष 26,000 वर्ग किलोमीटर में टारनेडो एली नामक क्षेत्र (अमरीका) में आते हैं जो टेक्सास से केन्साज ओकलाहोमा होता हुआ आयोवा तक फैला हुआ है। वे राकी पर्वतों से लेकर न्यूब्रंसविक तक अकसर ही होते हैं। अधिक जोखिम दक्षिण-पश्चिमी ओन्टोरियो तथा दक्षिण-पूर्वी मिनाटोवा में पाया जाता है। जाड़ों में अमरीका में टारनेडो दक्षिणी प्रान्तों में सीमित रहते हैं। ऊपरी प्रबल संचालन हवाओं के कारण ये काफी दूर तक आगे बढ़ते हैं। टारनेडो की पट्टी जेट हवाओं के साथ ही उतरती और बढ़ती है, जैसे ही उष्ण कटिबन्धीय वायु मध्य अमरीका से उत्तरी राज्यों की ओर वसन्त तथा ग्रीष्म ऋतु में प्रवेश करती है। जनवरी में केवल 3% टारनेडो आते हैं, जो मई में बढ़कर 20% तक हो सकते हैं। साधारणतया ये दोपहर या शाम को 1500 से 1900 स्थानीय मानक समय में उत्पन्न होते हैं, क्योंकि पृथ्वी पर सूर्य की सीधी किरणें तूफान बनने में सहायक हैं। कनाडा में प्रतिवर्ष

लगभग 75 टारनेडो आते हैं, जिनसे लाखों डालरों की सम्पत्ति नष्ट हो जाती है और हजारों लोग मृत्यु के मुँह में समा जाते हैं। आर्कटिक को छोड़कर कनाडा के करीब सभी भागों में टारनेडो आते हैं।

चित्र 6.2 में भारत के विभिन्न क्षेत्रों में टारनेडो की प्रतिशत संख्या दिखाई गई है। यह चित्र रंजीत सिंह (1981) के शोधपत्र से लिया गया है।

कभी-कभी टारनेडो उन स्थानों पर भी पाए गए हैं जहाँ उनके होने की सम्भावना कम होती है। उत्तरी इंग्लैंड में मई 1993 में वायुमंडलीय दाब औसत से अधिक था और दक्षिण में औसत से कम था। अतः औसत बहाव, पूर्वी दिशा से था। तीन टारनेडो उत्पन्न हुए जो वेल्स सीमा पर केन्द्रित थे जहाँ पर टारनेडो साधारणतः नहीं पाए जाते हैं। टारनेडो की संख्या उत्तर-पूर्वी भारत में अधिक होती है जहाँ ग्रीष्म ऋतु में प्रचंड तूफानों के साथ ही ये उत्पन्न हो जाते हैं। इसके अतिरिक्त अमृतसर, दिल्ली व इलाहाबाद तक भी टारनेडो पाए जाते हैं। 100 वर्षों में दो या तीन टारनेडो केरल व तमिलनाडु में पाए गए हैं। तालिका 6.1 में टारनेडो की उत्पत्ति के प्रमुख क्षेत्र दिए गए हैं। इसमें 1983-1993 के दौरान भारत में आनेवाले प्रमुख टारनेडो और उनसे होनेवाली क्षति का विवरण दिया गया है।

भारत के कुछ टारनेडो

(1) दिल्ली टारनेडो (17 मार्च, 1978)

17 मार्च, 1978 की शाम को दिल्ली के आकाश में काले बादल छाए हुए थे। कभी-कभी बादलों के गरजने की आवाज सुनाई पड़ जाती थी। यहाँ के निवासियों को तनिक शंका न थी कि पानी बरसने के अतिरिक्त कोई अनहोनी घटना दिल्ली विश्वविद्यालय के आसपास हो जाएगी। सभी लोग उस क्षेत्र में अपनी दिनचर्या के अनुसार बसों, पैदल या कारों से आ-जा रहे थे। लगभग छह बजते ही बिजली कड़कने लगी, बादल और घने व काले होने लगे और लगभग तीन मिनट में मौरिसनगर से मालरोड जानेवाली सड़क पर सैकड़ों पेड़, बिजली वे टेलीफोन के खम्भे उखड़-उखड़कर गिरने लगे। मकानों की छतें उड़कर दूर जा गिरीं। मोटरें, बसें व स्कूटर सड़क से ऊपर उठकर फिर से पृथ्वी पर धमाके से गिरे। एक बस हवा के झोंके से उठकर लगभग एक फर्लांग की दूरी पर जा गिरी और दूसरी खड़ी बस से टकराकर रुक गई। इसका कारण राजस्थान पर एक पश्चिमी अवदाब (कम दाब का क्षेत्र) था जिसके कारण ओले गिरनेवाले कपासी वर्षी बादल छा गए। यह क्षेत्र 18 तारीख की सुबह पूर्व की ओर आगे बढ़ गया। चित्र 6.3 में मौसम मानचित्र पर टारनेडोवाले दिन दिल्ली और उसके आसपास वायुदाब, तापमान और हवा की दिशा व गति को दिखाया गया है।

तालिका 6.1

भारत के प्रमुख टारनेडो (1983-1993)

क्रम सं	वर्ष	तिथि एवं प्रभावित क्षेत्र	घायल/मृतकों की संख्या	टारनेडो से होनेवाली क्षति
1.	1983	23 मार्च परादीप	(क) एक 35 वर्षीय महिला लगभग 10 मी. की ऊँचाई तक उछलकर नीचे गिर गई। उसे अस्पताल में भरती करना पड़ा। (ख) परादीप पोर्ट ट्रस्ट के आवासीय क्षेत्र 'मधुबन' में 2 व्यक्ति घायल हुए।	(क) 1-2 मिनट की अवधि में टारनेडो के कारण, पान की दुकानों के रूप में प्रयुक्त किए जानेवाले लकड़ी के 6 खोखे अपने स्थान से लगभग 100 मि. की दूरी जा गिरे। (ख) फूस/छप्पर की सैकड़ों झुग्गियां तहस-नहस हो गईं। (ग) अनेक मकानों की ऐस्बेस्टस की छतें उखड़कर दूर जा गिरीं। (घ) बिजली आपूर्ति ठप्प हो गयी।
2.	1983	12 अप्रैल चौबीस परगना	गायघाट क्षेत्र में 28 व्यक्तियों की मृत्यु हो गई तथा 500 घायल हो गए।	(क) 2 मिनट की अवधि में, टारनेडो ने 22 गांवों को प्रभावित किया। इनमें से चारीगाची बुरी तरह प्रभावित हुआ। जब लगभग 7 बजकर 15 मिनट (सायं, भा.मा.स.) पर टारनेडो आरम्भ हुआ, तब उस क्षेत्र में लोगों ने आग का एक लाल रंग का गोला देखा। (ख) गायघाट और हबरो क्षेत्रों में मकान गिरने से 700 लोग बेघर हो गए तथा 1450 परिवार बुरी तरह प्रभावित हुए। (ग) अनेक पेड़ और बिजली के खम्भे उखड़ गए तथा कई मकानों की छतें उखड़कर

क्रम सं	वर्ष	तिथि एवं प्रभावित क्षेत्र	घायल/मृतकों की संख्या	टारनेडो से होनेवाली क्षति
				दूर जा गिरीं। 'अंचल पंचायत कार्यालय' की कंक्रीट की छत के टुकड़े हो गए जो कि 300 मीटर दूर तक जा गिरे।
				(घ) चारीगाची में एक नलकूप उखड़ गया।
3.	1983	5 मई वीरभूम	(क) होशनपुर में 1 व्यक्ति की मृत्यु हुई और 100 से अधिक घायल हो गए।	(क) 1 मिनट की अवधि में, टारनेडो से 855 झोपड़ियाँ और 165 मकान नष्ट हो गए तथा 400 परिवार बेघर हो गए और लगभग 2000 व्यक्ति प्रभावित हुए।
			(ख) सैकड़ों जानवर मर गए।	(ख) होशनपुर में दो पक्के मकानों की छतें उखड़ गईं। एक स्कूल की इमारत की नलीदार चादर कुछ किलोमीटर की दूरी पर धान के खेत में जा गिरी।
				(ग) 6000 बीघा क्षेत्र में फसल नष्ट हो गई।
				(घ) अनुमान है कि लगभग 6 लाख रुपए की सम्पत्ति का नुकसान हुआ।
4.	1983	6 मई जलपाईगुड़ी	गाजोलदोबिया में तिशा बैराज मुख्यालय तहस-नहस हो गया, जिससे 1 व्यक्ति की मृत्यु हो गई तथा 12 गम्भीर रूप से घायल हो गए।	(क) कुछ पेड़ जड़ से उखड़ गए। (ख) लगभग 2000 व्यक्ति बुरी तरह प्रभावित हुए। (ग) संचार प्रणाली और बैराज कार्य लगभग ठप्प हो गया।

क्रम सं	वर्ष	तिथि एवं प्रभावित क्षेत्र	घायल/मृतकों की संख्या	टारनेडो से होनेवाली क्षति
5.	1983	22 मई जोधपुर	4 व्यक्तियों की मृत्यु हो गई और 3 घायल हो गए।	(क) कच्चे मकान ढह गए और अनेक लोग इनमें फँस गए। (ख) लोहे की नालीदार चादरें कई मकानों की छतों से उखड़ गईं। (ग) पेड़, बिजली के खम्भे, टेलीफ़ोन के खम्भे उखड़ गए और मुड़ गए तथा इनसे कई सड़क मार्ग अवरुद्ध हो गए।
6.	1983	11 अगस्त अकोला		(क) पालसोड में 15.00 बजे (भा. मा.स.) पर आए टारनेडो से कपास और ज्वार की खड़ी फसलें जड़ से उखड़ गईं। (ख) पालसोड, धनौरी और देवड़ी में क्रमशः 120, 5 और 27 हैक्टेयर क्षैत्र में खड़ी फसलें उखड़ गईं। (ग) मोहाली नदी का जलस्त्र 20 फुट की ऊँचाई तक बढ़ गया। (घ) विस्तृत क्षेत्र पर रेत, ईंटों के टुकड़े और पत्थरों का ढेर लग गया।
7.	1984	7 फरवरी कराईकल	झोंपड़ी गिरने से 1 व्यक्ति की मृत्यु हो गई।	(क) कराईकल से 17 कि.मी. दूर बुढहानपुर में 09.10 बजे (भा.मा.स.) एक टारनेडो आया।
8.	1984	19 फ़रवरी	लगभग 25 व्यक्ति घायल	(क) एक टारनेडो पिलगे गाँव में

क्रम सं	वर्ष	तिथि एवं प्रभावित क्षेत्र	घायल/मृतकों की संख्या	टारनेडो से होनेवाली क्षति
		लुधियाना	हो गए।	आया और मंगली गाँव में समाप्त हुआ जिसने 2 कि. मी. व्यास के क्षेत्र को प्रभावित किया। (ख) 15 मकान और 2 गोदाम क्षतिग्रस्त हो गए। कुछ अस्थायी निर्माणों की छतें उखड़ गईं। (ग) बिजली के अनेक खम्भे और वृक्ष जड़ से उखड़ गए।
9.	1985	29 अप्रैल कटक	(क) 2 व्यक्तियों की मृत्यु हो गई और 40 घायल हो गए। (ख) 20 पशु मर गए।	(क) सुकिन्दा ब्लॉक में चिरगुनियाँ गाँव में 40 मकान पूरी तरह और 25 आंशिक रूप में ढह गए। (ख) 65 परिवार प्रभावित हुए।
10.	1985	7 मई कालाहाँडी, सुन्दरगढ़	2 व्यक्तियों की मृत्यु हो गई (1 हातीबाड़ी में और 1 नावपाड़ा में।)	(क) ब्रह्मवाणी, हातीबाड़ी, और नावपाड़ा गांवों में 136 मकान ढह गए। (ख) कुल 800 परिवार प्रभावित हुए।
11.	1985	14 मई कुचबिहार	3 व्यक्तियों की मृत्यु हो गई।	(क) 1 मकान क्षतिग्रस्त हो गया। (ख) वृक्षों के गिरने से कई मार्ग अवरुद्ध हो गए जिससे वाहनों का यातायात अस्त-व्यस्त हो गया।
12.	1993	9 अप्रैल मुर्शिदाबाद	(क) 50 लोग मारे गए, जिनमें अधिकांश बच्चे थे।	(क) खोसबापुर, गोकरना, छात्रा और मोटरा गाँवों में टारनेडो

क्रम सं	वर्ष	तिथि एवं प्रभावित क्षेत्र	घायल/मृतकों की संख्या	टारनेडो से होनेवाली क्षति
				20 मिनट तक रहा।
			(ख) 187 व्यक्ति गंभीर रूप से घायल हो गए।	(ख) प्रभावित क्षेत्र लगभग 14 कि.मी. लम्बा और 1 कि. मी. से कम चौड़ा था।
			(ग) सैकड़ों मवेशी मारे गए।	(ग) 1500 झुग्गियाँ पूरी तरह से नष्ट हो गईं और अनेक पक्के मकान क्षतिग्रस्त हो गए।
				(घ) चार गाँवों के 700 परिवारों के लोग बेघर हो गए।
				(ङ) अनेक पेड़ों के उखड़ने से कांडी और बरहामपुर नगरों के बीच संचार व्यवस्था ठप्प हो गई।
				(च) टारनेडो के कारण यात्रियों से खचाखच भरी एक बस 20 फुट उठकर नीचे गिर गई।
				(छ) राज्य बिजली बोर्ड का एक सब-स्टेशन और एक प्रसारण स्टेशन बुरी तरह क्षतिग्रस्त हो गया, जिससे सम्पूर्ण क्षेत्र में अन्धेरा हो गया।

दिल्ली टारनेडो का श्री एच.एन. गुप्ता व एस.के. घोष (1978) ने अध्ययन करके निम्न निष्कर्ष निकाले :

(क) यद्यपि रेडार में ईको की तीव्रता अत्यधिक थी, परन्तु 'हुक' की आकृति के बादल जो साधारणतया टारनेडो में पाए जाते हैं, नहीं देखे गए।

(ख) अवदाब के केन्द्र से सम्बन्धित एक दक्षिण-पश्चिमी दिशा में द्रोणी के नीचे टारनेडो उत्पन्न हुआ। यह अवदाब की दक्षिण-पश्चिमी दिशा में 450 किलोमीटर दूर था।

(ग) टारनेडो उत्पत्ति क्षेत्र पर एक मध्यपरत जेट पवन पाई गई।

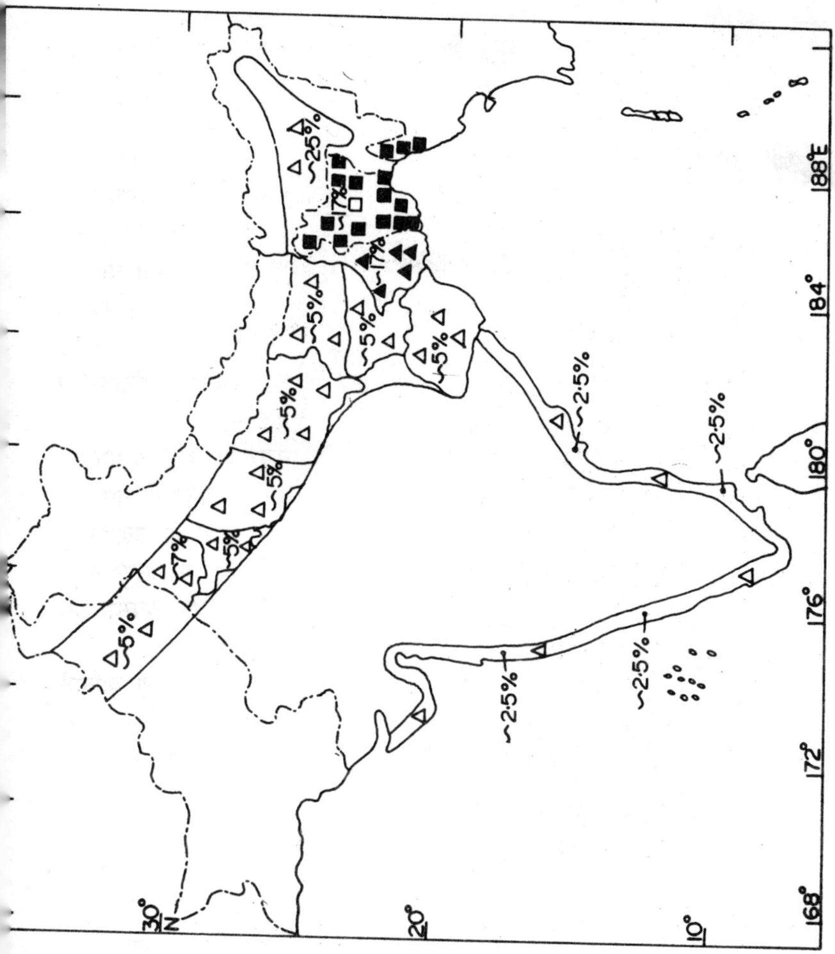

चित्र 6.2 भारत के विभिन्न क्षेत्रों में आनेवाले टारनेडो की प्रतिशत संख्या (संदर्भ–रंजीत सिंह, 1981)

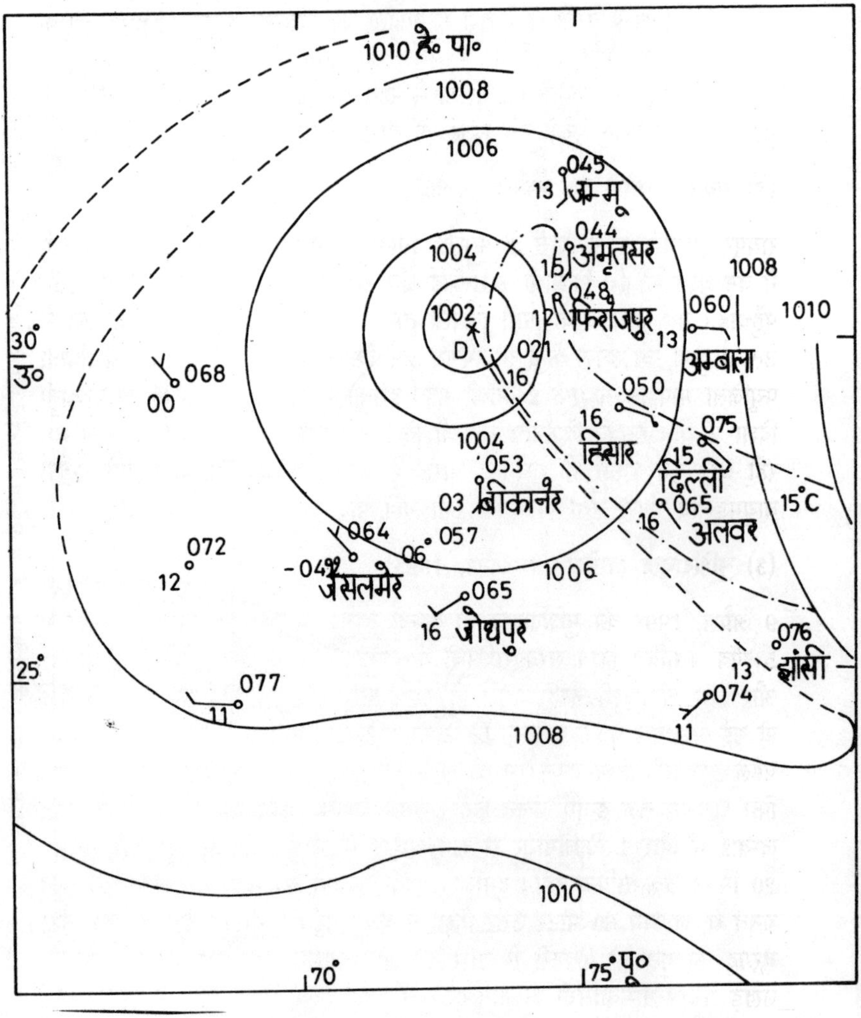

चित्र 6.3 दिल्ली टारनेडो से संबंधित 17 मार्च 1978 का मौसम मानचित्र

(घ) निचली परतों में क्षैतिज में आर्द्रता का वितरण टारनेडो उत्पत्ति क्षेत्र के पवनाभिविमुख दिशा में सबसे अधिक था।

अमरीका के टारनेडो की तुलना में मध्य परतों में स्पष्ट शुष्क वायु नहीं पाई गई। इसके विपरीत पृथ्वी की सतह के मध्य विक्षोभ मंडल तक नम परत थी।

(2) रायपुर टारनेडो (2 अगस्त, 1990)

रायपुर (मध्यप्रदेश) के पास 2 अगस्त, 1990 को गैरियाबाद जिले में एक टारनेडो ने वन वृक्षों को 10 किलोमीटर लम्बाई और 50 किलोमीटर चौड़ाई में काफी हानि पहुँचाई। यह अवदाब के आगे निचली तह में अभिसरण (कॉन्वर्जेन्स) के क्षेत्र में उत्पन्न हुआ, जो उसके केन्द्र से लगभग 500 किलोमीटर दूरी पर था। इसकी तीव्रता फ्यूजिता मापक्रम में एफ 2 आँकी गई। इसकी गति उत्तर-पूर्व से दक्षिण-पश्चिमी दिशा में थी। इसकी विशेषता यह थी कि इसमें वायु प्रति-चक्रवाती दिशा में घूम रही थी। इस प्रकार के टारनेडो भारत में बहुत ही कम होते हैं। इसमें ऊपरी वायुमंडलीय द्रोणी तथा जेट पवन भी नहीं पाए गए।

(3) मुर्शिदाबाद टारनेडो (9 अप्रैल, 1993)

9 अप्रैल, 1993 को मुर्शिदाबाद के कान्दी तालुक में सायंकाल आए टारनेडो से 5 गाँव प्रभावित हुए। सरकारी सूत्रों के अनुसार 50 व्यक्तियों की मृत्यु हो गई और 187 लोग बुरी तरह घायल हो गए। लगभग 1500 झोपड़ियाँ पूर्णतया नष्ट हो गईं और कई पक्के मकानों को काफी क्षति हुई। मवेशी भी हताहत हुए। सबसे पहले ग्रामवासियों ने काले रंग के ऊँचे-ऊँचे बादल 3 से 4 बजे शाम को देखे। फिर धूलभरी तेज हवाएँ चलने लगीं। उससे प्रभावित क्षेत्र लगभग 15 किलोमीटर लम्बाई में और 1 किलोमीटर से कम चौड़ाई में फैला हुआ था। टारनेडो लगभग 20 मिनट तक सक्रिय रहा। दुमंजिले पक्के मकानों की छतें, जहाँ सीमेंट के नल बनते थे, लगभग 60 मीटर उत्तर दिशा में फेंकी गईं। 5 मीटर व्यास का एक बड़ा बरगद का वृक्ष जो फैक्टरी से उत्तर की ओर लगभग 50 मीटर की दूरी पर था, उखड़ गया। ग्रामवासियों के अनुसार वृक्ष पहले उत्तर दिशा की ओर गिरा। फिर तूफानी हवा से पश्चिम की ओर घूमा और उसके बाद ही दक्षिण-पश्चिमी दिशा में आकर ठहर गया। यहाँ से एक बस जिसमें 50 से 60 व्यक्ति बैठे थे, 6 से 7 मीटर ऊँची उठकर 50 मीटर दूर कई बार वामावर्त दिशा में घूमकर टुकड़े-टुकड़े होकर गिर गई। विद्युत् के संचारण में भी नुकसान हुआ। कई सरकारी लोगों ने हाथी की सूँड से मिलते-जुलते लाल चमक के बादल देखे जो 35 से 50 एकड़ क्षेत्र पर घूम रहे थे। ये बादल दस मिनट से अधिक नहीं देखे गए। उस समय कुछ लोगों ने गर्मी का अनुभव किया और इतनी आवाज सुनी जैसे कई जेट विमान गिरकर टूट जाने से या रेल के प्लेटफार्म पर पहुँचने पर होती है। तूफान के आते

ही 250 ग्राम भार तक के ओले गिरने लगे। इसके कुछ समय बाद आकाश स्वच्छ हो गया। अधिकतम पवनगति 250 किलोमीटर प्रति घंटे का अनुमान लगाया गया। पश्चिम बंगाल में 9 अप्रैल को लगभग सभी मैदानी क्षेत्रों में वर्षा हुई और चंडवात (स्क्वाल) 56 से लेकर 74 किलोमीटर प्रति घंटे की गति से कई वेधशालाओं में रिपोर्ट किए गए।

सामयिक (सिनाप्टिक) स्थिति के अनुसार 1 अप्रैल को कमदाब की एक द्रोणी (ट्रफ) बिहार के मैदानों से नगालैंड तक स्थित थी, जो 9 अप्रैल की सुबह मध्य बिहार से पश्चिम बंगाल, दक्षिणी बांग्लादेश, त्रिपुरा, मणिपुर, नगालैंड होती हुई पूर्वी असम तक फैली हुई थी। इसके अतिरिक्त, दक्षिणी उड़ीसा व उसके पास के दक्षिण-पूर्वी मध्यप्रदेश पर 0.5 किलोमीटर की ऊँचाई पर ऊपरी वायु में चक्रीय परिसंचरण फैला हुआ था। जेट स्ट्रीम का क्रोड (कोर) बिहारी पठार, मध्य-पश्चिम बंगाल, उत्तरी बांग्लादेश व असम के ऊपर था। कलकत्ता के रेडार में उत्तरी दिशा में कुछ बादल दिखाई दिए थे, परन्तु वे हुक के आकृति में नहीं थे। सरकारी प्रशासन द्वारा एक सहायता केन्द्र खोल दिया गया, जिससे वहाँ राहत कार्यों में सुविधा हो गई। आपातकालीन स्थिति को ध्यान में रखकर राहत सामग्री खरीदने के आदेश दिए गए। विद्युत् आपूर्ति प्रभावित होने के कारण जेनरेटर लगाए गए और फ्लड लाइट द्वारा प्रकाश किया गया। अस्पतालों में इलाज के लिए विशेष सुविधाएँ तुरन्त स्थापित कर दी गईं, जिनमें रक्तदान के लिए भी व्यवस्था की गई।

टारनेडो सम्बन्धित कुछ प्रेक्षण

1. भारी वर्षा तथा ओले : अधिकतर टारनेडो से पहले व उसके बाद भारी वर्षा होती है। कभी-कभी ओले भी गिरते हैं। परन्तु टारनेडो दीवार के अन्दर से पृथ्वी के पास बहुत ही कम वर्षा होती है।

2. आर्द्रता : टारनेडो के अन्दर बाहरी वायु के प्रवेश करने से दाब में अत्यन्त कमी होने के कारण सन्तृप्त अवस्था में पहुँच जाने से संघनन हो जाता है।

3. वायुमंडलीय दाब : सूक्ष्म दाबमापी द्वारा टारनेडो के केन्द्र पर दाब मापा जा सकता है। अमरीका में मिनोसोटा टारनेडो (20 अगस्त, 1904) में 200 हेक्टोपास्कल दाब की कमी पाई गई।

4. भ्रमिलता : टारनेडो में दोनों ही गोलार्धों में चक्रवाती भ्रमिलता पाई जाती है। परन्तु कुछ उदाहरण प्रति-चक्रवाती टारनेडो के भी पाए गए हैं। तालिका 6.2 में टारनेडो भ्रमिलों के प्रतिरूपी अभिलक्षण दिए गए हैं।

5. विद्युत् घटनाएँ : टारनेडो के आने से लगभग 30 मिनट पूर्व तड़ित क्रिया बढ़ जाती है। गर्जनवाले तूफानों के साथवाले टारनेडो में 'गोल तड़ित' अधिक पाई जाती है। कभी-कभी पीली चमक-सी फैल जाती है।

6. ध्वनिक प्रभाव : जब कुप्पी मेघ पृथ्वी को छूता है तब सैकड़ों रेलगाड़ियों

के चलने जैसी ध्वनि उत्पन्न हो जाती है। उससे पूर्व शहद की मक्खियों जैसी भनभनाहट सुनाई पड़ती है, जिसका कारण टारनेडो में वायुराशि के घूमने से उत्पन्न कम्पन हो सकता है।

तालिका 6.2

टारनेडो भ्रमिलों के प्रतिरूपी अभिलक्षण

क्रमसं.	भ्रमिल	क्रोड त्रिज्या (मीटर)	स्पर्श रेखीय पवनगति (मीटर प्रति सेकंड)	औसत भ्रमिलता (वर्टिसिटी) (सेकंड$^{-1}$)
1.	मिनी (लघु) टारनेडो	10	25	5
2.	मैक्सी टारनेडो	100	100	2

टारनेडो के कारण

अमरीका में टारनेडो उत्पत्ति के निम्न कारण बताए गए हैं :

(1) वायुमंडल के निचले भाग में नम वायु जो एक बारीक स्थायी परत द्वारा ऊपरी शुष्क वायु को अलग करती है।

(2) 3 से 6 किलोमीटर के बीच 70 किलोमीटर प्रति घंटे से अधिक पवन गति (जेट वायु)।

(3) वायुमंडलीय मध्य परतों में एक स्पष्ट शुष्क वायु परत जब भी निचली नम वायुमंडली परत से टकराती है, टारनेडो बन जाते हैं।

(4) क्षैतिज दिशा में निचली परतों में आर्द्रता का वितरण उत्पत्ति स्थल के पवनाभिविमुख दिशा में आपेक्षिक तंग भाग में सबसे अधिक होना।

(5) प्रेरक क्रिया, जैसे, कमदाब की द्रोणी या उष्ण कटिबन्धीय चक्रवात अथवा नीचे की ओर जेट वायु इत्यादि।

अमरीका अथवा मध्य अक्षांशोंवाले प्रदेशों में 'शीताग्र' नामक कमदाब के क्षेत्रों से खराब मौसम उत्पन्न करनेवाले गहरे रंग के कपासी वर्षी बादल उत्पन्न हो जाते हैं। उन्हीं के साथ उन स्थानों पर विशेष परिस्थिति में टारनेडोवाले मेघ भी लटकने लगते हैं, जब क्षुब्धतावाले अर्थात् वायुमंडलीय अस्थिरता अपनी चरम सीमा पर हो। संयुक्त राज्य अमरीका के मैदानों में गर्मी के दिनों में जब ठंडी व सूखी हवा (ऊँचे पठारों से उत्पन्न) समुद्री उष्ण कटिबन्धीय हवा से टकराती है तभी टारनेडो आते हैं। चित्र 6.4 में भारत में टारनेडो उत्पन्न होने की भिन्न-भिन्न परिस्थितियाँ दिखाई गई हैं। वायुमंडल के ऊपरी भाग में जेट प्रवाह (तीव्र गति की हवाएँ) इनको उत्पन्न करने में सहायता देते हैं। कभी-कभी टारनेडो उष्ण कटिबन्धीय क्षेत्र में भी पाए गए हैं। यदि हम इनको एक रेडार द्वारा देखें तो इसमें एक केन्द्रीय क्षेत्र (नेत्र) के चारों ओर बादलों के टुकड़े दिखाई पड़ते हैं।

चित्र 6.4 भारत में टारनेडो के विकास से संबंधित विभिन्न अवस्थाएँ

घूर्णन की उत्पत्ति

प्रश्न यह उठता है कि टारनेडो में घूर्णन किस प्रकार उत्पन्न होता है। किसी भी तरल पदार्थ (फ्लूइड) में स्थानीय घूर्णन (स्पिन) को भ्रमीकरण सदिश (वर्टिसिटी वेक्टर) द्वारा मापा जा सकता है, जो पवन वेक्टर का घूर्णन (कर्ल) है। एक दाहिने हाथ के पेच के आगे बढ़ने की दिशा में स्पिन अक्ष के समानान्तर सरेख हो जाता है। कम्प्यूटर मॉडलों द्वारा यह देखा गया है कि यदि पृथ्वी के घूर्णन को रोक दिया जाए तो भी समुचित कर्तन वातावरण में तूफान हो सकते हैं जिनमें घूर्णनवाले उद्वाह होते हैं। अतः अनुमान किया जाता है कि पहले से ही मौजूद क्षैतिज भ्रमिल उद्वाह पूरा ही घूमता है, जब भ्रमिल, तूफान की सापेक्ष धारा में प्रवाहित होता है अर्थात् स्पिन अक्ष बहाव की दिशा में रहता है।

एक घूमता हुआ फुटबॉल, बन्दूक की गोली तथा वायुयान प्रवाही, भ्रमिल के उदाहरण हैं। यदि पवन ऊँचाई के साथ रुख बदलता है और उसकी गति में कोई परिवर्तन नहीं होता है तो उसमें केवल प्रवाही भ्रमिल होता है। हम कल्पना कर सकते हैं कि इस प्रकार के बहाव में यदि ऊर्ध्वाधर दिशा में एक पेन्सिल रखी जाए तो वह किस प्रकार घूम जाएगी। वायु के पार्सल, जिनमें प्रवाही भ्रमिल होता है, उद्वाह घूमने पर ही चक्रीय परिसंचरण उत्पन्न हो जाता है। अतः उद्वाह द्वारा क्षैतिज भ्रमिल, ऊर्ध्वाधर भ्रमिल में बदल जाता है। जैसे ही ऊर्ध्वाधर भ्रमिल उत्पन्न हो जाता है, उद्वाह के निचले भाग में वायु पार्सल का बहाव, क्षैतिज दिशा में एकत्रित होने से ऊर्ध्वाधर दिशा में खिंचाव के कारण उसकी मात्रा अधिक बढ़ने लग जाती है। यह क्रिया तूफान के क्षैतिज तथा ऊर्ध्वाधर उद्वाह में किस प्रकार प्रभावित होता है, इसको पूर्णतया समझना कठिन है।

यदि वायुमंडल में पश्चपवन ऊँचाई के साथ दक्षिणी पवन की अपेक्षा बदलता है तो भ्रमिल उलटी दिशा में उत्पन्न होने से प्रतिचक्रवाती उद्वाह उत्पन्न कर देता है। परन्तु इस प्रकार के उदाहरण तूफानों में बहुत कम पाए जाते हैं, जिसका कारण कोरिआलिस बल का कुछ-न-कुछ प्रभाव हो सकता है।

छोटे टारनेडो तथा जल वितंड उत्पन्न होने का कारण दूसरा होता है क्योंकि उनकी उत्पत्ति ऊर्ध्वाधर दिशा में नगण्य ऊर्ध्वाधर कर्तन वातावरण में होती है। यदि एक भी भ्रमिल कपासी वर्षी बादलों के उद्वाह के नीचे आ जाता है तो ऊर्ध्वाधर खिंचाव के कारण टारनेडो उत्पन्न हो जाता है। इस प्रकार टारनेडो उत्पन्न होने के स्थान पर नीचे की परतों में तापमान ऊँचाई के साथ बहुत ही अधिक घटता है और पैतृक मेघ के प्रारम्भिक काल में उत्पन्न होता है। उत्तरी गोलार्ध में अधिकतर टारनेडो चक्रीय (वामावर्त) दिशा में घूमते देखे जाते हैं। अतः टारनेडो उत्पत्ति की प्रारम्भिक अवस्था में कोरिआलिस बल के प्रभाव में हवा के कण, कमदाब के केन्द्र की ओर दाहिनी दिशा में त्वरित होते हैं जिससे न्यूनतम

दाब् के चारों ओर चक्रीय परिसंचरण स्थापित हो जाता है। यह ध्यान देने योग्य बात है कि आंधी, बबूला और जलस्तम्भों में घूमने की कोई निश्चित दिशा नहीं होती है।

वायुमंडलीय दाब में कमी का अनुमान

टारनेडो के केन्द्रीय दाब में होनेवाली कमी का अनुमान लगाया जा सकता है, यदि यह मान लिया जाए कि भ्रमिल में ऊर्ध्वाधर व त्रिज्य वेग शून्य है तथा स्थानीय वेग का मान निम्न प्रकार है :

(i) $$V = \frac{V_m r_c}{r} \text{ यदि } r > r_c \quad (1)$$

(ii) $$V = \frac{V_m r}{r_c} \text{ यदि } r < r_c \quad (2)$$

यहाँ γ त्रिज्या अक्ष है और r_c टारनेडो क्रोड की त्रिज्या (अथवा अधिकतम पवनवेग की त्रिज्या) तथा v_m अधिकतम पवनवेग का मान है।

यह भ्रमिल एक ठोस पदार्थ की भाँति घूमता है और इसके बाहर कोणीय संवेग रहता है।

किसी बिन्दु पर वायुमंडलीय दाब प्रवणता (प्रेशर ग्रेडिएंट), बाहरी अपकेन्द्रीय (सेंट्रिफ्यूगल) बल के बराबर हो जाता है। यदि Þ वायुमंडलीय दाब है और ρ वायु का घनत्व (1 कि.ग्रा. प्रति घन मीटर), तो

$$\frac{\partial p}{\partial r} = \frac{\rho v^2}{r} \quad (3)$$

उपरोक्त समीकरण के समाकलन द्वारा केन्द्रीय दाब में कमी को $r = \alpha$ से $r = o$ के लिए (1) व (2) समीकरणों की सहायता से निम्न समीकरण द्वारा ज्ञात किया जा सकता है :

$$\Delta Þ = \rho v^2 m \quad (4)$$

किसी बिन्दु पर वायुमंडलीय दाब प्रवणता की अधिकतम दर का मान निम्न समीकरण द्वारा आँका जा सकता है :

$$\left(\frac{\partial p}{\partial t}\right) = \frac{-cpv^2{}_m}{\gamma_c} \quad (5)$$

यहाँ, C टारनेडो की गति है।

यदि अधिकतम पवन वेग =100 मी. प्रति से.

क्रोड त्रिज्या = 100 मी.

टारनेडो की गति = 15 मी. प्रति से.

तो, अधिकतम दाब प्रवणता = 15हे.पा. प्रति से.

उपर्युक्त अवस्था में, समीकरण (5) के अनुसार दाब में लगभग 100 हे.पा. की कमी होगी।

भ्रमिलवाले विध्वंसक टारनेडो में दाब तीव्र गति से बदलता है क्योंकि उनकी गति 95 मी. प्रति से. तक हो सकती है।

इसी प्रकार टारनेडो के केन्द्र पर दाब P को निम्न समीकरण द्वारा निकाला जा सकता है।

$$p = p_0 \exp\left(\frac{-w^2 r_0{}^2}{2rt}\right) \tag{6}$$

यहाँ, p_0 = केन्द्र से r_o (मीटर) दूरी पर सतहीय दाब (हे.पा.)

T = तापमान (डिग्री केल्विन)

R = भ्रमिल के केन्द्र से दूरी (मीटर)

W = पवनवेग (मीटर प्रति सेकंड)

अतः केन्द्रीय दाब से टारनेडो की तीव्रता का अनुमान लगाया जा सकता है।

प्रश्न यह उठता है कि टारनेडो में इतनी शक्ति कैसे उत्पन्न हो जाती है कि भारी छतों को उखाड़ फेंकता है और बड़े-बड़े वाहन ऊपर उठकर काफी दूर जा गिरते हैं। अनुमान किया जाता है कि टारनेडो में 1000 मेगावॉट गतीय ऊर्जा उत्पन्न होती है। वैज्ञानिकों का मत है कि पैतृक मेघ से छोड़े गए संघनन जलवाष्प उत्प्लावी स्थितिक ऊर्जा उत्पन्न होने के कारण ऐसा होता है।

वायुयानों द्वारा जलस्तम्भ के प्रेक्षण

अमरीका द्वारा 1974 में 16 जलस्तम्भों में घुसकर निम्न प्रेक्षण देखे गए :

(क) मध्य क्रोड गर्म क्षेत्र, जहाँ तापमान 0.3^o केल्विन से अधिक था।

(ख) क्रोड में 1 से 10 हे.पा. दाब में कमी, जो जलस्तम्भ की तीव्रता पर निर्भर है।

(ग) क्रोड के ऊपर ऊर्ध्वाधर वेग 5 से 10 मीटर प्रति सेकंड।

(घ) 400 मीटर समुद्रतल की ऊँचाई से ऊपर स्पर्श रेखीय गति 30 मीटर प्रति से. से कम।

(ङ) चक्रवाती तथा प्रति-चक्रवाती भ्रमिल दोनों ही पाए गए।

चक्रवात व टारनेडो

भीषण चक्रवातों के तटीय क्षेत्र पार करके थल में घुसने के बाद अकसर अमरीका व जापान में टारनेडो उत्पन्न हो जाते हैं।

(1) 1948 से 1986 तक के आँकड़ों के आधार पर अमरीका के तापमान, आर्द्रता व वायुगति की संयुक्त रूपरेखा द्वारा उष्ण कटिबन्धीय चक्रवात से उत्पन्न टारनेडो की ग्रेट प्लेन्स टारनेडो से तुलना करके निम्न परिणाम निकाले गए :

(i) निचले क्षोभ मंडलीय ऊर्ध्वाधर पवन अवरूपण चक्रवाती टारनेडो में ग्रेट प्लेन्स की अपेक्षा अधिक पाया जाता है।

(ii) चक्रवात की तीव्रता बढ़ने से चक्रवाती टारनेडो की संख्या व प्रचंडता भी बढ़ती है।

(iii) टारनेडो उत्पत्ति का चक्रवात की गति से सम्बन्ध नहीं पाया जाता है।

(iv) यद्यपि अधिकतर टारनेडो चक्रवात के समुद्रतट पार करने के दिन ही उत्पन्न होते हैं, परन्तु कुछ चक्रवातों में पवन अवरूपण रूपरेखा कई दिन तक टारनेडो उत्पन्न करने में सहायक सिद्ध होती है।

(v) अटलांटिक तट की अपेक्षा, मैक्सिको की खाड़ी के चक्रवात अधिक टारनेडो उत्पन्न करते हैं।

(vi) चक्रवाती टारनेडो में उत्प्लावकता, ग्रेट प्लेन्स की अपेक्षा बहुत कम पाई जाती है।

(2) जापान में 13 अक्टूबर, 1980 को टाइफून में क्युशो द्वीप के पूर्वी तट पर मियाजाकी शहर के पास पाँच टारनेडो उत्पन्न हुए, जिनसे 15 व्यक्ति घायल हुए, 400 मकान नष्ट हुए और करोड़ो येन की सम्पत्ति का नुकसान हुआ। टारनेडो आने के समय ऊर्ध्वाधर दिशा में जमीन व एक किलोमीटर के बीच पवन अवरूपण लगभग 20 मीटर प्रति सेकंड प्रति किलोमीटर था। क्षोभमंडल के अधिकतर भाग के घन उत्प्लावकता के साथ संतृप्त नम वायु पाई गई। पश्चिम-उत्तरी दिशा की ओर चलती हुई वर्षा की रेडार ईको के गुजरते ही टारनेडो उत्पन्न हुए। चक्रवातों के थल में 13 मीटर प्रति सेकंड की गति से प्रवेश करने के बाद उनके पीछे के क्षेत्र में टारनेडो उत्पन्न हुए।

टारनेडो तीव्रता

टारनेडो की तीव्रता उससे उत्पन्न पवनगति पर आधारित करके आँकी जाती है।

मुख्यतः दो मापक्रम प्रयोग किए जाते हैं।

(1) फ्युजिता-पियरसर (एफ.पी.पी.) अथवा एफ (F) मापक्रम। इसमें एफ (F) को शून्य (0) से 12 स्केल द्वारा व्यक्त किया जाता है। यह निम्न प्रकार है :

(एफ 0) 18-20 मीटर प्रति सेकंड—हलकी क्षति, चिमनी में कुछ क्षति, वृक्षों की टहनियों का टूटना, चिह्न बोर्ड को हानि।

(एफ 1) 33-49 मीटर प्रति सेकंड—साधारण क्षति। 33 मीटर प्रति सेकंड से हरीकेन पवनगति की शुरुआत होती है। इसमें चलते-फिरते (मोबाइल) घर या तो अपनी नींव से हट जाते हैं अथवा उलट जाते हैं। वाहन सड़क से उठकर एक ओर हट जाते हैं।

(एफ 2) 50-69 मीटर प्रति सेकंड—काफी क्षति। फ्रेमवाले मकानों की छत का उड़ना, चलते-फिरते मकानों का नष्ट होना, बड़े वृक्षों का उखड़ना, हलकी वस्तुओं का मिसाइल की तरह उड़ना।

(एफ 3) 70-90 मीटर प्रति सेकंड—अधिक क्षति। मजबूती से बने हुए मकानों की छत तथा कुछ दीवारों का टूटना, ट्रेनों का उलटना, भारी वाहनों का जमीन से उड़कर काफी दूर तक फेंका जाना।

(एफ 4) 93-116 मीटर प्रति सेकंड—अच्छे बने मकानों को पूरी तरह से क्षति। कमजोर नींववाले मकानों का उड़कर कुछ दूर जा गिरना। वाहन दूर फेंके जाते हैं और बड़ी-बड़ी मिसाइलों जैसी क्षति।

(एफ 5) 117-142 मीटर प्रति सेकंड—अविश्वसनीय क्षति। मजबूत फ्रेमवाले मकान नींव से उड़कर काफी दूरी पर जाकर पूरी तरह टूट जाते हैं। बड़े-बड़े वाहन, मिसाइल जैसे उड़कर हवा से 100 मीटर से भी दूर उड़ जाते हैं, पेड़ उखड़ जाते हैं।

(एफ 6-एफ 12) 142 मीटर प्रति सेकंड से माख (मैक) अर्थात् ध्वनि की गति अधिकतर पवनगति के बराबर—इस गति तक पहुँचने की सम्भावना कम है।

एफ (F) मापक्रम पवन गति को निम्न समीकरण द्वारा निकाल सकते हैं :

$$V_F = 6.30\ (F + 2)^{1.5}$$

यहाँ F मापक्रम है और V_F पवनगति प्रति सेकंड है।

यदि टारनेडो को केवल तीन तीव्रताओं में विभाजित किया जाए तो 2% अति प्रचंड, 36% प्रबल (जिनसे मकानों की छतें उड़ जाती हैं और कुछ दीवारें

भी गिर जाती हैं) तथा 62% कमजोर पाए जाते हैं।

(2) टोरो तीव्रता मापक्रम

यह मापक्रम इंग्लैंड में टारनेडो की तीव्रता आँकने के लिए बनाया गया है। इसमें ग्रामीण व शहरी क्षेत्रों में क्षति का विवरण टारनेडो की तीव्रता के अनुसार किया गया है।

यदि कुप्पीनुमा बादल दिखाई पड़ जाते हैं और उनके ऊपर की ओर टारनेडो दिखाई पड़ता है, परन्तु पृथ्वी की ओर नहीं पहुँचता है, तो एफ सी (FC) अक्षर लिख दिए जाते हैं। सीटी जैसी ध्वनि सुनाई पड़ती है। टारनेडो की तीव्रता को 0 से 10 अंकों तक मापा जाता है, जो कि निम्न प्रकार है :

(0) 19-25 मीटर प्रति सेकंड पवनगति—हलका टारनेडो। टाइल्स (खपरैल), चिमनी के बरतन व टीवी एरियल का मामूली खिसकना, हलके कूड़ा-करकट का जमीन से घूमते हुए ऊपर उठना, ग्रामीण क्षेत्रों में पेड़ों की टहनियों का टूटकर गिरना और पेड़ों का जोर से हिलना। चारा, भूसा, फूल और छोटे पौधे घूमते हुए ऊपर उठते हैं।

(1) 26-34 मीटर प्रति सेकंड पवनगति—मामूली टारनेडो। भारी सामान, जैसे, बगीचे की फर्नीचर, मुर्गी के दबड़े आदि को क्षति। लकड़ी की बनी हुई मुँडेरों का गिरना, खपरैलों व चिमनी के बरतनों का खिसकना। ग्रामीण क्षेत्रों में झाड़ियों का उखड़ना, वृक्षों तथा फसल को कुछ क्षति।

(2) 35-43 मीटर प्रति सेकंड पवनगति—साधारण टारनेडो। चलते-फिरते भारी मकानों का जगह से हटना। शैड, बन्द गैरेज आदि को काफी क्षति, खपैरलों व चिमनी के टाल को पर्याप्त मात्रा में क्षति, ग्रामीण क्षेत्रों में साधारणतः पेड़ों को नुकसान। बड़ी-बड़ी शाखाओं का टूटकर गिर जाना, कमजोर पेड़ों का उखड़ जाना। फसल या वृक्षों की भीषण क्षति से टारनेडो की गमन दिशा का अनुमान।

(3) 44-53 मीटर प्रति सेकंड—टारनेडो अति प्रभावशाली। चलते-फिरते मकान उलट जाते हैं और काफी क्षति। शैड, बन्द गैरेज अपनी नींव से उखड़ जाते हैं, छप्पर उखड़ जाते हैं, मकानों की छतों को काफी क्षति। केवल लकड़ी के ढाँचे बचते हैं। खिड़कियाँ व दरवाजों को भारी हानि, ग्रामीण क्षेत्रों में गहरी जड़ोंवाले वृक्षों को भारी क्षति। कुछ वृक्षों का उखड़ना।

(4) 54-63 मीटर प्रति सेकंड—भीषण टारनेडो। चलते-फिरते मकान नष्ट। शेडों का काफी दूर तक फेंके जाना। लकड़ी व फ्रेम, पत्थर या ईंटों के मकानों व औद्योगिक इमारतों की पूरी छतें उखड़ जाती हैं। मजबूत दीवारें बच जाती हैं। ग्रामीण क्षेत्रों में गहरी जड़वाले वृक्षों का उखड़ना

या टूटना।

(5) 64-74 मीटर प्रति सेकंड–वाहन पृथ्वी से ऊपर उठ जाते हैं। एफ.सी.4 की तुलना में छतों को कहीं अधिक क्षति होती है, परन्तु मकानों की दीवारें सुरक्षित रहती हैं। गाँवों में कुछ कमजोर मकान ढह जाते हैं। कुछ वृक्ष उखड़कर कुछ दूर जा गिरते हैं।

(6) 75-85 मीटर प्रति सेकंड–मध्य गति का विध्वंसक टारनेडो। भारी मोटर गाड़ियों का जमीन से ऊपर फेंका जाना, अधिकतर मकानों की छतों का उड़ना। एक या दो दीवारें भी गिर जाती हैं। कम मजबूत इमारतों का टूट जाना, कुछ का पूरी तरह नष्ट हो जाना।

(7) 86-97 मीटर प्रति सेकंड–छोटा विध्वंसक टारनेडो। लकड़ी या फ्रेमवाले मकानों का गिरना। पत्थर व ईंटों की कुछ दीवारें भी गिर जाती हैं। औद्योगिक इमारतों के स्टील के फ्रेम टेढ़े-मेढ़े हो जाते हैं, रेलगाड़ियाँ व इंजन फेंके जाते हैं, ग्रामीण क्षेत्रों में उड़ते हुए मलबे के टकराने से कुछ वृक्षों की छाल निकल जाती है।

(8) 98-110 मीटर प्रति सेकंड–प्रचंड विध्वंसक टारनेडो। फ्रेमवाले मकान पूरी तरह ढह जाते हैं। कई और मकान भी पूरी तरह या आंशिक रूप से नष्ट हो जाते हैं। मोटरगाडियाँ फेंकी जाती हैं। ग्रामीण क्षेत्रों में वृक्षों का छिल जाना।

(9) 111-123 मीटर प्रति सेकंड से ज्यादा–प्रचंड टारनेडो (प्रबल विध्वंसक टारनेडो)। कई स्टील फ्रेम बुरी तरह क्षतिग्रस्त। इंजन व रेलगाड़ियाँ कुछ दूर तक फेंकी जाती हैं।

(10) > 124 मीटर प्रति सेकंड–सुपर टारनेडो। पूरे फ्रेम व लकड़ी के मकान नींव से उठकर फेंक दिए जाते हैं। स्टील से बनाई गई कंक्रीट इमारतों की भीषण क्षति।

प्रयोगशाला में टारनेडो अनुकार (सिमुलेशन)

प्रयोगशाला में टारनेडो अनुकार अध्ययन द्वारा यह स्पष्ट होता है कि दो गतीय प्राचलों का महत्त्व है, जिनसे टारनेडो भ्रमिलों का अभिलक्षणिक ज्ञान प्राप्त होता है। ये निम्न प्रकार हैं :

(क) $\frac{H}{R}$

जहाँ h अभिसरण क्षेत्र में अन्तर्बहाव का ऊँचाई विभा (डाइमेन्शन) है और R त्रिज्या संवाहन क्षेत्र का मापा जाता है।

(ख) अन्तर्बहाव कोण $\alpha = \tan^{-1}\frac{V\theta}{Vr}$

जहाँ V_θ स्पर्श रेखीय वायुगति तथा Vr त्रिज्या अन्तर्बहाव वेग है।

इसके अतिरिक्त पृथ्वी के सतही घर्षण का प्रभाव आँकने के लिए रेनोल्ड त्रिज्या नम्बर Re भी उपयोगी होता है।

$$Re = \frac{Q}{V}$$

जहाँ Q = अन्तर्बहाव आयतन, प्रति हवाई ऊँचाई

अभिसरण क्षेत्र में तथा

V = भँवरश्यानता गुणांक

टारनेडो तथा अग्नि

कभी-कभी आग लगने से भी टारनेडो उत्पन्न हो सकते हैं। अग्नि प्रभावित क्षेत्र से ऊपर उठती हुई गर्म हवा कुछ अनुकूल परिस्थिति में टारनेडो उत्पन्न कर सकती है। पहली सितम्बर, 1923 के विध्वंसक टोकियो भूकम्प के बाद ही व्यापक क्षेत्र में आग लग गई, जिससे 1,42,000 व्यक्तियों की मृत्यु हुई। वहीं पर अग्नि के प्रभाव से 122 टारनेडो उत्पन्न होने से कारों व लोगों को उठाकर फेंके जाने के कई दृष्टान्त उपलब्ध हैं।

टारनेडो तथा ज्वालामुखी

ज्वालामुखी विस्फोटन से भी पृथ्वी पर टारनेडो उत्पन्न हो सकते हैं तथा समुद्र पर जलस्तम्भ। 1963 में सिसी नामक ज्वालामुखी, जो आइसलैंड के तट से कुछ दूर समुद्र के बीच में था, उसके प्रत्येक तीव्र विस्फोटन के साथ घने कपासी बादल बन जाते थे और फिर विभिन्न आकार के टारनेडो उत्पन्न हो जाते थे। कुछ के कुप्पीनुमा बादल समुद्र की सतह तक पहुँच जाते थे।

टारनेडो चेतावनी

यदि हम कपासी बादलों को रेडार द्वारा देखें तो इसमें एक केन्द्रीय क्षेत्र (नेत्र) के चारों ओर बादलों के टुकड़े घूमते हुए दिखाई पड़ते हैं। यह इस बात को स्पष्ट करता है कि गरजनेवाले बादल में हवा के झोंके 'हुक' की तरह घूम रहे हैं। मौसम विशेषज्ञ उनको 'हुक ईको' कहते हैं। रेडार आदि ही सहायता से अमरीका में इनकी चेतावनियाँ दी जाती हैं। वहाँ की राष्ट्रीय मौसम सेवा टारनेडो का पूर्वानुमान करके उन क्षेत्रों के निवासियों को चेतावनी देती है, जिससे वे सुरक्षित स्थान पर पहुँच सकें। परन्तु यदि इस प्रकार के बादल कुछ ही समय में विकसित हो जाएँ अथवा रेडार में वे स्पष्ट रूप से न दिखाई पड़ें तो इनका पूर्वानुमान सही होने की आशा नहीं रहती है। चूँकि बाहर व अन्दर के दाब में काफी अन्तर रहता है और हवाओं को समदाब (रेखाओं की दिशा में) गोलाई में घुमाने में अभिकेन्द्रीय बल (जैसा

कि सड़क के मोड़ पर साइकिल चलानेवाले को पृथ्वी की ओर भीतरी दिशा में झुकाकर अपने को सँभालना पड़ता है) भी उत्पन्न हो जाता है, अतः यह उस समय तक ही जीवित रहता है जब तक दोनों प्रकार के बल (दाब के अन्तर से उत्पन्न व घूमने के कारण) कार्य करते रहते हैं। विभिन्न कारणों से यह सन्तुलन कुछ ही क्षणों में समाप्त हो जाता है। यही कारण है कि टारनेडो कुछ ही मिनट तक आतंक फैलाता है और उसका विध्वंसक क्षेत्र भी कुछ ही किलोमीटर में सीमित रहता है।

टारनेडो का पता लगाने में डापलर रेडार से विशेष सहायता प्राप्त होती है। डापलर रेडार द्वारा एक निश्चित दूरी तथा तीव्र वेग ढाल (ग्रेडिएंट) का पता लगा सकता है। परन्तु चूँकि टारनेडो का क्षेत्र बहुत कम होता है, परिवर्तिता अकसर कम होती है और भ्रमर (वर्टेक्स) शायद ही कभी दिखाई पड़ता है। परन्तु वेगदर्शक (वेलॉसिटी डिस्प्ले) मेसो साइक्लोनिक भ्रमर के साथ टारनेडो अकसर होते हैं। इनमें विशेषकर बड़े और अधिक काल तक जीवित रहनेवाले टारनेडो का डापलर रेडार से पता लग जाता है। विडियो कैमरा आदि द्वारा यह भी पता लगता है कि सबसे विध्वंसक टारनेडो में पवनगति 110 से 130 मीटर प्रति सेकंड तक हो सकती है। ऊर्ध्वाधर गति 80 मीटर प्रति सेकंड तक पाई गई है। त्रिज्या अन्तर्बहाव वेग 50 मीटर प्रति सेकंड पृथ्वी के निकटतम बैंड में हो सकती है। इसके अतिरिक्त सूक्ष्म बैरोग्राफ द्वारा 20 हे.पा. तक कम सतही दाब रिकार्ड किया गया। टारनेडो के अन्दर तापमान के विषय में कोई विशेष ज्ञान नहीं है। बड़े टारनेडो में 20 मिनट पहले तक भ्रमिल चिह्न डापलर रेडार द्वारा देखे गए हैं, जिनसे चेतावनी देने में सहायता मिल जाती है। भारत में बड़े टारनेडो बहुत ही कम होते हैं, जिससे उनका पता लगाने में काफी दिक्कत हो सकती है। 'मेसो साइकिल' हुक की शक्ल में मिलता हुआ रेडार द्वारा देखा जाता है, परन्तु फिर भी टारनेडो की निश्चित चेतावनी (केवल तीव्र पवन कर्तन के क्षेत्रों में) देना दुष्कर है।

टारनेडो से बचाव

कनाडा की रेडक्रास और आपातकालीन सेवा के अनुसार टारनेडो से बचने के लिए निम्न उपाय किए जा सकते हैं :

(क) टारनेडो के समय तहखानों में किसी बेंच या मेज के नीचे घुसकर बैठना चाहिए। इससे जो तहखानों में मलबा पहुँचेगा उससे भी बचत होगी। यदि न मिले, तो अन्दर के छोटे कमरे, जैसे, गुसलखाने में जाना चाहिए। खिड़कियों और बाहर की दीवारों से दूर रहिए।

(ख) चलते-फिरते घरों या उनसे मिलती-जुलती संरचना में रहना खतरे से खाली नहीं है। जमीन के नीचे शरण लीजिए, जैसे, नाली, पुलिया या गड्ढे में और हाथों से सिर को बचाकर रखिए।

(ग) यदि खुले स्थान में कार या किसी गाड़ी में हों, तो फौरन भागकर गड्ढे या नाली में कुछ दूर जाकर लेट जाइए, जिससे कार बढ़कर आपके पास न पहुँच पाए।

(घ) स्वास्थ्य केन्द्र, आधुनिक गिरजाघर या आडिटोरियम टारनेडो में गिर सकते हैं। यदि बाहर भागने का समय न हो तो किसी मजबूत मेज या कोई और भारी फर्नीचर के नीचे बैठ जाइए।

(ङ) गगनचुम्बी इमारतों या स्कूल के अन्दर के कमरों में खिड़कियों से दूर शरण लीजिए। तहखानों या नीचे की मंजिलों में भागिए। लिफ्ट का प्रयोग न कीजिए क्योंकि बिजली बन्द हो सकती है।

(च) रेडियो या टेलीविजन द्वारा मौसम की जानकारी प्राप्त कीजिए। यदि टारनेडो देखा गया है तो चेतावनी जारी की जाएगी। बैटरी-चालित रेडियो का प्रयोग शरण लेते समय करिए जिससे आपको पता लगता रहे कि क्या हो रहा है।

(छ) यदि छोटी नाव पर हों, नजदीक के समुद्री किनारे में जल्दी-से-जल्दी पहुँच जाइए।

टारनेडो चेतावनी व्यवस्था

टारनेडो चेतावनी व्यवस्था की सफलता निम्न बातों पर निर्भर करती है :

(1) टारनेडो पूर्वानुमान,

(2) टारनेडो का संसूचन तथा अनुवर्तन (ट्रेकिंग),

(3) संचार तथा प्रसरण,

(4) जनता में जागरूकता तथा अनुक्रिया (रिस्पॉन्स)

मौसम वैज्ञानिकों द्वारा टारनेडो पर निगरानी तथा उसका पूर्वानुमान एक महत्त्वपूर्ण कार्य है। अमरीका जैसे देश में जहाँ टारनेडो की संख्या अधिक है, उनके लिए चेतावनी तथा संसूचन से जान और माल बचाया जा सकता है। वहाँ राष्ट्रीय सेवा, 'टारनेडो निगरानी (वॉच)', जनता को सूचित करने के लिए उस समय प्रसारित करती है जब उनकी उत्पत्ति की सम्भावना बढ़ जाती है। इस प्रकार के पूर्वानुमान सम्भावित तूफान के 2 से 6 घंटे पूर्व दिए जाते हैं जिससे जनता चेतावनी देने के बाद कम-से-कम समय में शरण लेकर मौसम के प्रकोप से बच सके। इस दौरान मौसम विज्ञान विभाग को अधिक वैज्ञानिकों और प्रशिक्षित वर्ग को इकट्ठा करने का समय मिल जाता है जो टारनेडो पर नजर रख सकें।

आजकल कम्प्यूटर, पारम्परिक रेडार तथा उपग्रह द्वारा प्राप्त सूचना तथा तड़ित संसूचन प्रेक्षणों से शीघ्रातिशीघ्र महत्त्वपूर्ण निष्कर्ष निकाले जाते हैं, जिनसे टारनेडो निगरानी में अधिक सफलता प्राप्त होती है।

मौसम रेडार तथा तूफान देखनेवालों की सहायता से भीषण गर्जनवाले तूफानों

की मुख्य सूचना प्राप्त होती है, जिनमें टारनेडो उत्पत्तिवाले तूफान भी सम्मिलित हैं। रेडार से गर्जनवाले तूफानों की 'ईको' तीव्रता और उनकी गति का पता लगता है। हुक की तरह के ईको व कमजोर ईको क्षेत्र को टारनेडो से सम्बन्धित किया जाता है। जैसे ही एक सम्भावित अथवा वास्तविक टारनेडो उत्पन्न करनेवाले तूफान को पहचान लिया जाता है, उसकी समस्त जीवन रूपरेखा रेडार द्वारा देखकर चेतावनी दे दी जाती है। परन्तु ध्यान देने योग्य बात है कि सभी टारनेडो उत्पन्न करनेवाले तूफानों में स्पष्ट चिह्न नहीं मिलते हैं और तूफान झूठे संकेत दे देते हैं। इस कारण प्रेक्षकों द्वारा दृष्टिगोचर घूमते हुए बादल और फनेल अभी भी टारनेडो के अधिक विश्वसनीय सूत्र माने जाते हैं। टेलीफोन की खराबी के क्षणों में अमेच्यूअर रेडियो ऑपरेटरों द्वारा संचार व्यवस्था बनाए रखने में महत्त्वपूर्ण सहायता प्राप्त होती है। इसके लिए अधिक-से-अधिक व्यक्तियों को मौसम वैज्ञानिकों की सहायता से प्रशिक्षण दिया जा रहा है।

आजकल अमरीका में टारनेडो संसूचन में डापलर रेडारों का एक राष्ट्रीय संजाल स्थापित किया जा रहा है। भारत मौसम विज्ञान विभाग में बंगाल की खाड़ी के कुछ तटीय क्षेत्रों में डापलर रेडार लगाने का प्रोग्राम बनाया गया है जिनसे विशेषतया चक्रवातों के विषय में अधिक जानकारी प्राप्त होगी।

टारनेडो चेतावनी जनता तक पहुँचाने का कार्य विभिन्न प्रकार से किया जाता है। कुछ टेलीविजन व रेडियो स्टेशन में रेडार भी रखते हैं। अतः टारनेडो संचार तथा प्रसारण की विधि अमरीका में एक क्षेत्र से दूसरे में भिन्न-भिन्न होती है। कभी भोंपुओं (सायरन) द्वारा भी इन चेतावनियों का प्रसारण होता है।

अमरीका में आजकल निजी संस्थाएँ भी टारनेडो चेतावनियों का संचारण करती हैं, जिनसे कभी-कभी जनता गुमराह हो जाती है। परन्तु राष्ट्रीय समुद्री तथा वायुमंडलीय प्रशासन (नोवा) का सरकारी तौर पर अधिक महत्त्व है। इस कार्य में राष्ट्रीय मौसम सेवा, टेलीविजन, पुलिस, दमकल तथा सिविल रक्षा व निजी मौसम वैज्ञानिक मिलजुलकर चेतावनी के विषय में प्रसारण करते हैं। भारत में अभी प्रशिक्षण प्राप्त प्रेक्षकों की संख्या बहुत ही कम है, जो टारनेडो के विषय में सही सूचना दे सकें। चेतावनी की सहायता इस बात पर निर्भर करती है कि जनता उसके संकट को सही-सही समझ सके और उन उपायों को अपनाए जिनसे उसकी सुरक्षा हो सके। अतः एक सफल चेतावनी प्रोग्राम के लिए जनता की शिक्षा आवश्यक है। अमरीका की राष्ट्रीय मौसम सेवा एक विकसित चेतावनी सम्बन्धी तैयारी प्रोग्राम आयोजित करती रहती है। इसके लिए लिखित सामग्री भी जनता में बाँटी जाती है तथा रेडियो व टेलीविजन द्वारा भी मौसम विशेषज्ञ टारनेडो से सुरक्षित रहने के विषय में सूचना प्रसारित करते हैं।

कनाडा ने टारनेडो का प्रकोप कम करने के लिए 'प्रोजेक्ट टारनेडो' का 1988 से विकास किया है। इसके अनुसार जनता को किस प्रकार टारनेडो के समय बचाव

करना है, उसके विषय में संगोष्ठी (वर्कशाप) में वीडियो फिल्म दिखाई जाती है। यह म्युनिसिपलिटी व सरकारी कर्मचारियों के लिए भी बहुत उपयोगी है। इसके दो भाग हैं :

(1) चेतावनी और

(2) विध्वंसक मौसम की निगरानी, जिससे सुरक्षा के उपाय किए जा सकें।

जब तूफानी हवाएँ व घनघोर वर्षा हो रही हो, यह स्पष्ट नहीं होता है कि टारनेडो आएगा या नहीं, और कब आएगा। सरकारी कर्मचारी इसके विषय में प्रकाश डालते हैं कि कुछ क्षणों में ही किस प्रकार हमको टारनेडो का सामना करना है।

7

तड़ित झंझा

तड़ित झंझा प्राकृतिक आपदाओं में उस श्रेणी में आती है जिससे कुछ ही क्षणों में जीवों की मृत्यु हो जाती है। कपासी वर्षी मेघ तूफानों से सम्बन्धित घटनाएँ, जैसे, ओला, टारनेडो, आकस्मिक बाढ़, तीव्र पवन आदि की तुलना में अमरीका में तड़ित से लोगों की मृत्यु व क्षति अधिक होती है। भारत में भी उन्हीं स्थानों में, जहाँ कपासी वर्षी मेघ तूफान अधिक होते हैं, वहाँ पर बहुत से व्यक्तियों व मवेशियों की बिजली गिरने से मृत्यु हो जाती है। 1989 में दिसम्बर के माह में तड़ित द्वारा जम्मू में कई ट्रान्सफार्मर क्षतिग्रस्त हो गए जिससे नगर में बिजली पूरी तरह बन्द हो गई। 1990 में 29 मार्च को तड़ित द्वारा चन्दननगर (हुगली) के नए बने इलेक्ट्रॉनिक टेलीफोन एक्सचेंज में लाखों रुपयों के दूरसंचार से सम्बन्धित यन्त्र नष्ट हो गए। 1991 में 7 अप्रैल को विदिशा में एक सहकारी बैंक को आग लगी जिसमें मूल्यवान रिकार्ड नष्ट हो गए।

चित्र 7.1 में विश्व के विभिन्न भागों में गरज के साथ तूफानों की संख्या अलग-अलग समय पर दिखाई गई है।

तालिका 7.1 में भारत में 1987 से 1991 में तड़ित द्वारा प्रभावित क्षेत्र व मृतकों की संख्या दी गई है। इससे स्पष्ट होता है कि महराष्ट्र व उड़ीसा क्षेत्र में सबसे अधिक व्यक्तियों की तड़ित झंझा द्वारा मृत्यु होती है। तड़ित का ज्ञान हमको वायुयानों को सुरक्षा प्रदान करने के अतिरिक्त वायुमंडल की NOx रसायन क्रिया के विषय में महत्त्वपूर्ण जानकारी प्रदान करता है। सुदूर क्षेत्रों में तड़ित सक्रियता की जानकारी से हम वनों में मानवी कार्यों तथा तड़ित द्वारा उत्पन्न अग्नि के विषय में अन्तर समझने का प्रयत्न कर सकते हैं। अमरीका तथा कनाडा में तड़ित के आँकड़ों का प्रयोग अग्निशामक नियोजन आदि के लिए किया जा रहा है।

मेघों में विद्युत् उत्पन्न होने के विषय में दो परिकल्पनाएँ हैं।

(1) वर्षण परिकल्पना

इसके अनुसार गर्जनवाले मेघों में चार्ज का बढ़ना कुछ सूक्ष्म भौतिक क्रियाओं पर निर्भर करता है, जैसे ग्रोपेल तथा बर्फ के कणों में टक्कर होने से चार्ज के प्रेरणा

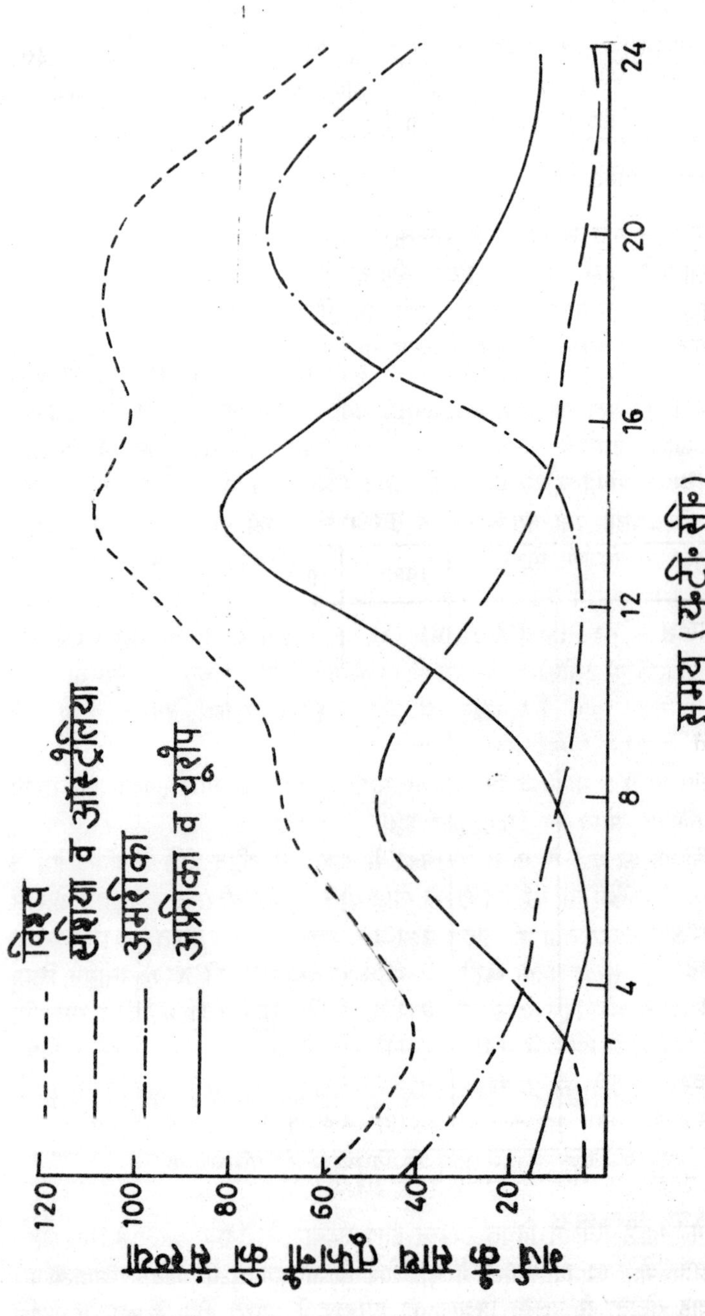

चित्र 7.1 विश्व के विभिन्न भागों में अलग-अलग समय पर गर्ज के साथ तूफानों (तड़ित झंझाओं) की संख्या

द्वारा स्थानान्तरण तथा ऊष्मीय विद्युत् प्रभाव द्वारा चार्ज अलग हो जाते हैं। इस परिकल्पना में वर्षण कणों में गुरुत्वीय अवसादन द्वारा मेघ के अन्दर के चार्ज के अलग होने से विद्युत् उत्पन्न हो हाती है।

(2) संवाहन परिकल्पना

इसमें संवाहन गति से, बाहर से, धनात्मक चार्ज नीचे की ओर से मेघ के अन्दर पहुँच जाता है, जहाँ वह बादल तथा वर्षण कणों से चिपक जाता है। उद्वाह द्वारा धनात्मक चार्ज के कण बादल के ऊपरी भाग में पहुँच जाते हैं तथा डाउन ड्राफ्ट द्वारा बादल की चोटी के पास के ऋण चार्ज मेघतल तक पहुँच जाते हैं।

तालिका 7.1

भारत में 1987 से 1991 के दौरान तड़ित झंझाओं द्वारा प्रभावित प्रमुख क्षेत्र व मृतकों की संख्या

राज्य	1987	1988	1989	1990	1991
आन्ध्रप्रदेश	2 (6)	1 (2)	–	–	3 (4)
असम	–	–	–	–	4 (6)
बिहार	1 (2)	2 (2)	–	–	–
गुजरात	1 (1)	–	–	1 (8)	–
हिमाचल प्रदेश	3 (4)	–	1 (3)	–	1 (1)
जम्मू कश्मीर	–	1 (3)	3 (7)	–	1 (5)
कर्नाटक	–	2 (7)	2 (9)	3 (2)	2 (5)
केरल	2 (2)	1 (3)	1 (3)	–	–
मध्यप्रदेश	–	1 (3)	–	1 (-)	3 (5)
महाराष्ट्र	4 (12)	5 (15)	8 (24)	14 (39)	3 (6)
उड़ीसा	–	9 (21)	9 (21)	10 (22)	7 (19)
पंजाब	2 (3)	1 (1)	–	–	–
उत्तरप्रदेश	1 (1)	–	–	–	1 (4)
पश्चिम बंगाल	–	2 (7)	4 (10)	6 (18)	–

नोट : मृतकों की संख्या कोष्ठक में दी गई है।

गर्जनवाले मेघों में विद्युत् उत्पन्न होना उद्वाह पर निर्भर करता है। उद्वाह की तीव्रता के साथ ही मेघ में विद्युत् क्षेत्र भी बढ़ जाता है। वर्षण परिकल्पना में उद्वाह तीव्रता से प्रक्षुब्ध मिश्रण का परिमाण निर्धारित होता है। अतः चार्ज

स्थानान्तरण के लिए आवश्यक हो जाता है कि मेघ व वर्षण के कण कितनी जल्दी आपस में टकराते हैं। संवाहन परिकल्पना में, उद्‌वाह तीव्रता कितनी जल्दी और किस परिमाण में घन आयनों को नीचे से मेघ के अन्दर ले जाती है, इस पर विद्युत् उत्पन्न होना निर्भर करता है। चूँकि उद्‌वाह तीव्रता संवाहन में मेघ की ऊँचाई (टॉप) से सीधे ही सम्बन्धित है, यह सिद्ध किया जा सकता है कि मेघ की शीर्ष ऊँचाई भी तड़ित से काफी सम्बन्धित है।

उपग्रह के प्रेक्षणों से स्पष्ट होता है कि समुद्री क्षेत्रों में अन्तोंउष्ण कटिबन्धीय अभिसरण क्षेत्र (आई.टी.सी.जेड.) के अन्दर भी तड़ित बहुत ही कम पाई जाती है और अधिकतर पृथ्वी के ऊपर ही पाई जाती है। समुद्री क्षेत्रों में गर्जन मेघों में बहुत ही क्षीण उद्‌वाह पाए जाते हैं। यद्यपि संवाहन मेघ बहुत ही ऊँचाई तक छाए रहते हैं, इस प्रकार के बादलों में क्षीण उद्‌वाह (6 मीटर प्रति सेकंड से कम) होने के कारण चार्ज अधिक बन नहीं पाता है जिससे उनमें तड़ित कम पाई जाती है। इसके विपरीत महाद्वीपीय मेघों में उद्‌वाह 50 से 60 मीटर प्रति सेकंड पहुँच सकता है। यह भी पाया गया है कि समुद्री संवाहनिक मेघों में ग्रोपेल की मात्रा महाद्वीपीय तड़ित तूफानों की अपेक्षा कम पाई जाती है, यद्यपि बर्फ के कण दोनों में एक समान होते हैं।

यदि H संवाहनी मेघों की ऊँचाई हो, तो उद्‌वाह को निम्न समीकरण से निकाला जा सकता है :

$$W_c = 14.9\ H^{1.09}$$ ....महाद्वीपीय क्षेत्र पर

$$W_m = 2.86\ H^{0.38}$$ ....समुद्री क्षेत्र पर

इनके आधार पर मेघ प्राचलीकरण कर सकते हैं जिनका उपयोग जनरल सर्क्युलेशन मॉडलों (जी.सी.एम.) में किया जा सकता है।

गर्जनवाले मेघों में घन (Q+) व ऋण चार्ज (Q-) होते हैं। अतः उन क्षेत्रों के बीच की विद्युत् शक्ति, W को निम्न समीकरण द्वारा दर्शाया जा सकता है।

$$w = \frac{QQ_1}{R}$$

यहाँ R दूरी है और Q = बिन्दु चार्ज × आयतन $\cong H^3$ मेघ की ऊर्ध्वाधर विणा डायमेन्श) के समानुपाती होता है।

$$w = \frac{k^1 H^6 e^2}{R}$$

यदि हम R को H के लगभग बराबर लें,

$$W = c\, e^2 H^5$$

अतः एक संवाहनी के अन्दर की विद्युत् शक्ति उसके विणा डायमेन्शन की पाँचवीं घात के समानुपाती है। गर्जनवाले मेघों में तड़ित चमक उत्पन्न करने के लिए विभव ग्रेडिएंट लगभग 5×10^5 वोल्ट प्रति मीटर होना चाहिए। जैसे-जैसे विद्युत् शक्ति बढ़ती है विभव ग्रेडिएंट भी बढ़ जाता है। विद्युत् शक्ति का माप विद्युत् ऊर्जा प्रति इकाई समय से किया जाता है। (W = E/t समय)। अतः मेघ की ऊँचाई बढ़ने के साथ ही विद्युत् शक्ति तेजी से बढ़ जाती है, जिसके कारण विद्युत् ऊर्जा उत्पादन में वृद्धि हो जाती है। इसके फलस्वरूप विभव ग्रेडिएंट सीमा से (5×10^5) वोल्ट प्रति मीटर बढ़ते ही तड़ित उत्पन्न हो जाती है। अतः गर्जन मेघ जितना ऊँचा होगा, तड़ित की सम्भावना उतनी ही अधिक होगी। जब गर्जनवाले तूफान क्षीण हो जाते हैं और तड़ित बन्द हो जाती है, उसके बाद भी विद्युत् क्षेत्र का प्रकोप हो सकता है। इस प्रकार के मेघों में गुब्बारों द्वारा निम्न परिणाम निकले :

(1) मेघ के अन्दर ऋण विद्युत् (चार्ज) थी और उसके ऊपर तथा नीचे की सीमा पर धन चार्ज पाया गया। मेघ के तल के नीचे भी एक या दो ऋण चार्ज पाए गए जो सम्भवतः नीचे गिरनेवाले ऋण चार्ज वाले वर्षण कण से सम्बन्धित थे।

(2) महत्त्वपूर्ण परिणाम यह पाया गया कि अन्तिम तड़ित चमक (फ्लैश), 20 मिनट बाद भी, विद्युत् फिल्ड 35 से 70 किलो वोल्ट प्रति मीटर पाई गई। सक्रिय गर्जनवाले मेघों में अधिकतम विद्युत् फिल्ड 50 से 150 किलो वोल्ट प्रति मीटर पाई जाती है। अतः क्षीण गर्जनवाले मेघों में भी वायुयानों का घुसना सुरक्षित नहीं है।

मेघ फ्लैश से पृथ्वी फ्लैश अनुपात

काठमांडू में तड़ित झंझा फ्लैश कन्वर्टर द्वारा प्रेक्षण करके दीर्घकालीन मेघ फ्लैश और पृथ्वी फ्लैश का अनुपात 1987 में 2 : 1 पाया गया। 1988 में इसका मान 30 हो गया। लगभग 82% तड़ित झंझा मध्य फरवरी से लेकर मई अन्त तक पाई गई। यह मई के महीने में 10 तक पहुँच गई और इस अनुपात का मान 36 हो गया। इसका मान एक ही अक्षांश पर लगभग एक समान पाया गया।

आनुपातीय मानों और तड़ित झंझाओं में मौसमी परिवर्तन

तालिका 7.2 में तड़ित झंझा की घटनाओं के मासिक रिकार्ड दिए गए हैं। तालिका मे मध्य मासिक कुल घटनाएँ माध्य मासिक झंझा दिन (T_m), माध्य मासिक कुछ फ्लैश घनत्व (Nt_m) और अनुपात (Zm) तथा (Y_m) दिए गए हैं। मेघ फ्लैश और थल फ्लैश का मासिक अनुपात, Z_m निम्न प्रकार है :

$$Z_m = \frac{CF}{NGF + PGF}$$

मेघ फ्लैशों का मासिक अनुपात, Y_m निम्न प्रकार है,

$$Y_m = \frac{CF}{CF + NGF + PGF}$$

तथा माह के लिए कुछ फ्लैश, घनत्व, Nt_m को निम्न सूत्र द्वारा प्रदर्शित किया जाता है :

$$Nt_m = \frac{NGF + PGF + CF}{620}$$

जहाँ NGF ऋण थल फ्लैश, PGF धन थल फ्लैश और CF मेघ फ्लैश है।

तालिका 7.2

रिकॉर्ड किए गए फ्लैशों में Z_m, Y_m, T_m और Nt_m के माध्य मासिक मान

माह	रिकार्ड की गई थल फ्लैश NGH+PGF	तड़ित झंझा मेघ फ्लैश CF	मेघ फ्लैश व थल फ्लैश का मासिक अनुपात Zm	मेघ फ्लैश का मासिक माध्य अनुपात Ym	तड़ित झंझा दिन मासिक घनत्व मान Tm	कुल फ्लैश माध्य मासिक कि.मी.$^{-2}$ माह$^{-1}$ Nt_m
फरवरी	92	191	2.08	0.68	4.0	0.46
मार्च	794	1708	2.15	0.68	7.0	2.02
अप्रैल	755	1956	2.59	0.72	7.5	2.19
मई	790	2856	3.62	0.78	10.0	2.94
जून	208	630	3.03	0.75	5.5	0.68
जुलाई	156	403	2.58	0.72	3.5	0.45
अगस्त	20	39	1.95	0.66	1.0	0.05
सितम्बर	95	219	2.31	0.70	2.5	0.25
अक्टूबर	49	105	2.14	0.68	2.0	0.12
नवम्बर	30	27	0.90	0.47	2.0	0.09

तड़ित संसूचक (लाइट्निंग डिटेक्टर)

इसके लिए विशेष उपकरण प्रणाली का अमरीका में उपयोग किया जा रहा है (चित्र 7.2) जिससे तड़ित के उद्गम क्षेत्रों का निरन्तर पता चलता रहता है। यह निम्न

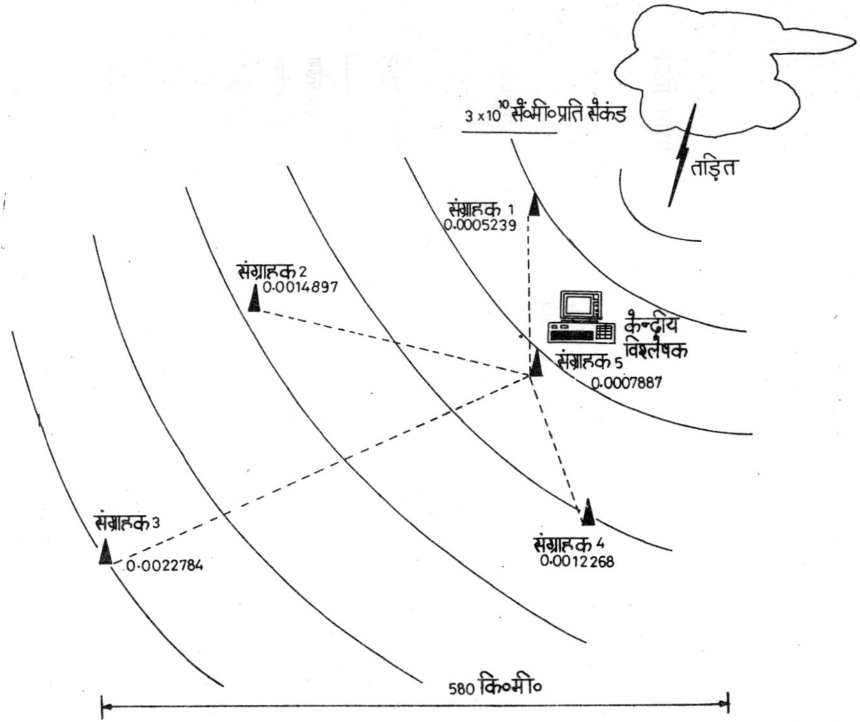

चित्र 7.2 अमरीका में प्रयुक्त की जाने वाली तड़ित संसूचना प्रणाली

सिद्धान्तों पर आधारित है :

1. कपासी मेघों से उत्पन्न विद्युत् निरावेश (डिस्चार्ज) के संकेत प्रकाश की गति अर्थात् 3×10^{10} सें.मी. प्रति सेकंड से निकलते हैं।
2. ये प्रत्येक संग्राहक पर दूरी के अनुसार विभिन्न समय पर पहुँचते हैं। प्रत्येक स्थान पर समय को एक सेकंड के 100 वें लव भाग पर मापा जाता है।
3. संग्राहकों की घड़ियाँ 10,00,000 बिन्दु प्रति सेकंड समय देती हैं।
4. संग्राहक घड़ियों को एक समान तुल्य कालन स्पन्द द्वारा एक सेकंड में बीस बार तुल कालित किया जा सकता है।
5. तड़ित का स्थान निर्धारित करने के लिए तीन संग्राहकों की आवश्यकता होती है। उनके बीच में दो सौ से तीन सौ कि.मी. की दूरी रखी जाती है (चित्र 7.3)।
6. इनमें एक मायक्रो सेकंड (10^{-6} सेकंड) तथा दो सौ मीटर से कम परिशुद्धता प्राप्त हो जाती है।

इस प्रकार तड़ित के उद्‌गम क्षेत्रों को निरन्तर मॉनीटर किया जाता है, परन्तु कम संवाहकता तथा ऊँचे-नीचे स्थानों पर तड़ित संसूचक में त्रुटियाँ उत्पन्न हो सकती हैं। अतः इस दिशा में निरन्तर अनुसन्धान किए जा रहे हैं।

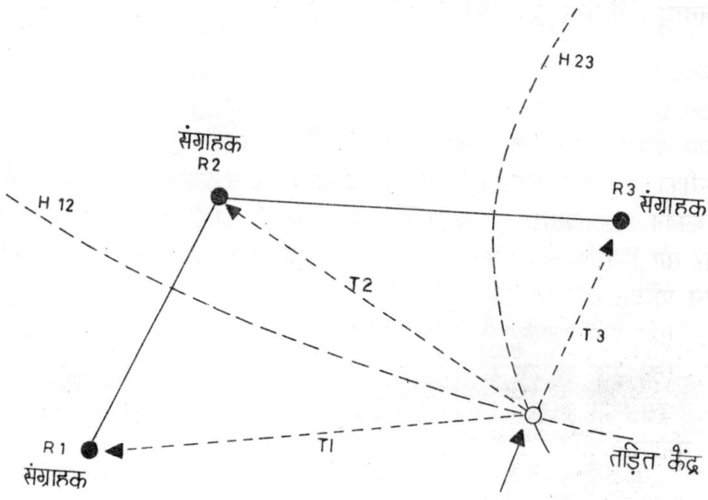

चित्र 7.3 तड़ित का उद्‌गम स्थान निर्धारित करने की विधि

तड़ित चेतावनी

तड़ित के गिरते ही बहुत मात्रा में विद्युत् निरावेश मेघ से पृथ्वी की ओर आता है। मेघ के अन्दर जैसे ही विद्युत् चार्ज की मात्रा बढ़ती है, विद्युत् निरावेश का भय अधिक हो जाता है। इसको एक यन्त्र के द्वारा, जिसको 'फिल्ड मिल' कहते हैं, द्वारा मेघों के अन्दर के विद्युत् चार्ज की मात्रा मापी जाती है। जैसे ही यह निश्चित मात्रा की सीमा में पहुँचता है, तड़ित के पृथ्वी पर गिरने की सम्भावना बढ़ जाती है।

'फिल्ड मिल' विद्युत् क्षेत्र का अनुभव करती है, जिससे एक डी.सी. (DC) विभव उत्पन्न हो जाता है। इस विभव की मात्रा, विद्युत् क्षेत्र की मात्रा के समानुकूल होती है। उदाहरण के लिए, यदि निर्गत प्रदान विभव की मात्रा एक वोल्ट (धन) है, तो विद्युत् क्षेत्र (फिल्ड) + 1000 वोल्ट प्रति मीटर होती है।

V/M + 20

वोल्ट = 2000 वोल्ट प्रति मीटर। यह धन व ऋण दोनों विद्युत् क्षेत्रों के लिए 10,000 वोल्ट प्रति मीटर तक लागू रहता है। इसको कम्प्यूटर से एनेलॉग व डिजिटल कन्वर्टर से जोड़ दिया जाता है। इस यन्त्र को खुले क्षेत्र में पृथ्वी से 150 सें.मी. की ऊँचाई पर लगाया जाता है।

जलवायु परिवर्तन का तड़ित झंझा पर प्रभाव

वायुमंडल में अल्पमात्रा गैस की सान्द्रता बढ़ने से यह अनुमान लगाया गया है कि 2050 ई. तक वायुमंडल ताप 1.5° से $4.5^{\circ}C$ तक बढ़ जाएगा। इसका सीधा प्रभाव कपासी वर्षी बादलों की संख्या और उनकी तीव्रता पर पड़ सकता है। अमरीका के गोर्डाड संस्थान के मॉडल का दो प्रकार से प्रयोग किया गया। एक में कार्बन डाइऑक्साइड के दुगुने होने पर तापमान $4.2^{\circ}C$ बढ़ सकता है और दूसरे सौर स्थिरांक के दो प्रतिशत करने पर $5.9^{\circ}C$ तापमान बढ़ सकता है। इससे निम्न परिमाण निकाले गए :

(क) गर्म जलवायु में 33% भूमंडल में तड़ित झंझा बढ़ जाएगी।

(ख) ठंडे जलवायु में 24% भूमंडल में तड़ित झंझा घट जाएगी।

इससे यह निष्कर्ष निकलता है कि प्रति $1^{\circ}C$ तापमान वृद्धि या ह्रास होने पर भूमंडलीय तड़ित झंझा में 5 से 6 प्रतिशत परिवर्तन हो जाएगा।

LIST OF REFERENCES

Abbi, S.D.S., Nagasubramanian, M.R. and Datta Roy, P.K., 1975, "Rainfall and floods in India during 1974 south-west monsoon period", Mausam, 26, 4.

Appa Rao, G., Datar, S.V. and Srivastava, H.N., 1992, "Study of drought indices in relation to rice crop production over some stations of India". Mausam, 43, 2.

Appa Rao, G. and Srivastava, H.N., 1991, "Drought impact in India : The effect of drought on food grain production, 1965-90", Drought Network News, 3, 1.

Baier, W., 1973, "Crop weather analysis model; Review and model development", Journal of Applied Meteorology, 12, 6.

Baier, W. and Robertson, G.W., 1966. "A new versatile soil moisture budget", Canadian Journal of Plant Science, 46.

Colman, E.A., 1953, "Vegetation and watershed management", The Ronald Press Co., New York.

Chow, V.T., 1964, "Handbook of Applied Hydrology", Mc Graw Hill, New York.

De, U.S. and Joshi, Karuna, 1995, "Genesis of cyclone disturbances over the north Indian Ocean during 1891-1990", P.P.S.R. No. 1995/3, India Meteorological Department.

Doorenbos, J. and Pruitt, W.O., 1977, "Guidelines for predicting crop weather requirements", FAO Irrigation and Drainage Paper No. 24, FAO, Rome.

Dvorak, V.F., 1973, NOAA Technical Memorandum, 45, US Department of Commerce, NESS Washington, D.C.

Fitzpatrick, E.A, 1965, "Climate of the Fitzroy region, Queensland—Part II", Land Resources Series, CSIRO, Department of National Development, Canberra.

Gangarade, B.K., 1992, "Jalashya prerit bhukampniyata" (in Hindi), Vaigyanik, October-December.

Fletcher, R.D., 1995, "Computation of maximum surface winds in hurricanes", Bulletin of the American Meteorological Society, 36.6.

Gibbs, W.J., 1975 "Drought - Its definition, delineation and effects", Lacture delivered in 26th Session of WMO Executive Committee, Special Enivronment Report No. 5.

Gowarkier, V., Thapliyal, V. Sarker, R.P., Mandal, G.S. and Sikka, D.R., 1989, "Parametric and power regression models - New approach to long range forecasting of monsoon rainfall in India", Mausam, 40, 2.

Gupta, H.N. and Ghosh, S.K., 1980, "North Delhi tornado of 17 March 1978", Mausam, 31,1.

Horton, R.E., 1933, "The role of infiltration in the hydrologic cycle", Transaction's of American Geophysical Union, 14.

India Meteorological Department, 1976, "Rainfall and droughts in India".

Kakodakar, and Soni, R., 1992, "Babhikiya bijligharon ka bhukamp pratirodhi abhikalpan" (in Hindi), Vaigyank, October - December.

Linsely, R.K., Jr., Kohler, M.A. and Paulhus, J.L.H., 1975, "Hydrology for Engineers", 2nd Ed., Mc Graw Hill, Kogukusha, Tokyo.

Mishra, D.K. and Gupta, G.R., 1976, "Estimation of maximum wind speeds in tropical cyclones occurring in Indian Seas", Indian Journal of Meteorology, Hydrology and Geophysics, 27, 3.

National Weather Serivce, 1976, Cyclone Operational Plan, USA.

Palmer, W.C., 1965, "Meteorology drought", Research paper No. 45, U.S. Weather Bureau, Washington, D.C.

Ranjit Singh, 1981, "On the occurrence of tornadoes and their distribution in India." Mausam, 32, 4.

Rajendra Prasad, 1989, "Mausam ka Rahasya" (in Hindi), Publisher - Bhagirath Sewa Sansthan, Ghaziabad (UP).

Rajendra Prasad and Datar, S.V., 1990, "Qualitative agro-climatic assessment of rainfed crops", Mausam, 41, 1.

Ramaswamy, C., 1987, "Meteorological Aspects of Severe Floods in India, 1923-1979", Met. Monograph Hydrology No. 10/1987, India Meteorological Department.

Rao, K.L., 1975, "India's Water Wealth", Orient Longman Ltd., New Delhi.

Robertson, G.W., 1974, "Wheat yields for fifty years at Swift Current, Saskachenwa, in relation to weather", Canadian Journal of Plant Science, 54.

Rostvedt, J.O. et al., 1968, "Summary of floods in the United States during 1963", U.S. Geologic Survey, Water - supplementary Paper, 1830-B.

Sakamoto, Clarence, M. and Steyaert, L.T., 1987, "International drought early warning programme of NOAA/NESDIS/AISC", Planning for Drought - Toward a Reduction of Social Vulnerability, Ed. Donald A. Wilhite, William E. Easterling and D.A. Wood.

Sherman, L.K., 1932, "Streamflow from rainfall by the unit-graph method", Engineering News - Record, 108.

Srivastava, H.N., 1978, "Bhukamp" (in Hindi), Rajkamal Prakashan, New Delhi.

Srivastava, H.N., 1988, "The Mexican earthquake of 1985 vis-a-vis great Indian earthquakes : field and seismological aspects", Mausam, 39, 2.

Srivastava, H.N., 1992, "Jalashya Bhukampniyata ka naya model" (in Hindi) Vaigyanik, October-December.

Srivastava, H.N., Datar, S.V. and Mukhopadhyay, B., 1992, "Trends in atmospheric turbidity over India, Mausam, 43, 2.

Steyaert, L.T., Achutuni, V.R. and Atanas Todorv, 1981, "Agro-climatic Assessment Method for Drought/Food Shortage in South and South-east Asia - Proposed Early Warning Program : Final Report".

Thornthwaite, C.W. and Mather, J.R., 1957, "Instructions and tables for computing potential evapotranspiration and water balance", Publication in Climatology, 10, 3.

Ward, R.C., 1975, "Principles of Hydrology" (2nd Edition), Mc Graw Hill, London.

Whipple, W. (Jr.), 1966, "Regional drought frequency analysis", Proceedings ASCI, 92.

Wilhite, Donald, A., Easterling, W.E. and Wood, D.A., 1987, "Planning for Drought - Toward a Reduction of Social Vulnerability", Westview Press, Boulder, London.

World Meterological Organization, 1975, "Drought and Agriculture", WMO Technical Note No. 138.

World Meteorological Organization, "Guide to Hydrological Practices" (fifth Edition), WMO No. 168.

Yevjevich, V., 1967, "An Objective approach to definition and investigations of continental hydrological droughts", Hydrology Papers, No. 23, Colorado State University, Fort Collinis.

●●●